LÖSUNGEN

MATHEMATIK
BERUFLICHE OBERSCHULE BAYERN

NICHTTECHNIK | BAND 3

Von:
Dr. Volker Altrichter
Werner Fielk
Mikhail Ioffe
Daniel Körner
Stefan Konstandin
Peter Meier
Georg Ott
Franz Roßmann

unter Mitarbeit der Redaktion

Beratung:
Georg Ott
Franz Roßmann

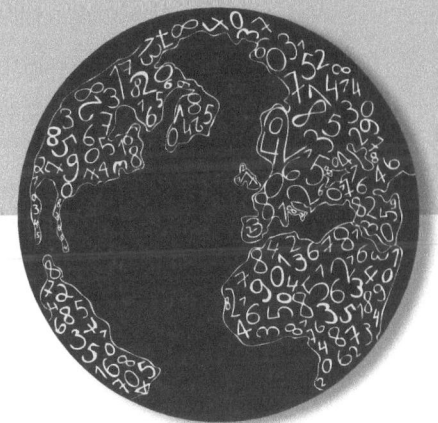

Cornelsen

Mithilfe der Marginalien – z. B. 21 – findet man die Lösung einer Aufgabe unter der gleichen Seitennummer wie die Aufgabenstellung im Lehrbuch.

Redaktion: Angelika Fallert-Müller, Groß-Zimmern
Grafik: Stephanie Neidhardt, Oldenburg; Da-TeX Gerd Blumenstein, Leipzig
Umschlaggestaltung: EYES-OPEN, Berlin
Technische Umsetzung: Stephanie Neidhardt, Oldenburg

www.cornelsen.de

1. Auflage, 6. Druck 2024

Alle Drucke dieser Auflage sind inhaltlich unverändert und können im Unterricht nebeneinander verwendet werden.

© 2019 Cornelsen Verlag GmbH, Mecklenburgische Str. 53, 14197 Berlin, E-Mail: service@cornelsen.de

Das Werk und seine Teile sind urheberrechtlich geschützt.
Jede Nutzung in anderen als den gesetzlich zugelassenen Fällen bedarf der vorherigen
schriftlichen Einwilligung des Verlages.
Hinweis zu §§ 60a, 60b UrhG: Weder das Werk noch seine Teile dürfen ohne eine solche
Einwilligung an Schulen oder in Unterrichts- und Lehrmedien (§ 60b Abs. 3 UrhG) vervielfältigt,
insbesondere kopiert oder eingescannt, verbreitet oder in ein Netzwerk eingestellt oder sonst
öffentlich zugänglich gemacht oder wiedergegeben werden.
Dies gilt auch für Intranets von Schulen und anderen Bildungseinrichtungen.
Der Anbieter behält sich eine Nutzung der Inhalte für Text- und Data Mining im Sinne § 44b UrhG ausdrücklich vor.

Druck: Esser printSolutions GmbH, Bretten

ISBN 978-3-06-451490-4 (Print)
ISBN 978-3-06-451683-0 (Download unter www.cornelsen.de)

Inhaltsverzeichnis

1 Gebrochen-rationale Funktionen — 5
   1.1 Grundlegende Eigenschaften und Anwendungen der gebrochen-rationalen Funktionen 5
   1.2 Kurvendiskussion und Anwendungen gebrochen-rationaler Funktionen 24

2 Exponential- und Logarithmusfunktionen — 64
   2.1 Definition und Eigenschaften der ln-Funktion 64
   2.2 Verknüpfte Exponential- und Logarithmusfunktionen 72

3 Vektoren, Lineare Unabhängigkeit und LGS — 95
   3.1 Lineare Gleichungssysteme 95
   3.2 Vektoren und einfache Vektoroperationen 103
   3.3 Lineare Abhängigkeit und Unabhängigkeit von Vektoren 112

4 Produkte von Vektoren — 125
   4.1 Skalarprodukt und Orthogonalität 125
   4.2 Vektorprodukt 131

5 Geraden und Ebenen im Raum — 137
   5.1 Geraden- und Ebenengleichungen 137
   5.2 Lagebeziehungen, Schnittwinkel und Abstände 169

1 Gebrochen-rationale Funktionen

1.1 Grundlegende Eigenschaften und Anwendungen der gebrochen-rationalen Funktionen

1.1.1 Grundlegende Eigenschaften der gebrochen-rationalen Funktionen

1. f_2, f_3 und f_5 besitzen eine Unendlichkeitsstelle mit VZW.

2. f_1, f_3, f_4 und f_5 besitzen eine Unendlichkeitsstelle ohne VZW.

3. $f_1(x) = \frac{x^2}{x^2}$ oder $f_1(x) = \frac{x^3}{x^2}$ etc.
   $f_2(x) = \frac{x}{x}$
   $f_3(x) = \frac{x \cdot (x+1)^2}{(x+1)^2}$ oder höhere Potenz von $(x+1)$

4. a) $-2x^2 + 2x + 4 = 0 \Rightarrow x_{1/2} = \frac{-2 \pm \sqrt{4-4\cdot(-2)\cdot 4}}{2\cdot(-2)} \Rightarrow x_1 = 2;\ x_2 = -1;\ D_g = \mathbb{R}\setminus\{-1;\ 2\}$

   b) Zählernullstellen: $x \cdot (x^2 + x - 6) = 0 \Rightarrow x_3 = 0$
   $x^2 + x - 6 = 0 \Rightarrow x_{4/5} = \frac{-1 \pm \sqrt{1-4\cdot 1\cdot(-6)}}{2} \Rightarrow x_4 = -3;\ x_5 = 2 \notin D_g$
   $g(x) = \frac{x(x^2+x-6)}{-2(x+1)(x-2)} = \frac{x(x+3)(x-2)}{-2(x+1)(x-2)} = \frac{x(x+3)}{-2(x+1)}$
   $x_3 = 0;\ x_4 = -3$: jeweils einfache Nullstellen
   $x_1 = x_5 = 2$: stetig behebbare Definitionslücke
   $x_2 = -1$: Unendlichkeitsstelle mit VZW

   c) senkrechte Asymptote: $x = -1$
   schräge Asymptote: $(x^2 + 3x) : (-2x - 2) = -\frac{1}{2}x - 1 + \frac{2}{2x+2}$
   $\underline{-(x^2 + x)}$
   $\qquad\quad 2x$
   $\qquad\ \underline{-(2x + 2)}$
   $\qquad\qquad\quad -2$

   $g_A(x) = -\frac{1}{2}x - 1$

d)

x	-4	-3	-2	$-1,25$	-1	$-0,75$	0	1	2	3
$g(x)$	$0,67$	0	-1	$-4,38$	n. d.	$3,38$	0	-1	n. d.	$-2,25$

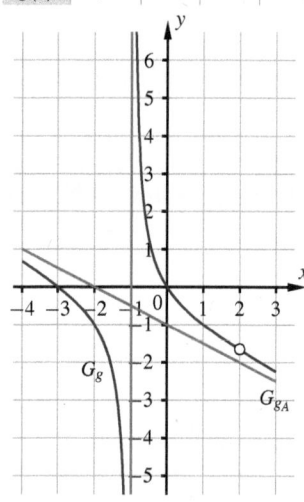

e) $\bar{g}(x) = \frac{x(x+3)}{-2(x+1)}$; $D_{\bar{g}} = \mathbb{R}\setminus\{-1\}$

5. Ampelabfrage
   a) Richtig sind Gelb und Grün.
   b) Richtig ist Grün.

6. a) $f(x) = \frac{-7}{-x-4}$
   Definitionsmenge: $D_f = \mathbb{R}\setminus\{-4\}$
   Symmetrie: keine Symmetrie
   Definitionslücken und Asymptoten: Unendlichkeitsstelle mit VZW bei -4
   $f_A(x) = 0$
   $f(x) < 0$ für $x < -4 \Rightarrow G_f$ nähert sich G_{f_A} von unten für $x \to -\infty$.
   $f(x) > 0$ für $x > -4 \Rightarrow G_f$ nähert sich G_{f_A} von oben für $x \to \infty$.
   Schnittpunkte mit Koordinatenachsen:
   keine Nullstelle; $S_y(0|1,75)$

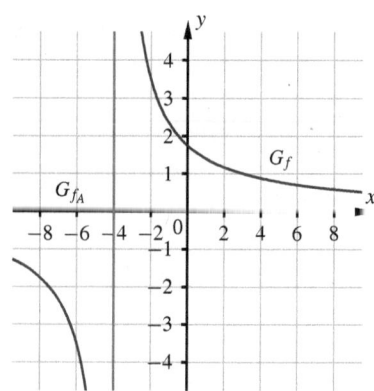

1.1 Grundlegende Eigenschaften und Anwendungen der gebrochen-rationalen Funktionen 7

b) $f(x) = \frac{x^2+6x+8}{x+1}$

Definitionsmenge: $D_f = \mathbb{R}\setminus\{-1\}$
Symmetrie: keine Symmetrie
Definitionslücken und Asymptoten: Unendlichkeitsstelle mit VZW bei -1
$f_A(x) = x+5$
$f(x) < f_A(x)$ für $x < -1 \Rightarrow G_f$ nähert sich G_{f_A} von unten für $x \to -\infty$.
$f(x) > f_A(x)$ für $x > -1 \Rightarrow G_f$ nähert sich G_{f_A} von oben für $x \to \infty$.
Schnittpunkte mit Koordinatenachsen:
$N_1(-4|0);\ N_2(-2|0);\ S_y(0|8)$

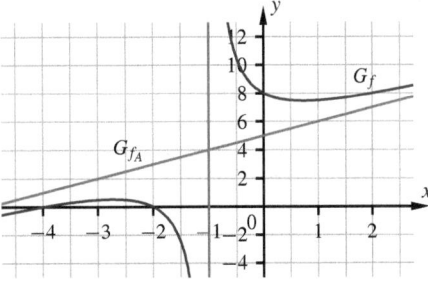

c) $f(x) = \frac{-0.5}{(x-3)^2}$

Definitionsmenge: $D_f = \mathbb{R}\setminus\{3\}$
Symmetrie: keine Symmetrie
Definitionslücken und Asymptoten: Unendlichkeitsstelle ohne VZW bei 3
$f_A(x) = 0$
$f(x) < 0$ für $x < 3 \Rightarrow G_f$ nähert sich G_{f_A} von unten für $x \to -\infty$.
$f(x) < 0$ für $x > 3 \Rightarrow G_f$ nähert sich G_{f_A} von unten für $x \to \infty$.
Schnittpunkte mit Koordinatenachsen:
keine Nullstelle; $S_y(0|-0,06)$

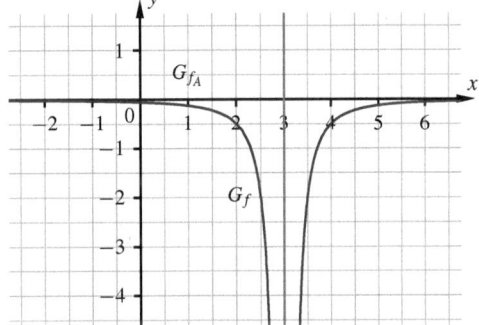

d) $f(x) = \frac{x^2+5x+6}{x^2}$

Definitionsmenge: $D_f = \mathbb{R}\setminus\{0\}$
Symmetrie: keine Symmetrie
Definitionslücken und Asymptoten: Unendlichkeitsstelle ohne VZW bei 0
$f_A(x) = 1$
$f(x) < f_A(x)$ für $x < -1 \Rightarrow G_f$ nähert sich G_{f_A} von unten für $x \to -\infty$.
$f(x) > f_A(x)$ für $x > 0 \Rightarrow G_f$ nähert sich G_{f_A} von oben für $x \to \infty$.
Schnittpunkte mit Koordinatenachsen:
$N_1(-3|0);\ N_2(-2|0);$ kein Schnittpunkt mit der y-Achse

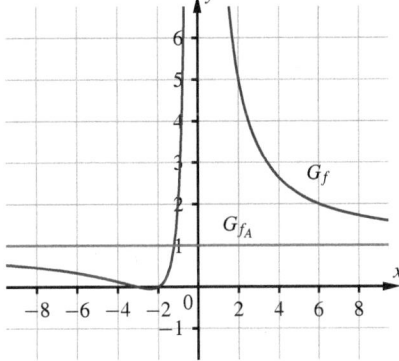

e) $f(x) = \frac{x+4}{x-2}$
Definitionsmenge: $D_f = \mathbb{R}\setminus\{2\}$
Symmetrie: keine Symmetrie;
Definitionslücken und Asymptoten: Unendlichkeitsstelle mit VZW bei 2
$f_A(x) = 1$
$f(x) < 1$ für $x < 2 \Rightarrow G_f$ nähert sich G_{f_A} von unten für $x \to -\infty$.
$f(x) > 1$ für $x > 2 \Rightarrow G_f$ nähert sich G_{f_A} von oben für $x \to \infty$.
Schnittpunkte mit Koordinatenachsen:
$N(-4|0)$; $S_y(0|-2)$

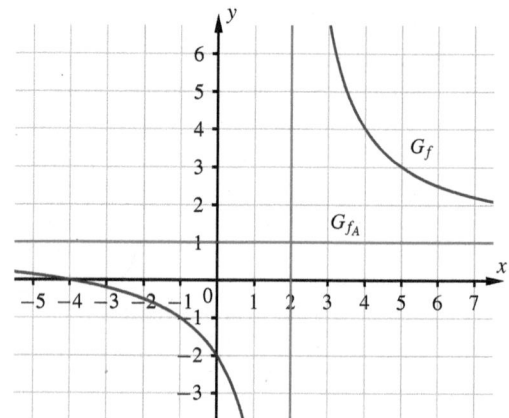

f) $f(x) = \frac{2x^2-8x-10}{x^2+1}$
Definitionsmenge: $D_f = \mathbb{R}$
Symmetrie: keine Symmetrie
$f_A(x) = 2$
$f(x) > f_A(x)$ für $x < -1,5 \Rightarrow G_f$ nähert sich G_{f_A} von oben für $x \to -\infty$.
$f(x) < f_A(x)$ für $x > -1,5 \Rightarrow G_f$ nähert sich G_{f_A} von unten für $x \to \infty$.
Schnittpunkte mit Koordinatenachsen:
$N_1(-1|0)$; $N_2(5|0)$; $S_y(0|-10)$

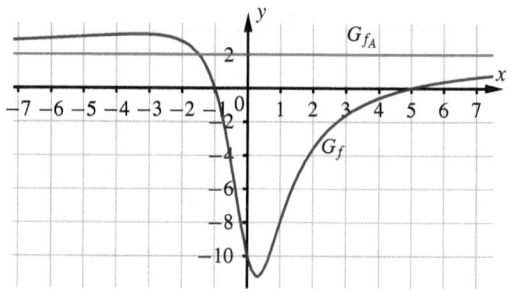

7. $f(x) = \frac{\Box}{x^2-9}$ soll $f_A(x) = x$ als schräge Asymptote haben.
Wählt man zum Beispiel $\Box = x^3$, dann gilt $f(x) = \frac{x^3}{x^2-9} = x + \frac{9x}{x^2-9}$ (Polynomdivision).
Für $x \to \pm\infty$ strebt das Restglied $\frac{9x}{x^2-9}$ gegen null, daher strebt f wie gefordert gegen die Asymptote $f_A(x) = x$.
Wählt man $\Box = x(x^2-9)$, dann gilt sogar $f(x) = \frac{x(x^2-9)}{x^2-9} = x$ ($D_f = \mathbb{R}\setminus\{-3; 3\}$).
Der Graph von f besitzt ebenfalls die Asymptote $f_A(x) = x$.

1.1 Grundlegende Eigenschaften und Anwendungen der gebrochen-rationalen Funktionen   9

8.* a) Gleichung der senkrechten Asymptote: $x = 0$

b) $(x^3 - 1) : x = x^2 - \frac{1}{x}$
$\underline{-(x^3 \quad\quad)}$
$\quad\quad -1$

weitere Asymptote: $f_A(x) = x^2$ (Asymptotenkurve)

c)

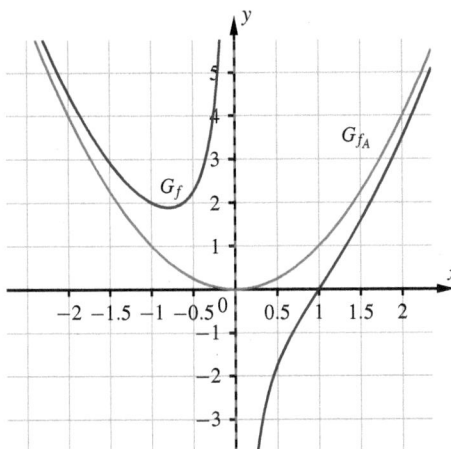

1.1.2 Erste Anwendungen gebrochen-rationaler Funktionen

1. a) $K(x) = 0,5x + 10$; $k(x) = 0,5 + \frac{10}{x}$

b) $\lim\limits_{x \to 0} K(x) = 10$; $\quad \lim\limits_{x \to 300} K(x) = 160$

$\lim\limits_{x \to 0} k(x) = +\infty$; $\quad \lim\limits_{x \to 300} k(x) = \frac{8}{15}$

c)

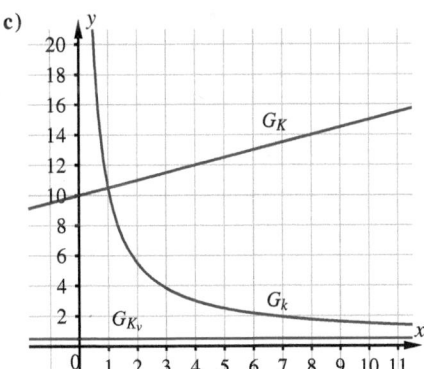

2. a) $k(x) = \frac{K(x)}{x} = 5x^2 - 40x + 120 + \frac{250}{x}$

$k'(x) = -\frac{250}{x^2} + 10x - 40 = \frac{10(x-5)(x^2+x+5)}{x^2}$

$k'(x) = 0 \Rightarrow x = 5$ einzige Nullstelle

$k''(x) = \frac{500}{x^3} + 10$

$k''(5) = \frac{500}{5^3} + 10 = 14 > 0 \Rightarrow T$

Die kostengünstigste Produktionsmenge beträgt 5 ME. Die niedrigsten Durchschnittskosten betragen dann $k(5) = 95$ GE.

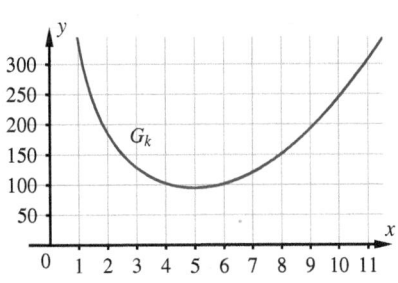

b) $W(x) = \frac{x \cdot p(x)}{K(x)} = \frac{375x - 40x^2}{5x^3 - 40x^2 + 120x + 250}$

Die Produktion ist wirtschaftlich in $[1; 6,6]$. Wenn ca. 3,8 ME produziert werden, ist die Wirtschaftlichkeit am größten. Dort beträgt der Erlös das 2,1-Fache der Kosten.

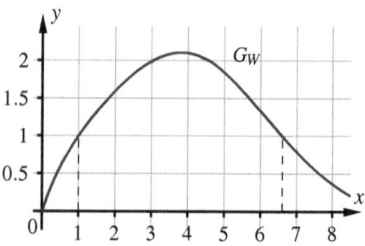

c) $G(x) = x \cdot p(x) - K(x) = -5x^3 + 255x - 250$

Die Gewinnzone $[1; 6,6]$ stimmt mit dem Intervall überein, in dem die Wirtschaftlichkeit $W \geq 1$ ist. Das Gewinnmaximum liegt im Punkt $(4,1 \mid 450)$.

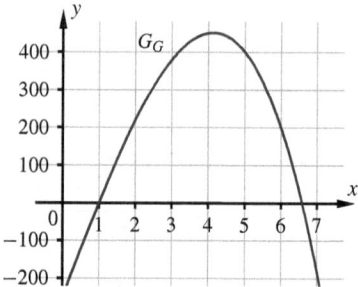

d) $U(x) = \frac{G(x)}{x \cdot p(x)} = \frac{-5x^3 + 255x - 250}{375x - 40x^2}$

Die Umsatzrentabilität ist in der Gewinnzone positiv. Sie erreicht ihr Maximum dort, wo auch die Wirtschaftlichkeit maximal ist, bei $x \approx 3,8$. Dort beträgt die Umsatzrentabilität ca. $0,5$. D.h., dass der Gewinn 50 % der Erlöse ausmacht.

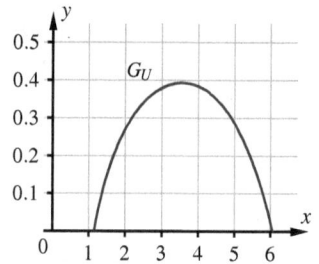

e)

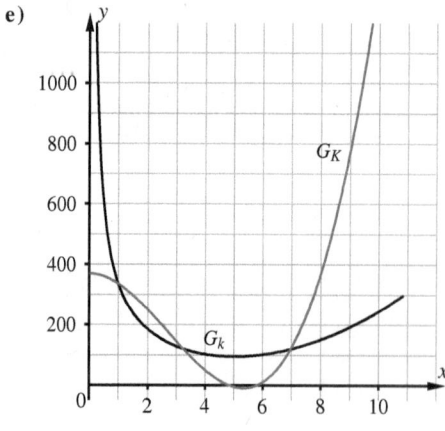
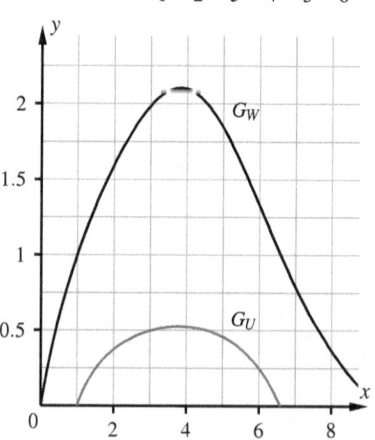

3. $U(x) = \frac{G(x)}{E(x)} = \frac{E(x) - K(x)}{E(x)} = 1 - \frac{1}{\frac{E(x)}{K(x)}} = 1 - \frac{1}{W(x)}$

1.1 Grundlegende Eigenschaften und Anwendungen der gebrochen-rationalen Funktionen

4. a) $E_1(x) = p_1(x) \cdot x = 175x$ ▶ $p_1(x) = 175$
$W_1(x) = \frac{E_1(x)}{K_1(x)} = \frac{175x}{x^3-12x^2+50x+800}$ ($\to$ grüner Graph)
$G_1(x) = E_1(x) - K_1(x) = 175x - (x^3 - 12x^2 + 50x + 800) = -x^3 + 12x^2 + 125x - 800$
$U_1(x) = \frac{G_1(x)}{E_1(x)} = \frac{-x^3+12x^2+125x-800}{175x} = -\frac{1}{175}x^2 + \frac{12}{175}x + \frac{5}{7} - \frac{32}{7x}$ ($\to$ blauer Graph)
$E_2(x) = p_2(x) \cdot x = 177x$ ▶ $p_2(x) = 177$
$W_2(x) = \frac{E_2(x)}{K_2(x)} = \frac{177x}{8x^3-72x^2+216x+200}$ ($\to$ oranger Graph)
$G_2(x) = E_2(x) - K_2(x) = 177x - (8x^3 - 72x^2 + 216x + 200) = -8x^3 + 72x^2 - 39x - 200$
$U_2(x) = \frac{G_2(x)}{E_2(x)} = \frac{-8x^3+72x^2-39x-200}{177x} = -\frac{8}{177}x^2 + \frac{24}{59}x - \frac{13}{59} - \frac{200}{177x}$ ($\to$ roter Graph)

b) $W_1(5) = 1 \Rightarrow E_1(5) = K_1(5)$; $W_1(7,5) \approx 1,42 \Rightarrow E_1(7,5) > K_1(7,5)$; $W_1(10) \approx 1,59$
$\Rightarrow E_1(10) > K_1(10)$
$U_1(5) = 0 \Rightarrow G_1(5) = 0$; $U_1(7,5) \approx 0,3 \, (>0) \Rightarrow G_1(7,5) > 0$; $U_1(10) \approx 0,37 \, (>0) \Rightarrow G_1(10) > 0$
$W_2(5) \approx 1,84 \Rightarrow E_2(5) > K_2(5)$; $W_2(7,5) \approx 1,16 \Rightarrow E_2(7,5) > K_2(7,5)$; $W_2(10) \approx 0,56$
$\Rightarrow E_2(10) < K_2(10)$
$U_2(5) \approx 0,46 \, (>0) \Rightarrow G_2(5) > 0$; $U_2(7,5) \approx 0,14 \, (>0) \Rightarrow G_2(7,5) > 0$; $U_2(10) \approx -0,79 \, (<0)$
$\Rightarrow G_2(10) < 0$

c) c_1) Stimmt, da der Quotient aus dem (positiven) Erlös und den (positiven) Kosten immer positiv ist.
c_2) Stimmt nicht, da $G < E$ gilt, und der Quotient aus Gewinn und Erlös demnach immer kleiner als 1 ist.
c_3) Stimmt, da dann der Zähler (Erlös) größer ist als der Nenner (Kosten).
c_4) Stimmt nicht, da der Gewinn auch negativ sein kann, und der Quotient aus G und E dann auch negativ sein kann.
c_5) Stimmt, da U_2 laut Zeichnung an der Stelle 5 ihr Maximum hat, an der $W_1(5) = 1$ ist.
c_6) Stimmt nicht, da der größere Nenner (Erlös) bei gleichbleibendem Zähler (Gewinn) zu einem kleineren Bruch führt.
c_7) Stimmt, da der kleinere Nenner (Kosten) bei gleichbleibendem Zähler (Erlös) zu einem größeren Bruch führt.
c_8) Stimmt, wie aus der Zeichnung vermutet werden kann.
Es gilt: $U(x) = 1 - \frac{1}{W(x)}$. Falls $W(x)$ maximal ist, wird auch $1 - \frac{1}{W(x)}$ maximal.
Siehe Aufgabe 17 Seite 53.
c_9) Stimmt, wie aus der Zeichnung ersichtlich ist.
c_{10}) Stimmt, da die Nullstellen des Zählers (Gewinn) im Term der Umsatzrentabilität genauso berechnet werden, wie die Nullstellen von G ($G(x) = 0$).
c_{11}) Stimmt, wie aus der Zeichnung ersichtlich ist.

Übungen zu 1.1

1. a) ⑪
b) ④ $b(x) = \frac{-2x+4}{x^2-x-2} = \frac{-2(x-2)}{(x-2)(x+1)}$; $\bar{b}(x) = \frac{-2}{x+1}$; $D_{\bar{b}} = \mathbb{R}\setminus\{1\}$
c) ⑨ $c(x) = \frac{x(4x-8)}{(x-2)(x^2+1)} = \frac{4x(x-2)}{(x-2)(x^2+1)}$; $\bar{c}(x) = \frac{4x}{x^2+1}$; $D_{\bar{c}} = \mathbb{R}$
d) ⑥   e) ⑤   f) ⑫   g) ⑦   h) ⑧
i) ⑩ $i(x) = \frac{x}{3x+2x^2-x^3} = \frac{x}{x(-x^2+2x+3)}$; $\bar{i}(x) = \frac{1}{-x^2+2x+3}$; $D_{\bar{i}} = \mathbb{R}\setminus\{-1;3\}$
k) ①   l) ②   m) ③

28 2. **a)** $f(x) = \frac{2(x-3)}{(x-1)(x-5)} = \frac{2x-6}{x^2-6x+5}$

Definitionsmenge und Grenzwertverhalten:
$D_f = \mathbb{R}\setminus\{1; 5\}$; $x = 1$ bzw. $x = 5$ sind Unendlichkeitsstellen mit VZW

waagrechte Asymptote: $f_A(x) = 0$ (x-Achse)
$\lim_{x\to\infty} \frac{2x-6}{x^2-6x+5} = 0^+ \Rightarrow f$ nähert sind f_A von oben.
$\lim_{x\to-\infty} \frac{2x-6}{x^2-6x+5} = 0^- \Rightarrow f$ nähert sind f_A von unten.

senkrechte Asymptoten: $x = 1$; $x = 5$

$\lim_{x\to 1^-} \frac{\overbrace{2(x-3)}^{\to -4}}{\underbrace{(x-1)(x-5)}_{\to 0^+}} = -\infty$; $\lim_{x\to 1^+} \frac{\overbrace{2(x-3)}^{\to -4}}{\underbrace{(x-1)(x-5)}_{\to 0^-}} = \infty$

$\lim_{x\to 5^-} \frac{\overbrace{2(x-3)}^{\to 4}}{\underbrace{?(x-1)(x-5)}_{\to 0^-}} = -\infty$; $\lim_{x\to 5^+} \frac{\overbrace{2(x-3)}^{\to 4}}{\underbrace{(x-1)(x-5)}_{\to 0^+}} = \infty$

Symmetrie: keine
Nullstellen: $x = 3$ (einfach)
Schnittpunkt mit der y-Achse: $S_y(0|-1,2)$

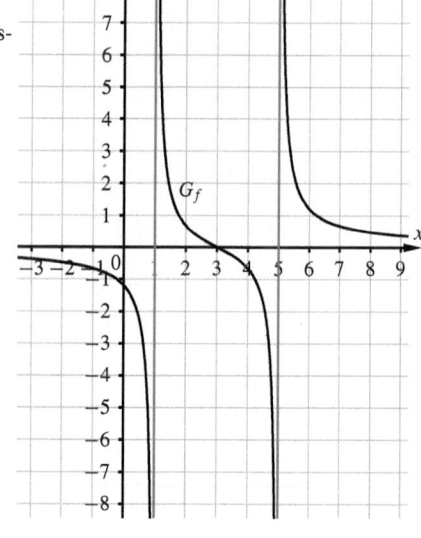

b) $f(x) = \frac{x(x-7)}{2(x-1)} = \frac{x^2-7x}{2x-2} = \frac{1}{2}x - 3 - \frac{3}{x-1}$

Definitionsmenge und Grenzwertverhalten:
$D_f = \mathbb{R}\setminus\{1\}$; $x = 1$ ist Unendlichkeitsstelle mit VZW

schräge Asymptote: $f_A(x) = 0,5x - 3$
$\lim_{x\to\infty}\left(0,5x - 3 - \underbrace{\frac{3}{x-1}}_{\to 0^+}\right) = \infty$
$\Rightarrow f$ nähert sind f_A von unten.
$\lim_{x\to-\infty}\left(0,5x - 3 - \underbrace{\frac{3}{x-1}}_{\to 0^-}\right) = -\infty$
$\Rightarrow f$ nähert sind f_A von oben.

senkrechte Asymptoten: $x = 1$

$\lim_{x\to 1^-} \frac{\overbrace{x^2-7x}^{\to -6}}{\underbrace{2x-2}_{\to 0^-}} = \infty$; $\lim_{x\to 1^+} \frac{\overbrace{x^2-7x}^{\to -6}}{\underbrace{2x-2}_{\to 0^+}} = -\infty$

Symmetrie: keine
Nullstellen: $x = 0$ oder $x = 7$ (je einfach)
Schnittpunkt mit der y-Achse: $S_y(0|0)$

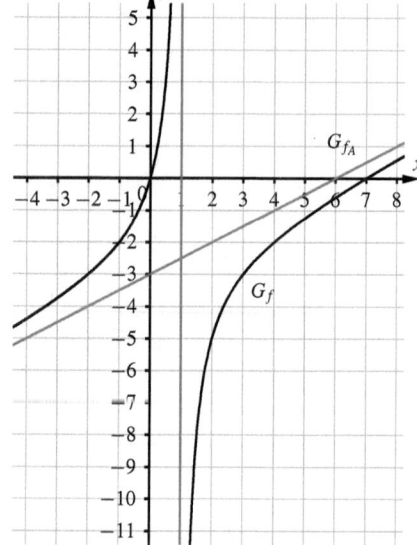

c) $f(x) = \frac{(x-2)(x-5)}{2(x-1)} = \frac{x^2-7x+10}{2x-2}$
$= \frac{1}{2}x - 3 + \frac{2}{x-1}$

Definitionsmenge und Grenzwertverhalten:
$D_f = \mathbb{R}\setminus\{1\}$; $x = 1$ ist Unendlichkeitsstelle mit VZW

schräge Asymptote: $f_A(x) = 0{,}5x - 3$

$\lim_{x\to\infty}\left(0{,}5x - 3 + \underbrace{\frac{2}{x-1}}_{\to 0^+}\right) = \infty$

$\Rightarrow f$ nähert sind f_A von oben.

$\lim_{x\to-\infty}\left(0{,}5x - 3 + \underbrace{\frac{2}{x-1}}_{\to 0^-}\right) = -\infty$

$\Rightarrow f$ nähert sind f_A von unten.

senkrechte Asymptoten: $x = 1$

$\lim_{x\to 1^-}\underbrace{\frac{\overbrace{x^2-7x+10}^{\to 4}}{2x-2}}_{\to 0^-} = -\infty;\quad \lim_{x\to 1^+}\underbrace{\frac{\overbrace{x^2-7x+10}^{\to 4}}{2x-2}}_{\to 0^+} = \infty$

Symmetrie: keine

Nullstellen: $x = 2$ oder $x = 5$ (je einfach)

Schnittpunkt mit der y-Achse: $S_y(0|-5)$

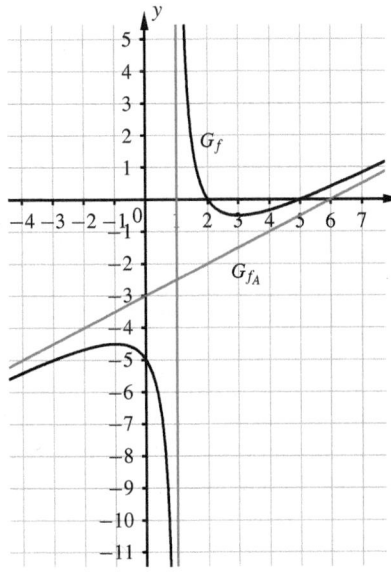

d) $f(x) = \frac{-2x^2-4x+6}{x+2} = \frac{-2(x+3)(x-1)}{x+2} = -2x + \frac{6}{x+2}$

Definitionsmenge und Grenzwertverhalten:
$D_f = \mathbb{R}\setminus\{-2\}$; $x = -2$ ist Unendlichkeitsstelle mit VZW

schräge Asymptote: $f_A(x) = -2x$

$\lim_{x\to\infty}\left(-2x + \underbrace{\frac{6}{x+2}}_{\to 0^+}\right) = -\infty$

$\Rightarrow f$ nähert sind f_A von oben.

$\lim_{x\to-\infty}\left(-2x + \underbrace{\frac{6}{x+2}}_{\to 0^-}\right) = \infty$

$\Rightarrow f$ nähert sind f_A von unten.

senkrechte Asymptoten: $x = -2$

$\lim_{x\to -2^-}\underbrace{\frac{\overbrace{-2x^2-4x+6}^{\to 6}}{x+2}}_{\to 0^-} = -\infty;$

$\lim_{x\to -2^+}\underbrace{\frac{\overbrace{-2x^2-4x+6}^{\to 6}}{x+2}}_{\to 0^+} = \infty$

Symmetrie: keine

Nullstellen: $x = -3$ oder $x = 1$ (je einfach)

Schnittpunkt mit der y-Achse: $S_y(0|3)$

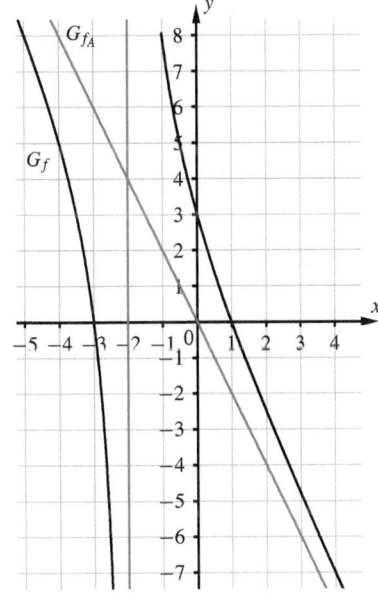

e) $f(x) = \frac{(x+3)(x-3)}{x^2+3} = \frac{x^2-9}{x^2+3} = 1 - \frac{12}{x^2+3}$

Definitionsmenge und Grenzwertverhalten:

$D_f = \mathbb{R}$

waagrechte Asymptote: $f_A(x) = 1$

$\lim\limits_{x \to \infty} \left(1 - \underbrace{\frac{12}{x^2+3}}_{\to 0^+}\right) = 1^- \Rightarrow f$ nähert sind f_A von unten.

$\lim\limits_{x \to -\infty} \left(1 - \underbrace{\frac{12}{x^2+3}}_{\to 0^+}\right) = 1^- \Rightarrow f$ nähert sind f_A von unten.

Symmetrie: symmetrisch zur y-Achse
Nullstellen: $x = -3$ oder $x = 3$ (je einfach)
Schnittpunkt mit der y-Achse: $S_y(0|-3)$

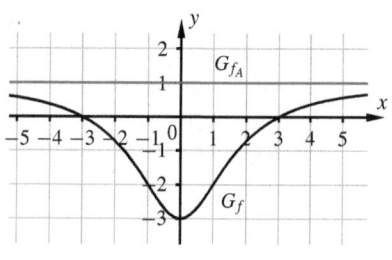

f) $f(x) = -\frac{1}{2}x + \frac{7}{4} - \frac{5}{(2x-4)^2} = -\frac{0,5(x-1)(x^2-6,5x+11,5)}{(x-2)^2}$

$= \frac{-0,5x^3 + 3,75x^2 - 9x + 5,75}{x^2 - 4x + 4}$

Definitionsmenge und Grenzwertverhalten:

$D_f = \mathbb{R}\setminus\{2\}$; $x = 2$ ist Unendlichkeitsstelle ohne VZW

schräge Asymptote: $f_A(x) = -\frac{1}{2}x + \frac{7}{4}$

$\lim\limits_{x \to \infty} \left(-\frac{1}{2}x + \frac{7}{4} - \underbrace{\frac{5}{(2x-4)^2}}_{\to 0^+}\right) = -\infty$

$\Rightarrow f$ nähert sind f_A von unten.

$\lim\limits_{x \to -\infty} \left(-\frac{1}{2}x + \frac{7}{4} - \underbrace{\frac{5}{(2x-4)^2}}_{\to 0^+}\right) = \infty$

$\Rightarrow f$ nähert sind f_A von unten.

senkrechte Asymptoten: $x = 2$

$\lim\limits_{x \to 2^-} \frac{\overbrace{-0,5x^3 + 3,75x^2 - 9x + 5,75}^{\to -1,25}}{\underbrace{(x-2)^2}_{\to 0^+}} = -\infty$

$\lim\limits_{x \to 2^+} \frac{\overbrace{-0,5x^3 + 3,75x^2 - 9x + 5,75}^{\to -1,25}}{\underbrace{(x-2)^2}_{\to 0^+}} = -\infty$

Symmetrie: keine
Nullstellen: $x = 1$ (einfach)
Schnittpunkt mit der y-Achse: $S_y(0|1,4375)$

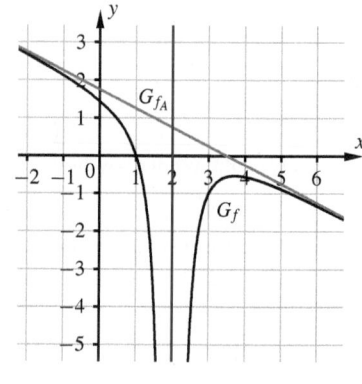

g) $f(x) = -\frac{2(x^2-3x-4)}{x^2-2x-4} = -2 + \frac{2x}{x^2-2x-4}$

Definitionsmenge und Grenzwertverhalten:

$D_f = \mathbb{R} \setminus \{1-\sqrt{5}; 1+\sqrt{5}\}$;

$x = 1-\sqrt{5}$ bzw. $x = 1+\sqrt{5}$ sind Unendlichkeitsstellen mit VZW

waagrechte Asymptote: $f_A(x) = -2$

$\lim\limits_{x \to \infty} \left(-2 + \underbrace{\frac{2x}{x^2-2x-4}}_{\to 0^+}\right) = -2^+$

$\Rightarrow$ f nähert sind f_A von oben.

$\lim\limits_{x \to -\infty} \left(-2 + \underbrace{\frac{2x}{x^2-2x-4}}_{\to 0^-}\right) = -2^-$

$\Rightarrow$ f nähert sind f_A von unten.

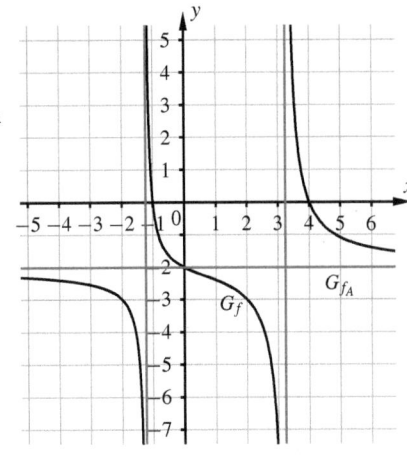

senkrechte Asymptoten: $x = 1-\sqrt{5}$; $x = 1+\sqrt{5}$

$\lim\limits_{x \to (1-\sqrt{5})^-} \frac{\overbrace{-2x^2+6x+8}^{\to -2,47}}{\underbrace{x^2-2x-4}_{\to 0^+}} = -\infty$; $\lim\limits_{x \to (1-\sqrt{5})^+} \frac{\overbrace{-2x^2+6x+8}^{\to -2,47}}{\underbrace{x^2-2x-4}_{\to 0^-}} = \infty$

$\lim\limits_{x \to (1+\sqrt{5})^-} \frac{\overbrace{-2x^2+6x+8}^{\to 6,47}}{\underbrace{x^2-2x-4}_{\to 0^-}} = -\infty$; $\lim\limits_{x \to (1+\sqrt{5})^+} \frac{\overbrace{-2x^2+6x+8}^{\to 6,47}}{\underbrace{x^2-2x-4}_{\to 0^+}} = \infty$

Symmetrie: keine

Nullstellen: $x = 1$ oder $x = 4$ (je einfach)

Schnittpunkt mit der y-Achse: $S_y(0|-2)$

h) $f(x) = \frac{x^2-6}{x^2+1} = \frac{(x+\sqrt{6})(x-\sqrt{6})}{x^2+1} = 1 - \frac{7}{x^2+1}$

Definitionsmenge und Grenzwertverhalten:

$D_f = \mathbb{R}$

waagrechte Asymptote: $f_A(x) = 1$

$\lim\limits_{x \to \infty} \left(1 - \underbrace{\frac{7}{x^2+1}}_{\to 0^+}\right) = 1^-$

$\Rightarrow$ f nähert sind f_A von unten.

$\lim\limits_{x \to -\infty} \left(1 - \underbrace{\frac{7}{x^2+1}}_{\to 0^+}\right) = 1^-$

$\Rightarrow$ f nähert sind f_A von unten.

Symmetrie: symmetrisch zur y-Achse

Nullstellen: $x = -\sqrt{6}$ oder $x = \sqrt{6}$ (je einfach)

Schnittpunkt mit der y-Achse: $S_y(0|-6)$

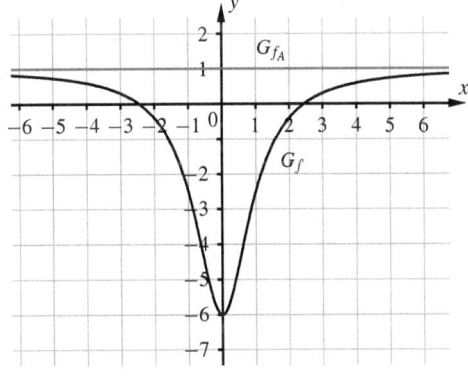

28

i) $f(x) = -x + \frac{x^2-4}{x^2+4} = -x+1 - \frac{8}{x^2+4}$
$= -\frac{x^3-x^2+4x+4}{x^2+4}$

Definitionsmenge und Grenzwertverhalten:
$D_f = \mathbb{R}$
schräge Asymptote: $f_A(x) = -x+1$
$\lim\limits_{x\to\infty}\left(-x+1-\underbrace{\frac{8}{x^2+4}}_{\to 0^+}\right) = -\infty$
$\Rightarrow f$ nähert sind f_A von unten.
$\lim\limits_{x\to-\infty}\left(-x+1-\underbrace{\frac{8}{x^2+4}}_{\to 0^+}\right) = \infty$
$\Rightarrow f$ nähert sind f_A von unten.
Symmetrie: keine
Nullstellen: $x \approx -0{,}75$ (einfach)
Schnittpunkt mit der y-Achse: $S_y(0|-1)$

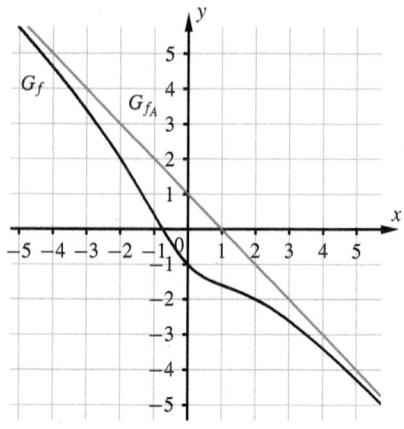

j) $f(x) = \frac{x^2-9}{x^2-4} = \frac{(x+3)(x-3)}{(x+2)(x-2)} = 1 - \frac{5}{x^2-4}$

Definitionsmenge und Grenzwertverhalten:
$D_f = \mathbb{R}\setminus\{-2; 2\}$; $x=-2$ bzw. $x=2$ sind Unendlichkeitsstellen mit VZW
waagrechte Asymptote: $f_A(x) = 1$
$\lim\limits_{x\to\infty}\left(1 - \underbrace{\frac{5}{x^2-4}}_{\to 0^+}\right) = 1^-$
$\Rightarrow f$ nähert sind f_A von unten.
$\lim\limits_{x\to-\infty}\left(1 - \underbrace{\frac{5}{x^2-4}}_{\to 0^+}\right) = 1^-$
$\Rightarrow f$ nähert sind f_A von unten.
senkrechte Asymptoten: $x=-2$; $x=2$
$\lim\limits_{x\to-2^-} \underbrace{\frac{\overbrace{x^2-9}^{\to -5}}{x^2-4}}_{\to 0^+} = -\infty; \quad \lim\limits_{x\to-2^+} \underbrace{\frac{\overbrace{x^2-9}^{\to -5}}{x^2-4}}_{\to 0^-} = \infty$
$\lim\limits_{x\to 2^-} \underbrace{\frac{\overbrace{x^2-9}^{\to -5}}{x^2-4}}_{\to 0^-} = \infty; \quad \lim\limits_{x\to 2^+} \underbrace{\frac{\overbrace{x^2-9}^{\to -5}}{x^2-4}}_{\to 0^+} = -\infty$
Symmetrie: symmetrisch zur y-Achse
Nullstellen: $x=-3$ oder $x=3$ (je einfach)
Schnittpunkt mit der y-Achse: $S_y(0|2{,}25)$

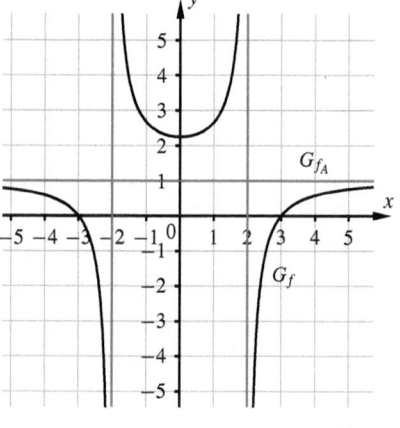

1.1 Grundlegende Eigenschaften und Anwendungen der gebrochen-rationalen Funktionen

k) $f(x) = x + \frac{x^2-9}{x^2-4} = \frac{x^3+x^2-4x-9}{x^2-4} = x+1 - \frac{5}{x^2-4}$

Definitionsmenge und Grenzwertverhalten:
$D_f = \mathbb{R}\setminus\{-2; 2\}$
schräge Asymptote: $f_A(x) = x+1$
$\lim\limits_{x \to \infty} \left(x+1 - \underbrace{\frac{5}{x^2-4}}_{\to 0^+} \right) = \infty$
$\Rightarrow f$ nähert sind f_A von unten.
$\lim\limits_{x \to -\infty} \left(x+1 - \underbrace{\frac{5}{x^2-4}}_{\to 0^+} \right) = -\infty$
$\Rightarrow f$ nähert sind f_A von unten.

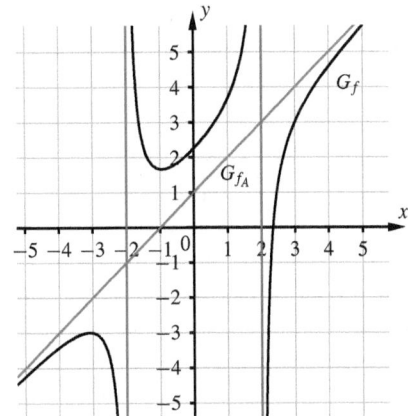

senkrechte Asymptoten: $x = -2;\ x = 2$

$\lim\limits_{x \to -2^-} \frac{\overbrace{x^3+x^2-4x-9}^{\to -5}}{\underbrace{x^2-4}_{\to 0^+}} = -\infty;\quad \lim\limits_{x \to -2^+} \frac{\overbrace{x^3+x^2-4x-9}^{\to -5}}{\underbrace{x^2-4}_{\to 0^-}} = \infty$

$\lim\limits_{x \to 2^-} \frac{\overbrace{x^3+x^2-4x-9}^{\to -5}}{\underbrace{x^2-4}_{\to 0^-}} = \infty;\quad \lim\limits_{x \to 2^+} \frac{\overbrace{x^3+x^2-4x-9}^{\to -5}}{\underbrace{x^2-4}_{\to 0^+}} = -\infty$

Symmetrie: keine
Nullstellen: $x \approx 2{,}34$ (einfach)
Schnittpunkt mit der y-Achse: $S_y(0|2{,}25)$

l) $f(x) = \frac{-0{,}25x^3}{x^2-9} = -0{,}25x - \frac{2{,}25x}{x^2-9}$

Definitionsmenge und Grenzwertverhalten:
$D_f = \mathbb{R}\setminus\{-3; 3\}$
schräge Asymptote: $f_A(x) = -0{,}25x$
$\lim\limits_{x \to \infty} \left(-0{,}25x - \underbrace{\frac{2{,}25x}{x^2-9}}_{\to 0^+} \right) = -\infty$
$\Rightarrow f$ nähert sind f_A von unten.
$\lim\limits_{x \to -\infty} \left(-0{,}25x - \underbrace{\frac{2{,}25x}{x^2-9}}_{\to 0^-} \right) = +\infty$
$\Rightarrow f$ nähert sind f_A von oben.

senkrechte Asymptoten: $x = -3;\ x = 3$

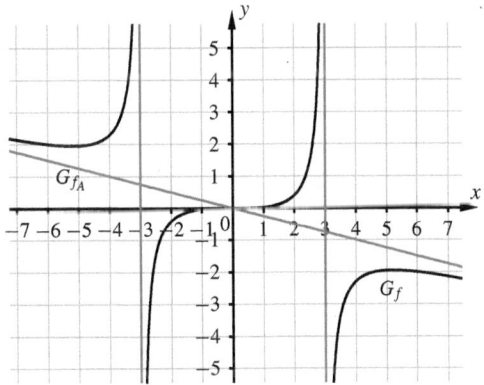

$\lim\limits_{x \to -3^-} \frac{\overbrace{-0{,}25x^3}^{\to 6{,}75}}{\underbrace{x^2-9}_{\to 0^+}} = \infty;\quad \lim\limits_{x \to -3^+} \frac{\overbrace{-0{,}25x^3}^{\to 6{,}75}}{\underbrace{x^2-9}_{\to 0^-}} = -\infty$

$\lim\limits_{x \to 3^-} \frac{\overbrace{-0{,}25x^3}^{\to -6{,}75}}{\underbrace{x^2-9}_{\to 0^-}} = \infty;\quad \lim\limits_{x \to 3^+} \frac{\overbrace{-0{,}25x^3}^{\to -6{,}75}}{\underbrace{x^2-9}_{\to 0^+}} = -\infty$

Symmetrie: punktsymmetrisch zum Koordinatenursprung
Nullstellen: $x = 0$ (dreifach)
Schnittpunkt mit der y-Achse: $S_y(0|0)$

m) $f(x) = \frac{0{,}625x^3 - 10x}{x^2 - 25} = 0{,}625x + \frac{5{,}625x}{x^2 - 25}$

Definitionsmenge und Grenzwertverhalten:

$D_f = \mathbb{R}\setminus\{-5;\,5\}$

schräge Asymptote: $f_A(x) = 0{,}625x$

$\lim\limits_{x \to \infty} \left(0{,}625x + \underbrace{\frac{5{,}625x}{x^2 - 25}}_{\to 0^+}\right) = \infty$

$\Rightarrow f$ nähert sind f_A von oben.

$\lim\limits_{x \to -\infty} \left(0{,}625x + \underbrace{\frac{5{,}625x}{x^2 - 25}}_{\to 0^-}\right) = -\infty$

$\Rightarrow f$ nähert sind f_A von unten.

senkrechte Asymptoten: $x = -5;\; x = 5$

$\lim\limits_{x \to -5^-} \underbrace{\frac{\overbrace{0{,}625x^3 - 10x}^{\to -28{,}125}}{\underbrace{x^2 - 25}_{\to 0^+}}}_{} = -\infty$

$\lim\limits_{x \to -5^+} \underbrace{\frac{\overbrace{0{,}625x^3 - 10x}^{\to -28{,}125}}{\underbrace{x^2 - 25}_{\to 0^-}}}_{} = +\infty$

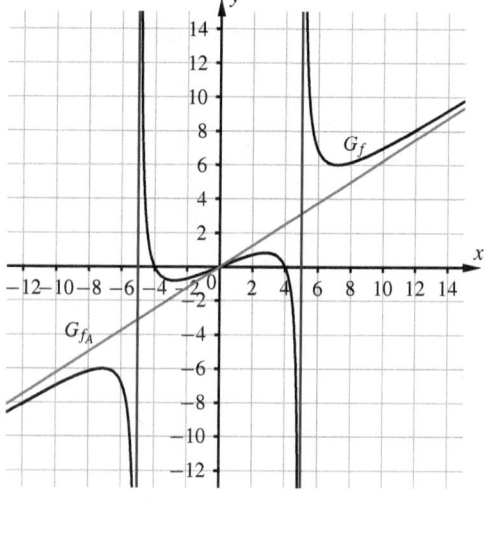

$\lim\limits_{x \to 5^-} \frac{\overbrace{0{,}625x^3 - 10x}^{\to 28{,}125}}{\underbrace{x^2 - 25}_{\to 0^-}} = -\infty;\quad \lim\limits_{x \to 5^+} \frac{\overbrace{0{,}625x^3 - 10x}^{\to 28{,}125}}{\underbrace{x^2 - 25}_{\to 0^+}} = +\infty$

Symmetrie: punktsymmetrisch zum Koordinatenursprung

Nullstellen: $x = -4$ oder $x = 0$ oder $x = 4$ (je einfach)

Schnittpunkt mit der y-Achse: $S_y(0|0)$

3. $K(x) = 0{,}9x^3 - 50x^2 + 1150x + 8500$

$E(x) = 1260x$

$G(x) = E(x) - K(x) = 1260x - (0{,}9x^3 - 50x^2 + 1150x + 8500) = -0{,}9x^3 + 50x^2 + 110x - 8500$

$W(x) = \frac{E(x)}{K(x)} = \frac{1260x}{0{,}9x^3 - 50x^2 + 110x + 8500}$

$U(x) = \frac{G(x)}{E(x)} = \frac{-0{,}9x^3 + 50x^2 + 110x - 8500}{1260x}$

$W(32) \approx 1{,}7$: Die Wirtschaftlichkeit ist für ca. 32 Fahrräder am größten und beträgt ca. 1,7. Das bedeutet, dass der Erlös dann ca. dem 1,7-Fachen der Kosten entspricht.

$U(32) \approx 0{,}4$: Die Umsatzrentabilität ist für ca. 32 Fahrräder am größten und beträgt dann 0,4. Das bedeutet, dass der Gewinn dann 40 % des Erlöses beträgt.

1.1 Grundlegende Eigenschaften und Anwendungen der gebrochen-rationalen Funktionen

4.
- Wie bestimmt man die Definitionsmenge einer gebrochen-rationalen Funktion f?
  Nennernullstellen berechnen und diese von der Grundmenge $\mathbb{R}$ ausschließen. Definitionslücken können Unendlichkeitsstellen oder stetig behebbare Definitionslücken sein.

- Unter welchen Voraussetzungen ist der Funktionsterm $\frac{Z(x)}{N(x)}$ einer gebrochen-rationalen Funktion f kürzbar?
  ... wenn Zählerpolynom $Z(x)$ und Nennerpolynom $N(x)$ dieselbe Nullstelle besitzen.

- Unter welchen Voraussetzungen ist eine gebrochen-rationale Funktion f an der Stelle x_0 stetig fortsetzbar?
  ... wenn für $x \to x_0$ der linksseitige und der rechtsseitige Grenzwert der Funktionswerte identisch und endlich sind. Das ist der Fall, wenn sich der Linearfaktor $(x - x_0)$ durch Kürzen vollständig aus dem Nennerterm entfernen lässt.

- Welche Besonderheit weist der Graph einer gebrochen-rationalen Funktion an einer stetig behebbaren Definitionslücke auf?
  Er hat ein Loch, dargestellt am Graphen durch einen Kringel.

- Wie lässt sich der Funktionsterm $\overline{f}(x)$ der stetigen Fortsetzung von f schreiben?
  ... indem man x_0 nicht mehr bei der Definitionsmenge ausschließt:
  $\overline{f}(x) = f(x)$ mit $D_{\overline{f}} = D_f \cup \{x_0\}$
  oder
  ... als „Zweizeiler": $\overline{f}(x) = \begin{cases} f(x) \text{ für } x \in D_f \\ \lim\limits_{x \to x_0} f(x) \text{ für } x = x_0 \end{cases}$

- Wie berechnet man die Nullstellen einer gebrochen-rationalen Funktion?
  Zählernullstellen berechnen und prüfen, ob die Lösungen Element der Definitionsmenge sind.

- Wie untersucht man rechnerisch, ob der Graph einer gebrochen-rationalen Funktion zum Koordinatensystem symmetrisch ist?
  Die Definitionsmenge muss symmetrisch bezüglich $x = 0$ sein.
  Bilde $f(-x) = \ldots$ und beurteile den entstehenden Term:
  $f(-x) \neq \begin{cases} f(x) \Rightarrow G_f \text{ ist nicht symmetrisch zur } y\text{-Achse.} \\ -f(x) \Rightarrow G_f \text{ ist nicht symmetrisch zum Koordinatenursprung.} \end{cases}$

- Welche Arten von Asymptoten gibt es und wie werden sie nachgewiesen?
  Vertikale Asymptoten schneidet der Graph der Funktion nie. Sie sind parallel zur y-Achse. Die entsprechenden Definitionslücken sind Unendlichkeitsstellen mit oder ohne VZW.
  Waagrechte Asymptoten: Der Grad des Zählerterms ist gleich dem Grad des Nennerterms.
  Schräge Asymptoten: Der Grad des Zählerterms ist um 1 größer als der Grad des Nennerterms. Asymptotengleichung ist der lineare Anteil des Ergebnisses der Polynomdivision.

- Wie berechnet man Schnittpunkte zwischen dem Graphen von f und seinen Asymptoten?
  Schnittpunkte zwischen dem Graphen von f und seinen Asymptoten gibt es nur bei waagrechten und schrägen Asymptoten. Senkrechte Asymptoten werden vom Graphen der Funktion f niemals geschnitten. Die x-Koordinate des Schnittpunkts ergibt sich aus der Lösung der Gleichung, die man erhält, wenn man den Funktionsterm und den Term der waagrechten/schrägen Asymptote gleichsetzt.

- Welche Arten von Unendlichkeitsstellen können unterschieden werden?

  Es werden Unendlichkeitsstellen mit Vorzeichenwechsel und ohne Vorzeichenwechsel unterschieden. Enthält der vollständig gekürzte Nennerterm mit der Definitionslücke x_L eine ungerade Potenz (z.B. $(x-x_L)^1$ oder $(x-x_L)^3$ usw.), dann liegt eine Unendlichkeitsstelle mit Vorzeichenwechsel vor.

  Enthält der Nennerterm mit der Definitionslücke x_L eine gerade Potenz (z.B. $(x-x_L)^2$ oder $(x-x_L)^4$ usw.), dann liegt eine Unendlichkeitsstelle ohne Vorzeichenwechsel vor.

5. a) $W(x) = \frac{49x}{0{,}25x^3 - 3x^2 + 12{,}5x + 200}$

    (Graph ②, da z.B. $E(x) > K(x)$ und damit $W(x) > 1$ gelten kann)

    $U(x) = \frac{-0{,}25x^3 + 3x^2 + 36{,}5x - 200}{49x}$

    (Graph ①, da immer $G(x) < E(x)$ und damit $U(x) < 1$ gilt)

   b) Bei einer Ausbringungsmenge von 10 ME arbeitet das Unternehmen maximal wirtschaftlich. Dabei entspricht der Erlös dem 1,78-Fachen der Kosten.

    Bei einer Ausbringungsmenge von 10 ME ist die Umsatzrentabilität des Unternehmens maximal. Dabei macht der Gewinn ca. 44 % des Erlöses aus. Die beiden Maxima von der Wirtschaftlichkeit und der Umsatzrentabilität befinden sich bei derselben Ausbringungsmenge (10 ME).

   c) Der Graph von W startet immer im Koordinatenursprung ($E(0) = 0$), steigt streng monoton bis zu seinem Maximum, fällt danach streng monoton und schmiegt sich an die x-Achse an, die er nie erreicht. Die Gerade $y = 1$ schneidet G_W zweimal an den Stellen, an denen $E(x) = K(x)$ und somit $W(x) = 1$ gilt.

    Da an diesen beiden Stellen $E(x) = K(x)$ und somit $G(x) = 0$ ist, gilt dort auch $U(x) = \frac{G(x)}{E(x)} = 0$. Der Graph von U kommt aus dem „Negativ-Unendlichen" (G_U berührt die y-Achse nicht), schneidet die x-Achse an der Stelle, an der $G(x) = 0$ ist, und steigt streng monoton bis zu seinem Maximum. Danach fällt G_U ins „Negativ-Unendliche" und schneidet dabei die x-Achse ein zweites Mal ($U(x) = G(x) = 0$).

    Da $U(x)$ die x-Achse an den Stellen schneidet, an denen $G(x) = 0$ gilt, entspricht die Zone zwischen den beiden Nullstellen der Gewinnzone; die erste Nullstelle ist also die Gewinnschwelle, die zweite Nullstelle die Gewinngrenze.

    Die beiden Maxima von W und U liegen an derselben Stelle, also bei derselben Ausbringungsmenge.

6.*a) $K(x) = \frac{1}{3}K(0) \Leftrightarrow \frac{11}{x+3} = \frac{1}{3} \cdot \frac{11}{3} \Leftrightarrow 9 = x+3 \Leftrightarrow x = 6$

b)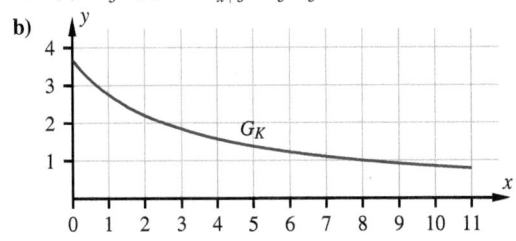

c) 3€ entsprechen den Fixkosten pro m² Folie, die unabhängig von der Dicke x der Folie sind. Zum Preis kommen für jeden mm Folie 4€ pro m² hinzu.

d) $G(x) = 3 + 4x + 20 \cdot \frac{11}{x+3} = 4x + 3 + \frac{220}{x+3}$

$G'(x) = 4 - \frac{220}{(x+3)^2}$

$G'(x) = 0 \Leftrightarrow 4 - \frac{220}{(x+3)^2} = 0 \Leftrightarrow 4 = \frac{220}{(x+3)^2} \Leftrightarrow 4(x+3)^2 = 220 \Leftrightarrow x^2 + 6x - 46 = 0$

$\Rightarrow x = -3 + \sqrt{55} \approx 4{,}42 \quad \blacktriangleright x \geq 0$

$G''(x) = \frac{440}{(x+3)^3}$

$G''(-3 + \sqrt{55}) = \frac{440}{(\sqrt{55})^3} \approx 1{,}08 > 0 \Rightarrow$ Tiefpunkt

$T(-3 + \sqrt{55} | -9 + 8\sqrt{55})$ bzw. $T(4{,}42 | 50{,}33)$

e)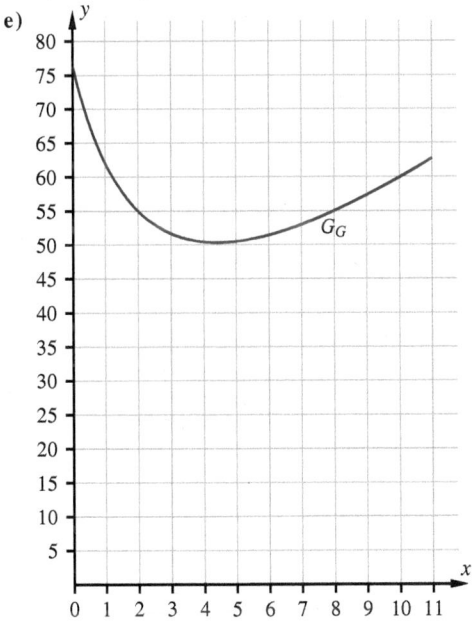

Test A zu 1.1

1. Die Gerade mit der Gleichung $x = -2$ ist senkrechte Asymptote.
   Polynomdivision: $f(x) = 0,5x + \frac{2}{x+2}$
   Die Gerade mit der Gleichung $y = 0,5x$ ist schräge Asymptote.

2. a) $f(x) = \frac{2x+1}{x-1}$
   Definitionsmenge und Grenzwertverhalten:
   $D_f = \mathbb{R}\setminus\{1\}$
   senkrechte Asymptoten: $x = 1$

   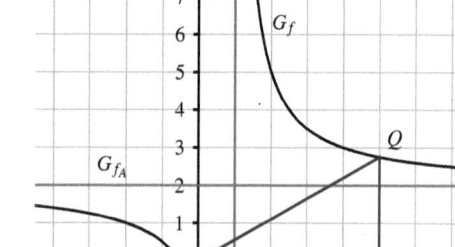

   waagrechte Asymptoten: $f_A(x) = 2$

   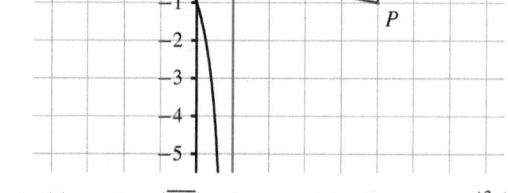

   Wertemenge: $W_f = \mathbb{R}\setminus\{2\}$

   b)

   c) $A(x) = 0,5 \cdot x \cdot |\overline{PQ}| = 0,5 \cdot x \cdot (f(x)+1) = 0,5 \cdot x \cdot \left(\frac{2x+1}{x-1}+1\right) = \frac{x^2+0,5x}{x-1} + 0,5x$

   d) $|\overline{PQ}| = x \Rightarrow \frac{2x+1}{x-1} + 1 = x \Rightarrow 2x+1+x-1 = x(x-1)$
   $\Rightarrow 3x = x^2 - x \Rightarrow 0 = x^2 - 4x \Rightarrow x = 4$ (oder $x = 0 < 1$)

1.1 Grundlegende Eigenschaften und Anwendungen der gebrochen-rationalen Funktionen

Test B zu 1.1

1. • Bild A gehört zur Funktion g.
   Begründung: Zählergrad = Nennergrad $\Rightarrow$ die waagrechte Asymptote verläuft echt parallel zur x-Achse. (Alternative: Die Definitionslücke ist eine Unendlichkeitsstelle ohne Vorzeichenwechsel.)
   • Bild B gehört zur Funktion h.
   Begründung: Zählergrad $<$ Nennergrad $\Rightarrow$ die waagrechte Asymptote liegt auf der x-Achse.
   • Bild C gehört zur Funktion f.
   Begründung: Zählergrad um eins größer als Nennergrad $\Rightarrow$ es gibt eine schräge Asymptote.

2. a) $D_f = \mathbb{R}\setminus\{-2; 3\}$; $f(x) = \frac{(x-1)}{(x-3)}$
   $x = -2$ ist eine stetig behebbare Definitionslücke.
   $x = 3$ ist eine Unendlichkeitsstelle mit Vorzeichenwechsel.
   $x = 1$ ist eine (einfache) Nullstelle.
   b) $D_f = \mathbb{R}\setminus\{-1; 4\}$; $f(x) = \frac{3x}{(x+1)(x-4)}$
   $x = -1$ ist eine Unendlichkeitsstelle mit Vorzeichenwechsel.
   $x = 4$ ist eine Unendlichkeitsstelle mit Vorzeichenwechsel.
   $x = 0$ ist eine (einfache) Nullstelle.
   c) $D_f = \mathbb{R}\setminus\{-5; -1\}$; $f(x) = \frac{(x+1)(x-1)}{(x+5)^3}$
   $x = -1$ ist eine stetig behebbare Definitionslücke.
   $x = -5$ ist eine Unendlichkeitsstelle mit Vorzeichenwechsel.
   $x = 1$ ist eine (einfache) Nullstelle.

3. a) $K(x) = 5x^3 - 50x^2 + 215x + 360$
   $k(x) = \frac{K(x)}{x} = \frac{5x^3 - 50x^2 + 215x + 360}{x} = 5x^2 - 50x + 215 + \frac{360}{x}$
   $k'(x) = 10x - 50 - \frac{360}{x^2}$
   $k''(x) = 10 + \frac{720}{x^3}$
   Notwendige Bedingung: $k'(x) = 0$
   $\Leftrightarrow 10x - 50 - \frac{360}{x^2} = 0$
   $\Leftrightarrow 10x^3 - 50x^2 - 360 = 0$
   $\Leftrightarrow x = 6$
   Hinreichende Bedingung: $k''(6) = 10 + \frac{720}{6^3} = \frac{40}{3} > 0 \Rightarrow$ Minimum
   $k(6) = \frac{5 \cdot 6^3 - 50 \cdot 6^2 + 215 \cdot 6 + 360}{6} = 155$
   Der lokale Tiefpunkt $T(6|155)$ ist der einzige Extrempunkt in D_k und somit ein absoluter Tiefpunkt, da keine weitere Änderung des Monotonieverhaltens auftritt. Das bedeutet, dass bei der Produktion von 6 ME die Stückkosten mit 155 GE pro ME am geringsten sind.
   b) $G(x) = E(x) - K(x) = -17,5x^2 + 350x - (5x^3 - 50x^2 + 215x + 360) = -5x^3 + 32,5x^2 + 135x - 360$
   Graph der Funktion K: blau
   Graph der Funktion E: rot
   Graph der Funktion G: grün
   c) $W(x) = \frac{E(x)}{K(x)} = \frac{-17,5x^2 + 350x}{5x^3 - 50x^2 + 215x + 360}$
   $U(x) = \frac{G(x)}{E(x)} = \frac{-5x^3 + 32,5x^2 + 135x - 360}{-17,5x^2 + 350x}$

1.2 Kurvendiskussion und Anwendungen gebrochen-rationaler Funktionen

1.2.1 Ableitung gebrochen-rationaler Funktionen mit der Quotientenregel

33 1. a) 2   b) 2   c) 3   d) 2   e) 3

2. a) $f(x) = 1 + 2x^{-1} - 2x^{-2} = 1 + \frac{2}{x} - \frac{2}{x^2}$
   $f'(x) = -2x^{-2} + 4x^{-3} = -\frac{2}{x^2} + \frac{4}{x^3}$
   $f''(x) = 4x^{-3} - 12x^{-4} = \frac{4}{x^3} - \frac{12}{x^4}$

   b) $f(x) = \frac{x^2 + 2x + 6}{x - 1}$
   $f'(x) = \frac{x^2 - 2x - 8}{(x - 1)^2}$
   $f''(x) = \frac{18}{(x - 1)^3}$

   c) $f(x) = 3 \cdot \frac{x + 3}{x^2 + 6x + 5}$
   $f'(x) = 3 \cdot \frac{1 \cdot (x^2 + 6x + 5) - (2x + 6)(x + 3)}{(x^2 + 6x + 5)^2} = 3 \cdot \frac{x^2 + 6x + 5 - 2x^2 - 6x - 6x - 18}{(x^2 + 6x + 5)^2} = \frac{-3x^2 - 18x - 39}{(x^2 + 6x + 5)^2}$
   $f''(x) = \frac{6x^3 + 54x^2 + 234x + 378}{(x^2 + 6x + 5)^3}$

   d) $f(x) = -\frac{x^2 - 4}{2x - 5}$
   $f'(x) = -\frac{2x(2x - 5) - (x^2 - 4) \cdot 2}{(2x - 5)^2} = -\frac{4x^2 - 10x - 2x^2 + 8}{(2x - 5)^2} = -\frac{2x^2 - 10x + 8}{(2x - 5)^2}$
   $f''(x) = -\frac{(4x - 10)(2x - 5)^2 - (2x^2 - 10x + 8) \cdot 2 \cdot (2x - 5) \cdot 2}{(2x - 5)^4}$
   $= -\frac{(8x^2 - 40x + 50) - (8x^2 - 40x + 32)}{(2x - 5)^3} = -\frac{18}{(2x - 5)^3}$

   e) $f(x) = -0{,}5x - \frac{2x}{x^2 - 4} = \frac{-0{,}5x^3}{x^2 - 4}$
   $f'(x) = -0{,}5 - \frac{2(x^2 - 4) - 2x \cdot 2x}{(x^2 - 4)^2} = -0{,}5 + \frac{2x^2 + 8}{(x^2 - 4)^2} = \frac{-0{,}5x^4 + 6x^2}{(x^2 - 4)^2}$
   $f''(x) = -\frac{4x^3 + 48x}{(x^2 - 4)^3}$

   f) $f(x) = -x + 4 - \frac{-4}{(x - 1)^2}$
   $f'(x) = -1 + \frac{4 \cdot 2}{(x - 1)^3} = -1 + \frac{8}{(x - 1)^3}$ oder $f'(x) = \frac{-x^3 + 3x^2 - 3x + 9}{(x - 1)^3}$
   $f''(x) = \frac{-3 \cdot 8}{(x - 1)^4} = \frac{-24}{(x - 1)^4}$

   g) $f(x) = \frac{(x - 1)(x - 5)}{(10x + 1)(x - 20)} = \frac{x^2 - 6x + 5}{10x^2 - 199x - 20}$
   $f'(x) = \frac{(10x^2 - 199x - 20)(2x - 6) - (x^2 - 6x + 5)(20x - 199)}{(10x + 1)^2(x - 20)^2} = \frac{-139x^2 - 140x + 1115}{(10x + 1)^2(x - 20)^2}$
   $f''(x) = 10 \cdot \frac{278x^3 + 420x^2 - 6690x + 44657}{(10x + 1)^3(x - 20)^3}$

   h) $f(x) = \frac{2x^2 + 5}{2 - x}$
   $f'(x) = \frac{4x(2 - x) - (2x^2 + 5) \cdot (-1)}{(2 - x)^2} = \frac{8x - 4x^2 + 2x^2 + 5}{(2 - x)^2} = \frac{-2x^2 + 8x + 5}{(2 - x)^2}$
   $f''(x) = \frac{(-4x + 8) \cdot (2 - x)^2 - (-2x^2 + 8x + 5) \cdot 2 \cdot (2 - x) \cdot (-1)}{(2 - x)^4}$
   $= \frac{(4x^2 - 16x + 16) + (-4x^2 + 16x + 10)}{(2 - x)^3} = \frac{26}{(2 - x)^3}$

1.2 Kurvendiskussion und Anwendungen gebrochen-rationaler Funktionen

1.2.2 Kurvendiskussion gebrochen-rationaler Funktionen

1. a) $x^3 - x^2 = 0 \Rightarrow x^2(x-1) = 0 \Rightarrow x = 0$ oder $x = 1 \Rightarrow D_f = \mathbb{R}\setminus\{0; 1\}$
$(x^3 - 4x^2 + 5x - 2) : (x - 1) = x^2 - 3x + 2;\ x^2 - 3x + 2 = 0 \Rightarrow x = 1$ oder $x = 2$
$f(x) = \frac{x^3 - 4x^2 + 5x - 2}{x^3 - x^2} = \frac{(x-1)(x-1)(x-2)}{x^2(x-1)} = \frac{(x-1)(x-2)}{x^2}$
$x = 0$ Unendlichkeitsstelle ohne VZW, $x = 1$ stetig behebbare Definitionslücke

b) $x = 2$ einzige Nullstelle (einfach)

c) $f(x) = \frac{x^2 - 3x + 2}{x^2} = 1 - \frac{3}{x} + \frac{2}{x^2}$
$\lim_{x\to\pm\infty} (1 - \frac{3}{x} + \frac{2}{x^2}) = 1$; waagrechte Asymptote: $y = 1$
$\lim_{x\to 0^-} f(x) = \infty;\ \lim_{x\to 0^+} f(x) = \infty$; senkrechte Asymptote: $x = 0$
$\lim_{x\to 1^-} f(x) = 0;\ \lim_{x\to 1^+} f(x) = 0$

d) $f(x) = 1 \Leftrightarrow \frac{x^2 - 3x + 2}{x^2} = 1 \Leftrightarrow x^2 - 3x + 2 = x^2 \Leftrightarrow x = \frac{2}{3} \Rightarrow S(\frac{2}{3}|1)$

e) $f'(x) = \frac{(2x-3)\cdot x^2 - (x^2 - 3x + 2)\cdot 2x}{x^4} = \frac{3x - 4}{x^3}$
$f'(x) = 0 \Rightarrow x = \frac{4}{3}$
$f''(x) = \frac{3x^3 - (3x-4)\cdot 3x^2}{x^6} = \frac{-6x^3 + 12x^2}{x^6} = \frac{-6x + 12}{x^4}$
$f''(\frac{4}{3}) > 0 \Rightarrow T(\frac{4}{3}|\frac{1}{8})$

f) $f''(x) = 0 \Rightarrow x = 2$
$f''(x) < 0 \Leftrightarrow -6x + 12 < 0 \Leftrightarrow -6x < -12 \Leftrightarrow x > 2 \Rightarrow G_f$ ist rechtsgekrümmt im Intervall $[2; +\infty[$.
$f''(x) > 0$ für $x < 2$ und $x \in D_f \Rightarrow G_f$ ist linksgekrümmt im Intervall $]-\infty; 0[$ bzw. $]0; 2]\setminus\{1\}$.
Wendepunkt: $W(2|0)$

g)

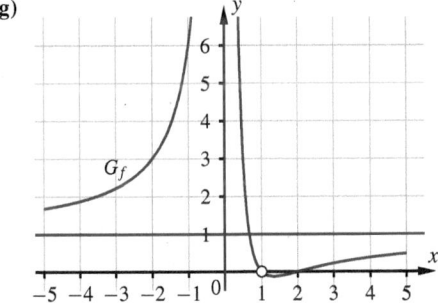

2. a) $f(-x) = \frac{1}{2}\cdot(-x) + \frac{2\cdot(-x)}{(-x)^2 - 4} = -\frac{1}{2}x - \frac{2x}{x^2 - 4} = -f(x) \Rightarrow G_f$ ist punktsymmetrisch zum Koordinatenursprung.

b) $\lim_{x\to -\infty} f(x) = \lim_{x\to -\infty} (\frac{1}{2}x + \frac{2x}{x^2 - 4}) = -\infty;\ \lim_{x\to +\infty} f(x) = \lim_{x\to +\infty} (\frac{1}{2}x + \frac{2x}{x^2 - 4}) = \infty$
$\lim_{x\to 2^-} f(x) = \lim_{x\to 2^-} (\frac{1}{2}x + \frac{2x}{x^2 - 4}) = -\infty;\ \lim_{x\to 2^+} f(x) = \lim_{x\to 2^+} (\frac{1}{2}x + \frac{2x}{x^2 - 4}) = \infty$
$\lim_{x\to -2^-} f(x) = \lim_{x\to -2^-} (\frac{1}{2}x + \frac{2x}{x^2 - 4}) = -\infty$ (da G_f punktsymmetrisch); $\lim_{x\to -2^+} f(x) = \infty$
senkrechte Asymptoten: $x = -2$ und $x = 2$
schräge Asymptote: $f_A(x) = 0{,}5x$

c) $f(x) = 0 \Leftrightarrow \frac{1}{2}x + \frac{2x}{x^2 - 4} = 0 \Leftrightarrow \frac{0{,}5x(x^2 - 4) + 2x}{x^2 - 4} = 0 \Leftrightarrow \frac{x(0{,}5x^2 + 2 - 2)}{x^2 - 4} = 0 \Leftrightarrow \frac{0{,}5x^3}{x^2 - 4} = 0 \Leftrightarrow x = 0$
$x = 0$ einzige Nullstelle (dreifach)

40

d) $f'(x) = \frac{\frac{1}{2}(x^2-4)\cdot 2x^2 - 8}{(x^2-4)^2} = \frac{\frac{1}{2}(x^4-8x^2+16)-2\cdot x^2-8}{(x^2-4)^2} = \frac{\frac{1}{2}x^4-6x^2+8-8}{(x^2-4)^2} = \frac{x^2(\frac{1}{2}x^2-6)}{(x^2-4)^2}$

Notwendige Bedingung: $f'(x) = 0 \Leftrightarrow \frac{x^2(\frac{1}{2}x^2-6)}{(x^2-4)^2} = 0 \Leftrightarrow x = 0$ oder $\frac{1}{2}x^2 - 6 = 0 \Rightarrow x^2 = 12$;
$x_{2/3} = \pm 2\sqrt{3}$

Hinrichende Bedingung:

x		$-2\sqrt{3}$		-2		0		2		$2\sqrt{3}$	
$f'(x)$	+	0	−	n.d.	−	0	−	n.d.	−	0	+
G_f	↗	HP	↘	n.d.	↘	TER	↘	n.d.	↘	TP	↗

$H(-2\sqrt{3}|-\frac{3}{2}\sqrt{3})$; $TER(0|0)$; $T(2\sqrt{3}|\frac{3}{2}\sqrt{3})$ ▶ $TER \triangleq$ Terrassenpunkt

e) $f''(x) = \frac{(x^2-4)(2x^3-12x)-(0{,}5x^4-6x^2)(x^2-4)\cdot 2\cdot 2x}{(x^2-4)^4}$

$= \frac{2x^5-12x^3-8x^3+48x-(2x^5-24x^3)}{(x^2-4)^4}$

$= \frac{4x^3+48x}{(x^2-4)^3}$

Notwendige Bedingung: $f''(x) = 0 \Leftrightarrow 4x\cdot \frac{x^2+12}{(x^2-4)^3} = 0 \Leftrightarrow x = 0$

Hinrichende Bedingung:

x		-2		0		2	
$f''(x)$	−	n.d.	+	0	−	n.d.	+
G_f	⌢	n.d.	⌣	WP	⌢	n.d.	⌣

G_f ist rechtsgekrümmt im Intervall $]-\infty; -2[$ bzw. $[0; 2[$.
G_f ist linksgekrümmt im Intervall $]-2; 0]$ bzw. $]2; \infty[$.

f)

x	-5	$-3{,}46$	$-2{,}25$	-2	$-1{,}75$	0
$f(x)$	$-2{,}98$	$-2{,}60$	$-5{,}36$	n.d.	$2{,}86$	0
		HP				TER

x	$1{,}75$	2	$2{,}25$	$3{,}46$	5
$f(x)$	$-2{,}86$	n.d.	$5{,}36$	$2{,}60$	$2{,}98$
				TP	

g)

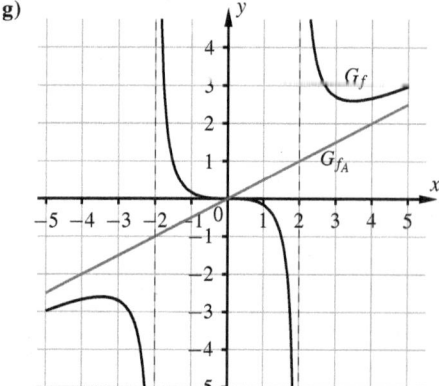

1.2 Kurvendiskussion und Anwendungen gebrochen-rationaler Funktionen

3. a) $f'(x) = \frac{4(x-2)}{x^3}$; $f''(x) = -\frac{8(x-3)}{x^4}$
Tiefpunkt: $T(2|-3)$

b) $f'(x) = -\frac{12x}{(x+3)^4}$; $f''(x) = \frac{36(x-1)}{(x+3)^5}$
Hochpunkt: $H(0|\frac{2}{9})$

c) $f'(x) = \frac{-2{,}5x^2+22{,}5x-45{,}625}{(x-0{,}5)^2(x-4)^2}$; $f''(x) = \frac{5x^3-67{,}5x^2+273{,}75x-365{,}625}{(x-0{,}5)^3(x-4)^3}$
Tiefpunkt: $T(\frac{9-\sqrt{8}}{2}|1{,}50)$
Hochpunkt: $H(\frac{9+\sqrt{8}}{2}|0{,}34)$

4. a) $D_f = \mathbb{R}\setminus\{0\}$
Nullstellen: $x_{1/2} = \pm\sqrt{3}$ (jeweils einfach)
Asymptoten: $x = 0$; $y = 0$

b) $f(-x) = 15 \cdot \frac{(-x)^2-3}{(-x)^3} = 15 \cdot \frac{x^2-3}{-x^3} = -15 \cdot \frac{x^2-3}{x^3} = -f(x)$
⇒ Der Graph der Funktion f ist punktsymmetrisch zum Koordinatenursprung.

c) $f'(x) = 15 \cdot \frac{9-x^2}{x^4}$; $f''(x) = 30 \cdot \frac{x^2-18}{x^5}$

d) $f'(x) = 0 \Leftrightarrow 15 \cdot \frac{9-x^2}{x^4} = 0 \Leftrightarrow x^2 = 9 \Leftrightarrow x = -3$ oder $x = 3$

x		-3		0		3	
$f'(x)$	$-$	0	$+$	n.d.	$+$	0	$-$
G_f	↘	TP	↗	n.d.	↗	HP	↘

$T(-3|\frac{-10}{3})$; $H(3|\frac{10}{3})$

e) $f''(x) = 0 \Leftrightarrow 30 \cdot \frac{x^2-18}{x^5} = 0 \Leftrightarrow x^2 = 18 \Leftrightarrow x = -3\sqrt{2}$ oder $x = 3\sqrt{2}$ (jeweils einfache Nullstellen)
⇒ Wendepunkte: $W_1(-3\sqrt{2}|-\frac{25}{6\sqrt{2}})$; $W_2(3\sqrt{2}|\frac{25}{6\sqrt{2}})$
Tangentensteigung: $f'(\sqrt{18}) = \frac{-5}{12}$
Tangente durch Wendepunkt W_2: $y = \frac{-5}{12} \cdot (x-\sqrt{18}) + \frac{25}{2\cdot\sqrt{18}}$ bzw. $y = \frac{-5}{12} \cdot x + \frac{10}{3} \cdot \sqrt{2}$

f) Gleichung der Tangente durch den Hochpunkt: $y = \frac{10}{3}$

g) Graph und Wendetangente:

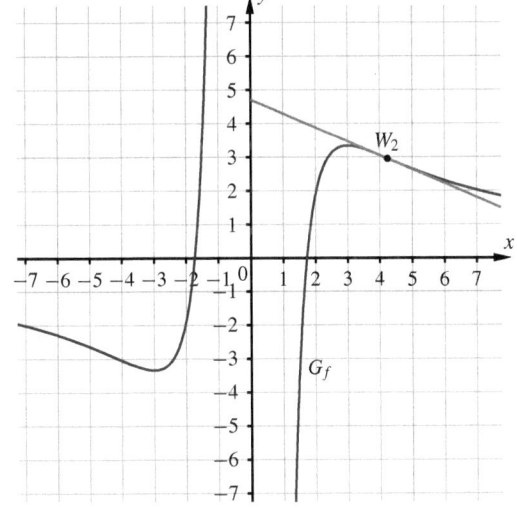

41

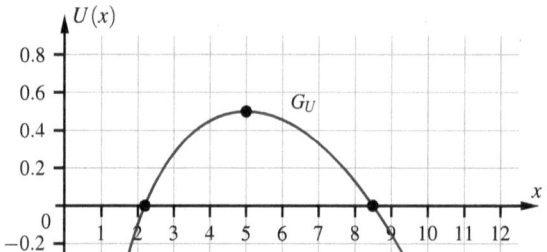

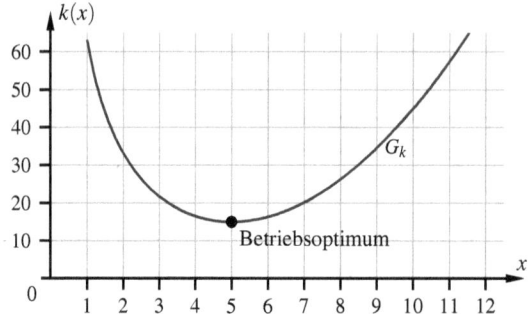

c) Die Wirtschaftlichkeit und die Umsatzrentabilität sind im Betriebsoptimum am größten.

9. $W(x) = \frac{1260x}{0{,}9x^3 - 50x^2 + 1150x + 8500}$; $U(x) = \frac{-0{,}9x^3 + 50x^2 + 110x - 8500}{1260x}$

$W'(x) = \frac{-2800 \cdot (9x^3 - 250x^2 - 42500)}{(9x^3 - 500x^2 + 11500x + 85000)^2}$

$W''(x) = \frac{8400 \cdot (9x^5 - 500x^4 + 5426x^3 - 170000x^2 + 524691x - 40222630)}{(9x^3 - 500x^2 + 11500x + 85000)^3}$

$U(x) = -\frac{1}{1400}x^2 + \frac{5}{126}x + \frac{11}{126} - \frac{425}{63x}$; $U'(x) = -\frac{1}{700}x + \frac{5}{126} + \frac{425}{63x^2}$; $U''(x) = -\frac{1}{700} - \frac{850}{63x^3}$

$U(x) = 0 \Leftrightarrow W(x) = 1 \Rightarrow x \approx 13{,}621$ oder $x \approx 54{,}628$

Für $x \in [13{,}621;\, 54{,}628]$ ist die Wirtschaftlichkeit des Unternehmens größer als 1 ($E > K$) bzw. die Umsatzrentabilität und damit der Gewinn größer als 0.

$W'(x) = 0 \Leftrightarrow 9x^3 - 250x^2 - 42500 = 0 \Rightarrow x \approx 32{,}303$

$W''(32{,}303) \approx -0{,}0002 < 0 \Rightarrow$ Hochpunkt; $W(32{,}303) \approx 1{,}709 \Rightarrow W_{\max}(32{,}303 | 1{,}709)$

Bei einer Ausbringungsmenge von ca. 32,3 ME arbeitet das Unternehmen maximal wirtschaftlich. Dabei entspricht der Erlös dem 1,71-Fachen der Kosten.

$U'(x) = 0 \Leftrightarrow -\frac{1}{700}x + \frac{5}{126} + \frac{425}{63x^2} = 0 \Leftrightarrow 9x^3 - 250x^2 - 42500 = 0 \Rightarrow x \approx 32{,}303$

$U''(32{,}303) \approx -0{,}002 < 0 \Rightarrow$ Hochpunkt; $U(32{,}303) \approx 0{,}415 \Rightarrow U_{\max}(32{,}303 | 0{,}415)$

1.2 Kurvendiskussion und Anwendungen gebrochen-rationaler Funktionen

Bei einer Ausbringungsmenge von ca. 32,3 ME ist die Umsatzrentabilität des Unternehmens maximal. Dabei macht der Gewinn ca. 41,5 % des Erlöses aus.
Die beiden Maxima der Wirtschaftlichkeit und der Umsatzrentabilität befinden sich bei derselben Ausbringungsmenge von ca. 32,3 ME und stimmen mit der Zeichnung überein. Die Zeichnung bestätigt auch die Gewinnzone [13,621; 54,628].

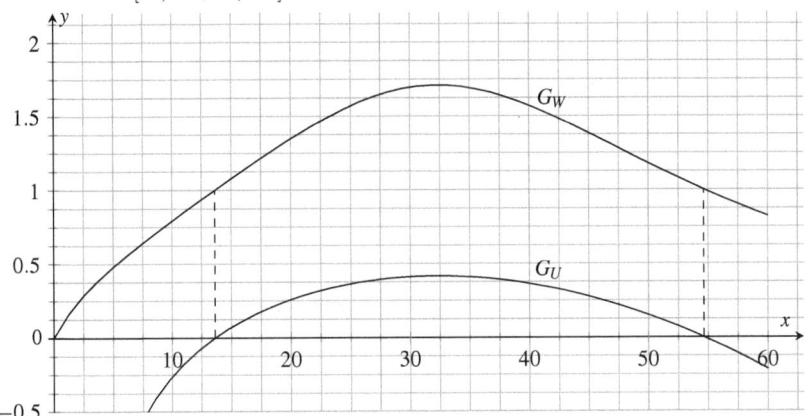

10. a) $D_f = \mathbb{R}\setminus\{0\}$

b) $\lim\limits_{x\to\infty}(f(x)-(0,5x+1)) = \lim\limits_{x\to\infty}(\frac{1}{x}) = 0$; $\lim\limits_{x\to-\infty}(f(x)-(0,5x+1)) = \lim\limits_{x\to-\infty}(\frac{1}{x}) = 0$
Die Gerade mit der Gleichung $y = 0,5x+1$ ist schiefe Asymptote des Graphen der Funktion f.

c) $\lim\limits_{x\to\infty} f'(x) = 0,5$; $\lim\limits_{x\to-\infty} f'(x) = 0,5$
Die Steigung der Funktion f nähert sich der Steigung der linearen Funktion $y = 0,5x+1$ an.

d) $f(x) < 2,5 \Rightarrow x \in \,]1;\,2[$

e) $f(x) = 0,5x+1+\frac{1}{x} = \frac{0,5x^2+x+1}{x}$; $f'(x) = 0,5-\frac{1}{x^2}$; $f''(x) = \frac{1}{x^3}$
$f'(x) = 0 \Leftrightarrow \frac{1}{x^2} = 0,5 \Leftrightarrow x^2 = 2 \Leftrightarrow x = \sqrt{2}$ oder $x = -\sqrt{2}$
$f''(\sqrt{2}) = \frac{1}{(\sqrt{2})^3} > 0 \Rightarrow$ Tiefpunkt
$f''(\sqrt{-2}) = \frac{1}{(-\sqrt{2})^3} < 0 \Rightarrow$ Hochpunkt

11. **Symmetrieeigenschaften:** $f(-x) = f(x) \Rightarrow G_f$ ist y-achsensymmetrisch.
$f(-x) = -f(x) \Rightarrow G_f$ ist punktsymmetrisch zum Koordinatenursprung.
Unendlichkeitsstellen:
Ergeben sich uneigentliche Grenzwerte der Art $\lim\limits_{x\to x_0^-} f(x) = \infty$ oder $\lim\limits_{x\to x_0^-} f(x) = -\infty$; $\lim\limits_{x\to x_0^+} f(x) = \infty$ oder $\lim\limits_{x\to x_0^+} f(x) = -\infty$, so liegt eine Unendlichkeitsstelle vor. Es gibt Unendlichkeitsstellen mit und ohne Vorzeichenwechsel.
Definitionslücke (Definitionsmenge):
Alle x-Werte, für die der Nennerterm $N(x)$ den Wert Null annimmt, werden als Definitionslücken bezeichnet. Ansatz: $N(x) = 0$
Für die maximale Definitionsmenge gilt: $D_{\max} = \mathbb{R}\setminus\{x|N(x)=0\}$
senkrechte Asymptoten:
Unendlichkeitsstellen besitzen eine senkrechte Asymptote.

41

Verhalten für x → ±∞:
Der Grenzwert kann existieren oder nicht existieren:
$\lim\limits_{x \to \pm\infty} f(x) = b$ (eigentlicher) Grenzwert
$\lim\limits_{x \to \pm\infty} = \pm\infty$ (uneigentlicher) Grenzwert

stetig behebbare Definitionslücke:
Bei links- und rechtsseitiger Annäherung ergibt sich: $\lim\limits_{x \to x_0^-} f(x) = a = \lim\limits_{x \to x_0^+}$. Der Grenzwert an dieser Stelle muss existieren und endlich sein.

stetige Fortsetzung:
Eine stetig behebbare Definitionslücke lässt sich stetig fortsetzen.
Beispiel: Ist eine Funktionsgleichung $f(x) = \frac{(x-x_1)(x-x_2)(x-x_3)}{(x-x_2)(x-x_4)}$ der Funktion f mit $D = \mathbb{R}\setminus\{x_2; x_4\}$ vollständig faktorisiert, so entspricht der gekürzte Term $\overline{f}(x) = \frac{(x-x_1)(x-x_3)}{(x-x_4)}$ mit $D = \mathbb{R}\setminus\{x_4\}$ der stetigen Fortsetzung $\overline{f}$.

Verhalten in der Nähe der Definitionslücke:
links- und rechtsseitige Annäherung mit $\lim\limits_{x \to x_0^-} f(x), \lim\limits_{x \to x_0^+} f(x)$
Es können sich Unendlichkeitsstellen oder stetig behebbare Definitionslücken ergeben.

Krümmungsverhalten:
Vorzeichentabelle der zweiten Ableitung: $f''(x) < 0 \Rightarrow G_f$ ist rechtsgekrümmt, $f''(x) > 0 \Rightarrow G_f$ ist linksgekrümmt.

Wendepunkte:
$f''(x) = 0$ und VZW $\Rightarrow$ Wendepunkt

Terrassenpunkte:
$f(x) = 0$ und $f''(x) = 0$ und VZW $\Rightarrow$ Terrassenpunkt

Definitionsmenge:
Für die maximale Definitionsmenge gilt: $D_{\max} = \mathbb{R}\setminus\{x|N(x) = 0\}$.

waagrechte und schräge Asymptoten:
Falls der Grenzwert $\lim\limits_{x \to \pm\infty} f(x) = b$ endlich ist, lautet die Gleichung der waagrechten Asymptote $y = b$.
Die Gleichung der schrägen Asymptote (bzw. Asymptotenkurve) ergibt sich mithilfe einer Polynomdivision:
$Z(x) : N(x) = mx + t + $ Restterm

Schnittpunkte mit Asymptoten:
Schnittpunkte mit Asymptoten kann es nur mit waagrechten und schrägen Asymptoten(kurven) geben.
Ansatz: $f(x) = f_A(x)$

Achsenschnittpunkte:
Schnittpunkte mit der x-Achse: $f(x) = 0$; $S_x(x_0|0)$
Schnittpunkte mit der y-Achse: $x = 0$; $S_y(0|y_0)$

Monotonieverhalten:
Vorzeichentabelle der ersten Ableitung:
$f'(x) < 0 \Rightarrow G_f$ ist streng monoton fallend, $f'(x) > 0 \Rightarrow G_f$ ist streng monoton steigend.

1.2 Kurvendiskussion und Anwendungen gebrochen-rationaler Funktionen   33

lokale Extrempunkte:
$f'(x) = 0$ und VZW von $-$ nach $+$ $\Rightarrow$ lokales Minimum
$f'(x) = 0$ und VZW von $+$ nach $-$ $\Rightarrow$ lokales Maximum
Wertemenge:
Die Menge aller Funktionswerte einer Funktion f ist die Wertemenge W_f. Die Wertemenge lässt sich am leichtesten mithilfe des Graphen der Funktion durch Ablesen bestimmen.
Graph der Funktion:
Mithilfe einer Wertetabelle kann der Graph einer Funktion gezeichnet werden. Zuvor müssen die maximale Definitionsmenge und die Gleichungen der Asymptoten ermittelt und in das Koordinatensystem eingezeichnet werden.

1.2.3 Steckbriefaufgaben zu gebrochen-rationalen Funktionen

1. **a)** Der Nennerterm besitzt den Grad 2, folglich ist die x-Achse ($y = 0$) als horizontale Asymptote nur möglich, wenn der Zählerterm $Z(x)$ höchstens den Grad 1 hat: $Z(x) = a \cdot x + b$
Der Graph verläuft durch den Ursprung. Dies ist nur möglich, wenn gilt: $Z(0) = 0 \Rightarrow b = 0$
Zwischenergebnis: $f(x) = \frac{a \cdot x}{x^2 + x + 2}$
Weiterhin enthält der Graph den Punkt $P(1|1)$, also muss gelten: $f(1) = 1 \Rightarrow a = 4$
Insgesamt lautet der Funktionsterm: $f(x) = \frac{4 \cdot x}{x^2 + x + 2}$

b) $f(x) = \frac{4x}{x^2 + x + 2}$

Symmetrie:

$$f(-x) = \frac{4(-x)}{(-x)^2 - x + 2} = \frac{-4x}{x^2 - x + 2} = -\frac{4x}{x^2 - x + 2} \neq \begin{cases} f(x) \\ -f(x) \end{cases}$$

$\Rightarrow G_f$ ist nicht symmetrisch zur y-Achse und nicht punktsymmetrisch zum Ursprung des Koordinatensystems.

Extrempunkte:
$f'(x) = -\frac{4x^2 - 8}{(x^2 + x + 2)^2}; \quad f''(x) = \frac{8x^3 - 48x - 16}{(x^2 + x + 2)^3}$
$f'(x) = 0 \Leftrightarrow -\frac{4x^2 - 8}{(x^2 + x + 2)^2} = 0 \Leftrightarrow 4x^2 - 8 = 0 \Rightarrow x_{1/2} = \pm\sqrt{2}$
$f''(\sqrt{2}) = \frac{8(\sqrt{2})^3 - 48 \cdot \sqrt{2} - 16}{((\sqrt{2})^2 + \sqrt{2} + 2)^3} = \frac{16\sqrt{2} - 48\sqrt{2} - 16}{(2 + \sqrt{2} + 2)^3} = \frac{-32\sqrt{2} - 16}{(4 + \sqrt{2})^3} \approx -0{,}39 < 0 \Rightarrow$ Hochpunkt
$f''(-\sqrt{2}) = \frac{8(-\sqrt{2})^3 - 48(-\sqrt{2}) - 16}{((-\sqrt{2})^2 - \sqrt{2} + 2)^3} = \frac{-16\sqrt{2} + 48\sqrt{2} - 16}{(2 - \sqrt{2} + 2)^3} = \frac{32\sqrt{2} - 16}{(4 - \sqrt{2})^3} \approx 1{,}69 > 0 \Rightarrow$ Tiefpunkt
$H(\sqrt{2}|\frac{4}{7}(2\sqrt{2} - 1)); H(1{,}41|1{,}04)$
$T(-\sqrt{2}|-\frac{4}{7}(2\sqrt{2} + 1)); T(-1{,}41|-2{,}18)$

Wendepunkte:

$f''(x) = 0 \Leftrightarrow \frac{8x^3-48x-16}{(x^2+x+2)^3} = 0 \Leftrightarrow 8x^3 - 48x - 16 = 0 \Leftrightarrow x = -2,26$ oder $x = -0,34$ oder $x = 2,6$
(je einfach)

Eine einfache Nullstelle besitzt einen Vorzeichenwechsel und somit liegt ein Krümmungswechsel vor.

$W_1(-2,26|-1,86); W_2(-0,34|-0,766); W_3(2,6|0,915)$

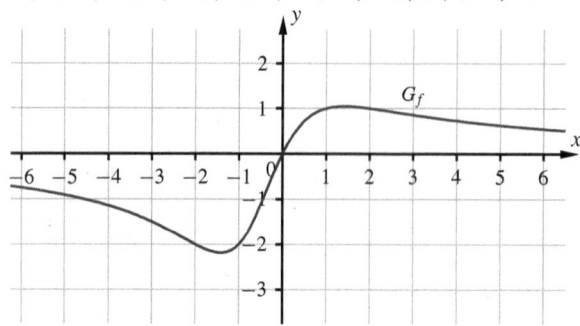

2. $f_1(x) = a \cdot \frac{(x-2)(x+2)}{x(x-4)(x+4)} = a \cdot \frac{x^2-4}{x^3-16x}$ mit $P(1|0,2) \in G_{f_1}$

$0,2 = a \cdot \frac{1^2-4}{1^3-16\cdot1} \Rightarrow -15 \cdot \frac{1}{5} = -3a \Rightarrow a = 1$

$f_1(x) = \frac{(x-2)(x+2)}{x(x-4)(x+4)} = \frac{x^2-4}{x^3-16x}$

$f_2(x) = a \cdot \frac{(x-2)(x-4)}{(x-1)(x-5)} = a \cdot \frac{x^2-6x+8}{x^2-6x+5}$ mit $P(0|3,2) \in G_{f_2}$

$3,2 = a \cdot \frac{8}{5} \Rightarrow a = 2$

$f_2(x) = 2 \cdot \frac{(x-2)(x-4)}{(x-1)(x-5)} = 2 \cdot \frac{x^2-6x+8}{x^2-6x+5}$

$f_4(x) = a \cdot \frac{(x-2)}{(x+1)(x-2)} = a \cdot \frac{1}{x+1}$ mit $P(0|-2) \in G_{f_4}$

$-2 = a \cdot \frac{1}{1} \Rightarrow a = -2$

$f_4(x) = -2 \cdot \frac{(x-2)}{(x+1)(x-2)} = \frac{-2}{x+1} = \frac{-2x+4}{x^2-x-2}$

$f_5(x) = a \cdot \frac{x}{(x-1)^2}$ mit $P(-1|0,5) \in G_{f_5}$

$0,5 = a \cdot \frac{-1}{(-1-1)^2} \Rightarrow a = -2$

$f_5(x) = -2 \cdot \frac{x}{(x-1)^2} = \frac{-2x}{x^2-2x+1}$

$f_6(x) = 0,5x + 1 + \frac{c}{x-2}$ mit $P(0|2,25) \in G_{f_6}$

$2,25 = 1 + \frac{c}{-2} \Rightarrow 1,25 = \frac{c}{-2} \Rightarrow c = -2,5$

$f_6(x) = 0,5x + 1 - \frac{2,5}{x-2} = \frac{0,5x(x-2)+x-2-2,5}{x-2} = \frac{0,5x^2-4,5}{x-2} = \frac{\frac{1}{2}(x^2-9)}{x-2}$

oder

$f_6(x) = a \cdot \frac{(x+3)(x-3)}{x-2} = a \cdot \frac{x^2-9}{x-2}$ mit $P(0|2,25) \in G_{f_6}$

$2,25 = a \cdot \frac{-9}{-2} \Rightarrow a = 0,5$

$f_6(x) = 0,5 \cdot \frac{x^2-9}{x-2} = \frac{x^2-9}{2x-4} = \frac{-(9-x^2)}{-(4-2x)} = \frac{9-x^2}{4-2x}$

1.2 Kurvendiskussion und Anwendungen gebrochen-rationaler Funktionen

43

$f_{10}(x) = a \cdot \frac{x}{x(x+1)(x-3)} = a \cdot \frac{1}{x^2-2x-3}$ mit $P(0|\frac{1}{3}) \in G_{f_{10}}$

$\frac{1}{3} = a \cdot \frac{1}{-3} \Rightarrow a = -1$

$f_{10}(x) = -1 \cdot \frac{x}{x(x+1)(x-3)} = \frac{x}{-x^3+2x^2+3x} = \frac{1}{3+2x-x^2}$

$f_{11}(x) = a \cdot \frac{x-2}{x+1}$ mit $P(0|-6) \in G_{f_{11}}$

$-6 = a \cdot \frac{-2}{1} \Rightarrow a = 3$

$f_{11}(x) = 3 \cdot \frac{x-2}{x+1} = \frac{3x-6}{x+1}$

$f_{12}(x) = a \cdot \frac{(x-1)^2}{(x+1)^2}$ mit $P(0|1) \in G_{f_{12}}$

$1 = a \cdot \frac{1}{1} \Rightarrow a = 1$

$f_{12}(x) = \frac{(x-1)^2}{(x+1)^2}$

3. a)

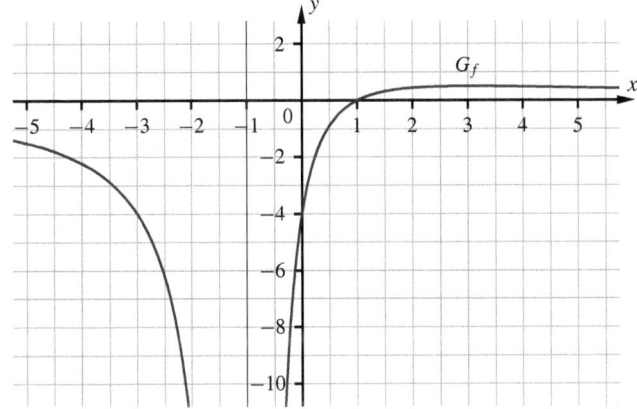

b) $h(x) = \frac{4(x-1)}{(x+1)^2}$; $h'(x) = \frac{-4x+12}{(x+1)^3}$; $h''(x) = \frac{8x-40}{(x+1)^4}$

$h'(x) = 0 \Leftrightarrow \frac{-4x+12}{(x+1)^3} = 0 \Leftrightarrow -4x+12 = 0 \Leftrightarrow x = 3$

$h''(3) = \frac{8 \cdot 3 - 40}{(3+1)^4} = \frac{-16}{4^4} = -\frac{1}{16} < 0 \Rightarrow$ Hochpunkt

$H(3|0,5)$

4. a) $g(10) = 60 \Leftrightarrow \frac{10a+1000}{10+b} = 60 \Leftrightarrow 10a+1000 = 600+60b \Leftrightarrow 10a-60b = -400$

$\Leftrightarrow a - 6b = -40$

$g(-15) = -140 \Leftrightarrow \frac{-15a+1000}{-15+b} = -140 \Leftrightarrow -15a+1000 = 2100-140b$

$\Leftrightarrow -15a+140b = 1100$

(I) $a - 6b = -40 \Leftrightarrow a = -40 + 6b$ in II)

(II) $-15a + 140b = 1100$

$-15(-40+6b)+140b = 1100 \Leftrightarrow 600-90b+140b = 1100 \Leftrightarrow b = 10$

$\Rightarrow a = -40 + 6 \cdot 10 = 20$

$\Rightarrow g(x) = \frac{20x+1000}{x+10}$

43 b) $D_g = \mathbb{R}\setminus\{-10\}$

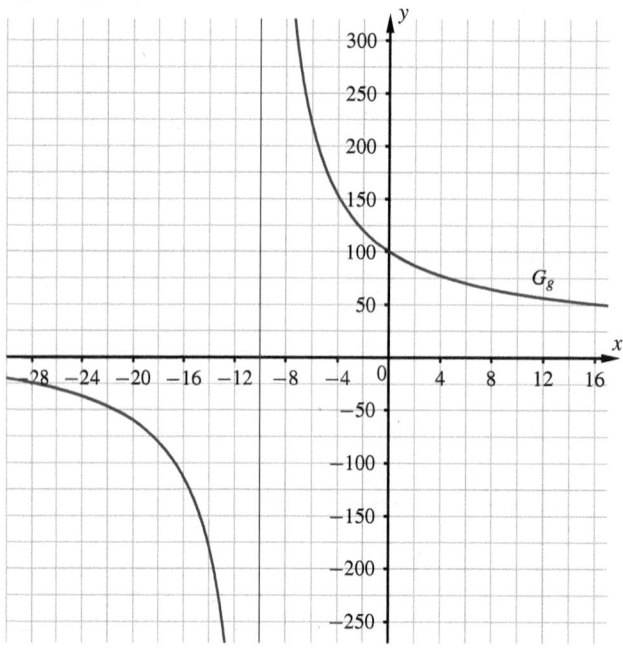

1.2.4 Stammfunktionen und uneigentliche Integrale

48

1. a) $\int x^{-7}dx = -\frac{1}{6}x^{-6} + C$

   b) $\int 5x^{-3}dx = -\frac{5}{2}x^{-2} + C$

   c) $\int \left(\frac{2}{x^5} + 4x^7\right)dx = -\frac{1}{2}x^{-4} + \frac{1}{2}x^8 + C$

   d) $\int \frac{3x}{2x^{-3}}dx = \frac{3}{2}\int x^4 dx = \frac{3}{10}x^5 + C$

   e) $\int \left(4\frac{x^2}{x^4} + 3\frac{x^{-7}}{x^5} - 5\frac{x^6}{x^{-3}}\right)dx = \int(4x^{-2} + 3x^{-12} - 5x^9)dx = -4x^{-1} - \frac{3}{11}x^{-11} - \frac{1}{2}x^{10} + C$

2. a) $\int\limits_0^2 (x-3)^{-2}dx = \left[-(x-3)^{-1}\right]_0^2 = \frac{2}{3}$

   b) $\int\limits_{-1}^{-0,5} \left(\frac{1}{x^2} + x^3 dx\right) = \left[-\frac{1}{x} + \frac{1}{4}x^4\right]_{-1}^{-0,5} = \frac{49}{64}$

   c) $10\int\limits_1^4 \frac{x^3-x^2}{x^5}dx = \left[-\frac{1}{x} + \frac{1}{2}x^{-2}\right]_1^4 = 10 \cdot \frac{9}{32} = \frac{45}{16}$

   d) $\int\limits_{-1}^1 500(x^2-4)^4 dx = 500\int\limits_{-1}^1 (x^2-4)^4 dx = 500\left[\frac{1}{9}x^9 - \frac{16}{7}x^7 + \frac{96}{5}x^5 - \frac{256}{3}x^3 + 256x\right]_{-1}^1 = \frac{11\,824\,600}{63}$

1.2 Kurvendiskussion und Anwendungen gebrochen-rationaler Funktionen

3. a) $\int_{0,1}^{\infty} \frac{1}{x^5} dx = \lim_{b \to \infty} \int_{0,1}^{b} x^{-5} dx = \lim_{b \to \infty} \left[-\frac{1}{4} x^{-4}\right]_{0,1}^{b} = 0 - \left(-\frac{1}{4} \cdot 0,1^{-4}\right) = 2500$

   b) $\int_{-\infty}^{-0,5} \frac{-2}{x^3} dx = \lim_{a \to -\infty} \int_{a}^{-0,5} \frac{-2}{x^3} dx = \lim_{a \to -\infty} \left[x^{-2}\right]_{a}^{-0,5} = 4$

   c) $\int_{2}^{\infty} \frac{3}{(x-1)^2} dx = \lim_{b \to \infty} \int_{2}^{b} \frac{3}{(x-1)^2} dx = \lim_{b \to \infty} \left[-3(x-1)^{-1}\right]_{2}^{b} = 3$

   d) $\int_{1}^{\infty} \frac{1}{\sqrt{x}} dx = \lim_{b \to \infty} \int_{1}^{b} \frac{1}{\sqrt{x}} dx = \lim_{b \to \infty} \left[2\sqrt{x}\right]_{1}^{b} = \infty$
   Der Grenzwert existiert nicht. Die Fläche ist unendlich groß.

   e) $\int_{0}^{4} \frac{1}{x^2} dx = \lim_{a \to 0} \int_{a}^{4} \frac{1}{x^2} dx = \lim_{a \to 0} \left[-\frac{1}{x}\right]_{a}^{4} = \infty$
   Der Grenzwert existiert nicht. Die Fläche ist unendlich groß.

   f) $\int_{0}^{9} \frac{100}{2\sqrt{x}} dx = 50 \lim_{a \to 0} \int_{a}^{9} \frac{1}{\sqrt{x}} dx = 50 \lim_{a \to 0} \left[2\sqrt{x}\right]_{a}^{9} = 300$

   g) $\int_{0}^{-5} \frac{1}{\sqrt[3]{x}} dx = \lim_{a \to 0} \int_{a}^{-5} \frac{1}{\sqrt[3]{x}} dx = \lim_{a \to 0} \left[\frac{3}{2} \cdot x^{\frac{2}{3}}\right]_{a}^{-5} = \frac{3}{2} \cdot (-5)^{\frac{2}{3}}$

   h) $\int_{0}^{2} \frac{1}{2\sqrt{x^3}} dx = 0,5 \lim_{a \to 0} \int_{a}^{2} \frac{1}{\sqrt{x^3}} dx = \lim_{a \to 0} \left[-\frac{1}{\sqrt{x}}\right]_{a}^{2} = \infty$
   Der Grenzwert existiert nicht. Die Fläche ist unendlich groß.

4. Graph ①: $f(x) = \frac{x-2}{x^3}$
   Graph ②: $f'(x) = \frac{-2x+6}{x^4}$
   Graph ③: $F(x) = \frac{1}{x^2} - \frac{1}{x}$
   Graph ④: $h(x) = 0,002 \frac{x^3}{x-2}$
   Die Nullstelle des Graphen ① ist die Unendlichkeitsstelle des Graphen ④ und die Extremstelle des Graphen ③. Graph ② besitzt bei $x = 3$ eine Nullstelle, dort liegt die Extremstelle von Graph ①.

5. a) $f(x) = 0 \Leftrightarrow \frac{5}{x^2} - \frac{1}{x^4} = 0 \Leftrightarrow 5x^4 = x^2 \Leftrightarrow 5x^4 - x^2 = 0 \Leftrightarrow x^2(5x^2 - 1) = 0$
   $\Leftrightarrow x = 0 \notin D_f$ oder $x^2 = \frac{1}{5} \Rightarrow x_{1/2} = \pm\sqrt{\frac{1}{5}} \approx 0,45$

   b)* $\lim_{b \to \infty} \int_{\sqrt{\frac{1}{5}}}^{b} \left(\frac{5}{x^2} - \frac{1}{x^4}\right) dx = \lim_{b \to \infty} \left[-\frac{5}{x} + \frac{1}{3x^3}\right]_{\sqrt{\frac{1}{5}}}^{b} = 0 - \left(-\frac{5}{\sqrt{\frac{1}{5}}} + \frac{1}{3\left(\sqrt{\frac{1}{5}}\right)^3}\right) = \frac{2}{3} \cdot 5^{\frac{3}{2}} \approx 7,45$

   $f(-x) = \frac{5}{(-x)^2} - \frac{1}{(-x)^4} = \frac{5}{x^2} - \frac{1}{x^4} = f(x) \Rightarrow G_f$ ist symmetrisch zur y-Achse.

   $\Rightarrow \int_{\sqrt{\frac{1}{5}}}^{\infty} \left(\frac{5}{x^2} - \frac{1}{x^4}\right) dx = \int_{-\infty}^{-\sqrt{\frac{1}{5}}} \left(\frac{5}{x^2} - \frac{1}{x^4}\right) dx$

6. $\int_{a}^{b} f(x) dx = F(b) - F(a) = -3,8 - 5,5 = -9,3 \,\hat{=}\,$ Flächenmaßzahl der Fläche zwischen G_f und der x-Achse in den Grenzen von $x = -5$ bis $x = -1$.
   $\int_{c}^{d} f(x) dx = F(d) - F(c) = 5 - 4,25 = 0,75 \,\hat{=}\,$ Flächenbilanz der Flächen zwischen G_f und der x-Achse in den Grenzen von $x = 1$ bis $x = 4$. Die Teilfläche über der x-Achse ist größer als die Teilfläche unter der x-Achse.

Übungen zu 1.2

1. a) $D_f = \mathbb{R} \setminus \{0\}$

   b) $f(x) = 0 \Rightarrow x = -1$ oder $-x^2 + 2x - 2 = 0$ (keine weitere Nullstellen) ▶ $D = -4 < 0$

   c) $f_A(x) = -x + 1$
   $f(x) = f_A(x) \Rightarrow -\frac{2}{x^2} = 0$ (f) $\Rightarrow$ Behauptung

   d) $f'(x) = -1 + \frac{4}{x^3} = \frac{4-x^3}{x^3}$
   $f'(x) = 0 \Leftrightarrow x^3 = 4$
   $x = \sqrt[3]{4} \approx 1{,}59;\ f(\sqrt[3]{4}) \approx -1{,}38$

   e)

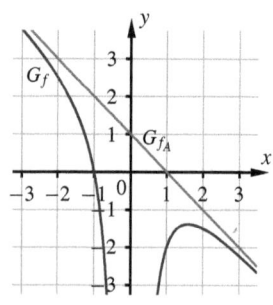

2. a) $f(x) = \frac{x^2 + 6x + 8}{x + 1}$

   Definitionsbereich und Grenzwertverhalten:
   $D_f = \mathbb{R} \setminus \{-1\}$; Unendlichkeitsstelle mit VZW bei -1
   $\lim\limits_{x \to -\infty} f(x) = -\infty;\ \lim\limits_{x \to \infty} f(x) = \infty$
   schräge Asymptote: $f_A(x) = x + 5$
   $x \to -\infty \Rightarrow f$ nähert sich f_A von unten
   $x \to \infty \Rightarrow f$ nähert sich f_A von oben
   senkrechte Asymptote: $x = -1$
   Symmetrie: keine
   Nullstellen: $x = -4;\ x = -2$
   Schnittpunkt mit y-Achse: $S_y(0|8)$
   Extrempunkte: $H(-2{,}73 | 0{,}54);\ T(0{,}73 | 7{,}46)$
   Wendepunkte: keine

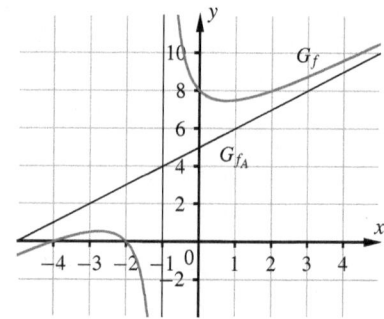

1.2 Kurvendiskussion und Anwendungen gebrochen-rationaler Funktionen

b) $f(x) = \frac{x^2}{3x-3}$

Definitionsbereich und Grenzwertverhalten:
$D_f = \mathbb{R} \setminus \{1\}$; Unendlichkeitsstelle mit VZW bei 1
$\lim\limits_{x \to -\infty} f(x) = -\infty$; $\lim\limits_{x \to \infty} f(x) = \infty$
schräge Asymptote: $f_A(x) = \frac{1}{3}x + \frac{1}{3}$
$x \to -\infty \Rightarrow f$ nähert sich f_A von unten
$x \to \infty \Rightarrow f$ nähert sich f_A von oben
senkrechte Asymptote: $x = 1$
Symmetrie: keine
Nullstelle: $x = 0$
Schnittpunkt mit y-Achse: $S_y(0|0)$
Extrempunkte: $H(0|0)$; $T(2|\frac{4}{3})$
Wendepunkte: keine

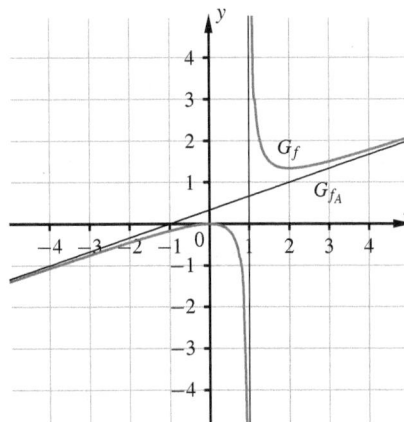

c) $f(x) = \frac{4x^2}{1-x^2}$

Definitionsbereich und Grenzwertverhalten:
$D_f = \mathbb{R} \setminus \{-1; 1\}$; Unendlichkeitsstellen mit VZW bei -1 und 1
$\lim\limits_{x \to -\infty} f(x) = \lim\limits_{x \to \infty} f(x) = -4$
waagrechte Asymptote: $f_A(x) = -4$
$x \to -\infty \Rightarrow f$ nähert sich f_A von unten
$x \to \infty \Rightarrow f$ nähert sich f_A von unten
senkrechte Asymptoten: $x = -1$; $x = 1$
Symmetrie: symmetrisch zur y-Achse
Nullstelle: $x = 0$
Schnittpunkt mit y-Achse: $S_y(0|0)$
Extrempunkt: $T(0|0)$
Wendepunkte: keine

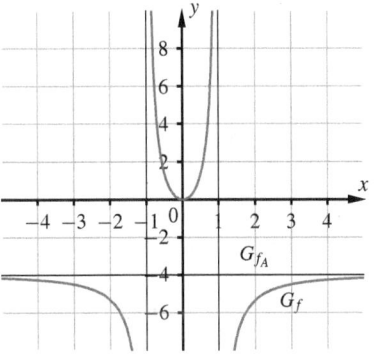

d) $f(x) = \frac{4x^2 - 4x + 2}{(x+1)^2}$

Definitionsbereich und Grenzwertverhalten:
$D_f = \mathbb{R} \setminus \{-1\}$; Unendlichkeitsstelle ohne VZW bei -1
$\lim\limits_{x \to -\infty} f(x) = \lim\limits_{x \to \infty} f(x) = 4$
waagrechte Asymptote: $f_A(x) = 4$
$x \to -\infty \Rightarrow f$ nähert sich f_A von oben
$x \to \infty \Rightarrow f$ nähert sich f_A von unten
senkrechte Asymptote: $x = -1$
Symmetrie: keine
Nullstellen: keine
Schnittpunkt mit y-Achse: $S_y(0|2)$
Extrempunkt: $T(0{,}67|0{,}4)$
Wendepunkt: $W(1{,}5|0{,}8)$

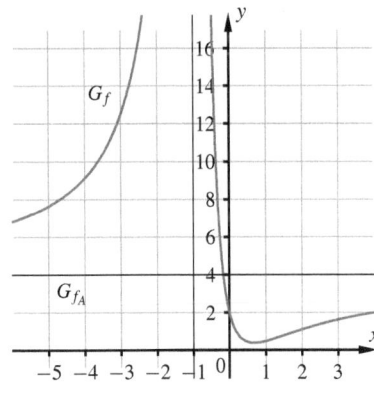

e) $f(x) = \frac{x^4 - 17x^2 + 16}{x^2}$

Definitionsbereich und Grenzwertverhalten:
$D_f = \mathbb{R} \setminus \{0\}$; Unendlichkeitsstelle ohne VZW bei 0
$\lim_{x \to -\infty} f(x) = \lim_{x \to +\infty} f(x) = \infty$
Asymptote: $f_A(x) = x^2 - 17$
$x \to -\infty \Rightarrow f$ nähert sich f_A von oben
$x \to \infty \Rightarrow f$ nähert sich f_A von oben
senkrechte Asymptote: $x = 0$
Symmetrie: symmetrisch zur y-Achse
Nullstellen: $x = -4$; $x = -1$; $x = 1$; $x = 4$
Schnittpunkt mit y-Achse: keiner
Extrempunkte: $T_1(-2 | -9)$; $T_2(2 | -9)$
Wendepunkte: keine

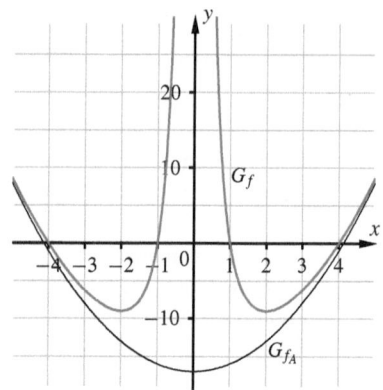

f) $f(x) = \frac{2x^2 - 8x - 10}{3x - 6}$

Definitionsbereich und Grenzwertverhalten:
$D_f = \mathbb{R} \setminus \{2\}$; Unendlichkeitsstelle mit VZW bei 2
$\lim_{x \to -\infty} f(x) = -\infty$; $\lim_{x \to +\infty} f(x) = \infty$
schräge Asymptote: $f_A(x) = \frac{2}{3}x - \frac{4}{3}$
$x \to -\infty \Rightarrow f$ nähert sich f_A von oben
$x \to \infty \Rightarrow f$ nähert sich f_A von unten
senkrechte Asymptote: $x = 2$
Symmetrie: keine
Nullstellen: $x = -1$; $x = 5$
Schnittpunkt mit y-Achse: $S_y(0 | \frac{5}{3})$
Extrempunkte: keine
Wendepunkte: keine

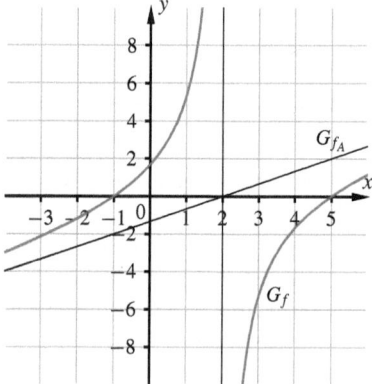

g) $f(x) = \frac{0,5x^3 - 1,5x}{x^2 - 4}$

Definitionsbereich und Grenzwertverhalten:
$D_f = \mathbb{R} \setminus \{-2; 2\}$; Unendlichkeitsstellen mit VZW bei -2 und 2
$\lim_{x \to -\infty} f(x) = -\infty$; $\lim_{x \to +\infty} f(x) = \infty$
schräge Asymptote: $f_A(x) = 0,5x$
$x \to -\infty \Rightarrow f$ nähert sich f_A von unten
$x \to \infty \Rightarrow f$ nähert sich f_A von oben
senkrechte Asymptoten: $x = -2$; $x = 2$
Symmetrie: punktsymmetrisch zum Ursprung
Nullstellen: $x = -1,73$; $x = 0$; $x = 1,73$
Schnittpunkt mit y-Achse: $S_y(0 | 0)$
Extrempunkte: $H_1(-2,72 | -1,76)$; $H_2(1,28 | 0,37)$;
$T_1(-1,28 | -0,37)$; $T_2(2,72 | 1,76)$
Wendepunkt: $W(0 | 0)$

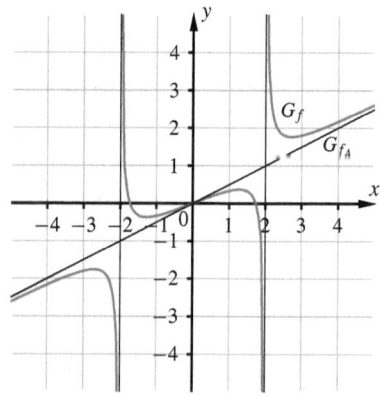

h) $f(x) = \frac{9-x^2}{1-x^2}$

Definitionsbereich und Grenzwertverhalten:
$D_f = \mathbb{R} \setminus \{-1; 1\}$; Unendlichkeitsstellen mit VZW bei -1 und 1
$\lim\limits_{x \to -\infty} f(x) = \lim\limits_{x \to \infty} f(x) = 1$
waagrechte Asymptote: $f_A(x) = 1$
$x \to -\infty \Rightarrow f$ nähert sich f_A von unten
$x \to \infty \Rightarrow f$ nähert sich f_A von unten
senkrechte Asymptoten: $x = -1$; $x = 1$
Symmetrie: symmetrisch zur y-Achse
Nullstellen: $x = -3$; $x = 3$
Schnittpunkt mit y-Achse: $S_y(0|9)$
Extrempunkt: $T(0|9)$
Wendepunkte: keine

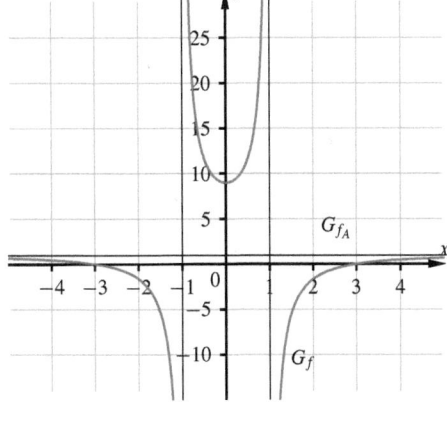

i) $f(x) = \frac{x^2+6x+8}{x+3}$

Definitionsbereich und Grenzwertverhalten:
$D_f = \mathbb{R} \setminus \{-3\}$; Unendlichkeitsstelle mit VZW bei -3
$\lim\limits_{x \to -\infty} f(x) = -\infty$; $\lim\limits_{x \to \infty} f(x) = \infty$
schräge Asymptote: $f_A(x) = x+3$
$x \to -\infty \Rightarrow f$ nähert sich f_A von oben
$x \to \infty \Rightarrow f$ nähert sich f_A von unten
senkrechte Asymptote: $x = -3$
Symmetrie: keine
Nullstellen: $x = -4$; $x = -2$
Schnittpunkt mit y-Achse: $S_y(0|\frac{8}{3})$
Extrempunkte: keine
Wendepunkte: keine

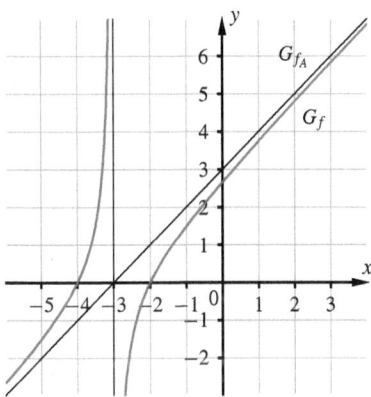

j) $f(x) = \frac{x-1}{x^2+1}$

Definitionsbereich und Grenzwertverhalten:
$D_f = \mathbb{R}$; $\lim\limits_{x \to -\infty} f(x) = \lim\limits_{x \to \infty} f(x) = 0$
waagrechte Asymptote: $f_A(x) = 0$ ▶ x-Achse
$x \to -\infty \Rightarrow f$ nähert sich f_A von unten
$x \to \infty \Rightarrow f$ nähert sich f_A von oben
Symmetrie: keine
Nullstelle: $x = 1$
Schnittpunkt mit y-Achse: $S_y(0|-1)$
Extrempunkte: $T(-0,41|-1,21)$; $H(2,41|0,21)$
Wendepunkte: $W_1(-1|-1)$; $W_2(0,27|-0,68)$; $W_3(3,73|0,18)$

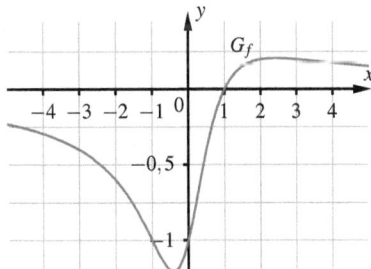

k) $f(x) = \frac{x^3}{x^2-1}$

Definitionsbereich und Grenzwertverhalten:
$D_f = \mathbb{R} \setminus \{-1; 1\}$; Unendlichkeitsstellen mit VZW bei -1 und 1
$\lim\limits_{x \to -\infty} f(x) = -\infty$; $\lim\limits_{x \to \infty} f(x) = \infty$
schräge Asymptote: $f_A(x) = x$
$x \to -\infty \Rightarrow f$ nähert sich f_A von unten
$x \to \infty \Rightarrow f$ nähert sich f_A von oben
senkrechte Asymptoten: $x = -1$; $x = 1$
Symmetrie: symmetrisch zum Ursprung
Nullstelle: $x = 0$
Schnittpunkt mit y-Achse: $S_y(0|0)$
Extrempunkte: $H(-1,73|-2,6)$; $T(1,73|2,6)$
Wendepunkt: $W(0|0)$

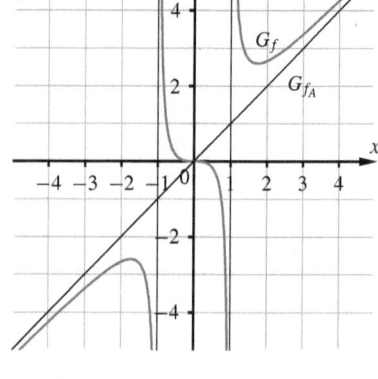

l) $f(x) = \frac{x}{x^2-1}$

Definitionsbereich und Grenzwertverhalten:
$D_f = \mathbb{R} \setminus \{-1; 1\}$; Unendlichkeitsstellen mit VZW bei -1 und 1
$\lim\limits_{x \to -\infty} f(x) = \lim\limits_{x \to \infty} f(x) = 0$
waagrechte Asymptote: $f_A(x) = 0$ ▶ x-Achse
$x \to -\infty \Rightarrow f$ nähert sich f_A von unten
$x \to \infty \Rightarrow f$ nähert sich f_A von oben
senkrechte Asymptoten: $x = -1$; $x = 1$
Symmetrie: symmetrisch zum Ursprung
Nullstelle: $x = 0$
Schnittpunkt mit y-Achse: $S_y(0|0)$
Extrempunkte: keine
Wendepunkt: $W(0|0)$

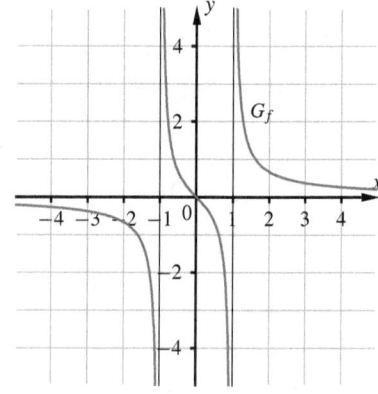

3. $f(x) = \frac{16x}{x^2+4}$

a) $f(-x) = \frac{16(-x)}{(-x)^2+4} = -\frac{16x}{x^2+4} = -f(x)$
$\Rightarrow G_f$ ist symmetrisch zum Ursprung des Koordinatensystems.

b) Definitionsmenge: $D_f = \mathbb{R}$
Nullstellen: $f(x) = 0 \Leftrightarrow x = 0$
Asymptoten:
$\left.\begin{array}{l} \lim\limits_{x \to -\infty} f(x) = \lim\limits_{x \to -\infty}\left(\frac{16x}{x^2+4}\right) = 0^- \\ \lim\limits_{x \to \infty} f(x) = \lim\limits_{x \to \infty}\left(\frac{16x}{x^2+4}\right) = 0^+ \end{array}\right\} \Rightarrow f_A(x) = 0$ ist waagrechte Asymptote von G_f

c) $f'(x) = -\frac{16(x^2-4)}{(x^2+4)^2}$; $f''(x) = \frac{32(x^3-12x)}{(x^2+4)^3}$

$f'(x) = 0 \Leftrightarrow -\frac{16(x^2-4)}{(x^2+4)^2} = 0 \Leftrightarrow x^2 = 4 \Leftrightarrow x = 2$ oder $x = -2$

$f''(2) = \frac{32(2^3-12\cdot 2)}{(2^2+4)^3} = -1 < 0 \Rightarrow$ Hochpunkt

$f''(-2) = \frac{32((-2)^3-12\cdot(-2))}{((-2)^2+4)^3} = 1 > 0 \Rightarrow$ Tiefpunkt

$H(2|4)$; $T(-2|-4)$

d) $f''(x) = 0 \Leftrightarrow x^3 - 12x = 0 \Leftrightarrow x(x^2 - 12) = 0 \Leftrightarrow x = 0$ oder $x = 2\sqrt{3}$ oder $x = -2\sqrt{3}$ (jeweils einfach) mit Vorzeichenwechsel $\Rightarrow$ Krümmungswechsel

Krümmungsintervalle:

x		$-2\sqrt{3}$		0		$2\sqrt{3}$	
$f''(x)$	$-$	0	$+$	0	$-$	0	$+$
G_f	⌢	WP	⌣	WP	⌢	WP	⌣

G_f ist rechtsgekrümmt im Intervall $]-\infty; -2\sqrt{3}]$ sowie in $[0 | +2\sqrt{3}]$
G_f ist linksgekrümmt im Intervall $[-2\sqrt{3}|0]$ sowie in $[2\sqrt{3}; \infty[$.
$W_1(2\sqrt{3}|2\sqrt{3})$; $W_2(0|0)$; $W_3(2\sqrt{3}|2\sqrt{3})$

e)

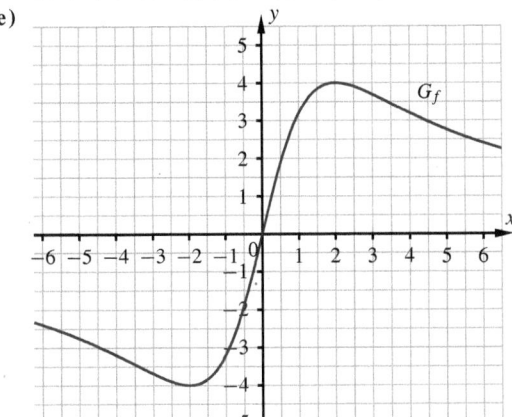

4. a)

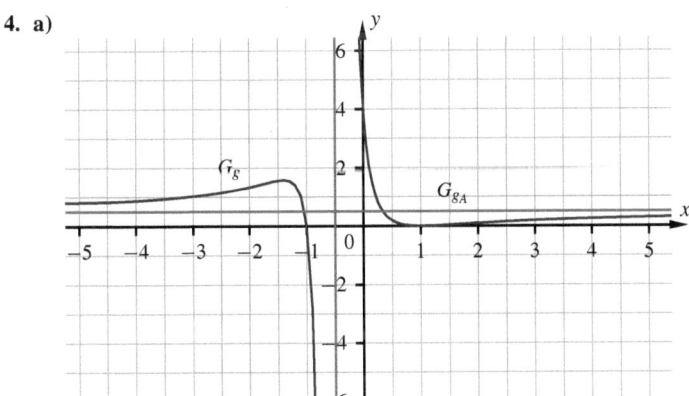

b) $g(x) = a \cdot \frac{(x+1)(x-1)^2}{(x+0,5)^3}$

$g(0) = 4 \Leftrightarrow a = \frac{1}{2} \Leftrightarrow g(x) = 0,5 \cdot \frac{(x+1)(x-1)^2}{(x+0,5)^3} = \frac{4(x^3-x^2-x+1)}{(2x+1)^3}$

$g'(x) = \frac{1,25x^2+0,5x-1,75}{(x+0,5)^4} = 4 \cdot \frac{5x^2+2x-7}{(2x+1)^4}$; $g''(x) = \frac{-2,5x^2-0,25x+7,25}{(x+0,5)^5}$

$g'(x) = 0 \Leftrightarrow \frac{1,25x^2+0,5x-1,75}{(x+0,5)^5} = 0 \Leftrightarrow 1,25x^2 + 0,5x - 1,75 = 0 \Leftrightarrow x = 1$ oder $x = -1,4$

$g''(1) = \frac{-2,5 \cdot 1^2 - 0,25 \cdot 1 + 7,25}{(1+0,5)^5} = \frac{16}{27} > 0 \Rightarrow$ Tiefpunkt $T(1|0)$

$g''(-1,4) = \frac{-2,5 \cdot (-1,4)^2 - 0,25 \cdot (-1,4) + 7,25}{(-1,4+0,5)^5} \approx -4,57 < 0 \Rightarrow$ Hochpunkt $H(-1,4|\frac{128}{81})$

49

c)* Die Gerade $h(x) = k$ ist eine Parallele zur x-Achse. Mithilfe des Graphen kann die Anzahl der Schnittpunkte abgelesen werden.

$k \in]-\infty; 0[\Rightarrow n = 1$ $\quad$ $k \in \{0; \frac{1}{2}; \frac{128}{81}\} \Rightarrow n = 2$

$k \in]0; \frac{128}{81}[\setminus \{0,5\} \Rightarrow n = 3$ $\quad$ $k \in]\frac{128}{81}; \infty[\Rightarrow n = 1$

5. a) $\int (3x^{-2} - \frac{3}{x^3} - 4x^5)dx = \int (3x^{-2} - 3x^{-3} - 4x^5)dx$
$= -3x^{-1} - 3 \cdot \frac{x^{-2}}{-2} - 4 \cdot \frac{1}{6} \cdot x^6 + C = -3x^{-1} + \frac{3}{2}x^{-2} - \frac{2}{3}x^6 + C$

b) $\int \frac{x^3 - 2x + 1}{x^3} dx = \int (1 - 2x^{-2} + x^{-3}) dx = x - 2x^{-1} + \frac{x^{-2}}{-2} + C = x - 2x^{-1} - 0,5x^{-2} + C$

c) $\int \frac{x^3 - x^2}{x^9} dx = \int (x^{-6} - x^{-7}) dx = \frac{x^{-5}}{-5} - \frac{x^{-6}}{-6} + C = \frac{-1}{5 \cdot x^5} + \frac{1}{6 \cdot x^6} + C$

d) $\int \frac{x^2 - 2x - 3}{2x^4} dx = \int (0,5x^{-2} - x^{-3} - \frac{3}{2}x^{-4}) dx = -0,5x^{-1} + 0,5x^{-2} + 0,5x^{-3} + C$

e) $\int (x+2)^{11} dx = \frac{(x+2)^{12}}{12} + C$

f) $\int (4-2x)^5 dx = \frac{(4-2x)^6}{-12} + C$

50

6. a) $h(x) = \frac{1}{x^3} - \frac{2}{x^2} + 1 = \frac{1}{x^3} - \frac{2x}{x^3} + \frac{x^3}{x^3} = \frac{1 - 2x + x^3}{x^3} = \frac{x^3 - 2x + 1}{x^3}$

$\lim_{x \to \pm\infty} (\frac{1}{x^3} - \frac{2}{x^2} + 1) = 1$; waagrechte Asymptote: $y = 1$

$\lim_{x \to 0^+} (\frac{x^3 - 2x + 1}{x^3}) = \infty$; $\lim_{x \to 0^-} (\frac{x^3 - 2x + 1}{x^3}) = -\infty$; senkrechte Asymptote: $x = 0$

$h(x) = 1 \Leftrightarrow \frac{x^3 - 2x + 1}{x^3} = 1 \Leftrightarrow -2x + 1 = 0 \Leftrightarrow x = 0,5 \Rightarrow$ Schnittpunkt des Graphen G_h mit der waagrechten Asymptote: $S(0,5|1)$

b) $f(x) = 0 \Leftrightarrow x^3 - 2x + 1 = 0$ $\quad$ gezieltes Raten liefert $x_0 = 1$
Polynomdivision: $(x^3 - 2x + 1) : (x - 1) = x^2 + x - 1$
Die quadratische Gleichung $x^2 + x - 1 = 0$ hat die Lösungen $x_{1/2} = \frac{-1 \pm \sqrt{5}}{2}$.
$\Rightarrow$ Nullstellen (gerundet): $x_0 = 1$; $x_1 \approx -1,6$; $x_2 \approx 0,62$

c) $h'(x) = \frac{4x - 3}{x^4}$; $\quad h''(x) = \frac{-12x + 12}{x^5}$
$h'(x) = 0 \Leftrightarrow \frac{4x - 3}{x^4} = 0 \Leftrightarrow 4x - 3 = 0 \Leftrightarrow x = \frac{3}{4}$
Maximale Monotonieintervalle:

x		0		$\frac{3}{4}$	
$h'(x)$	+	n.d.	−	0	+
G_h	↘	n.d.	↘	TP	↗

$\Rightarrow G_h$ ist streng monoton fallend im Intervall $]-\infty; 0[$ sowie in $]0; \frac{3}{4}]$ und streng monoton steigend im Intervall $[\frac{3}{4}; \infty[$.

$T(\frac{3}{4} | \frac{-5}{27})$

d)

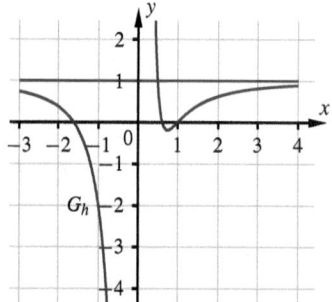

e) $\int_{\frac{-1+\sqrt{5}}{2}}^{1} \left(\frac{1}{x^3} - \frac{2}{x^2} + 1\right) dx = \left[-\frac{1}{2}x^{-2} + 2x^{-1} + x\right]_{\frac{-1+\sqrt{5}}{2}}^{1} = \frac{5\cdot\sqrt{5}-11}{4}$

f) $A(u) = \int_{1}^{u} \left(1 - \left(\frac{1}{x^3} - \frac{2}{x^2} + 1\right)\right) dx = \left[\frac{1}{2}x^{-2} - 2x^{-1}\right]_{-1}^{u} = \frac{1}{2u^2} - \frac{2}{u} + \frac{3}{2}$

g) $A(u) = \frac{33}{32} \Leftrightarrow \frac{1}{2u^2} - \frac{2}{u} + \frac{3}{2} = \frac{33}{32} \Leftrightarrow \frac{1}{2} - 2u + \frac{3}{2}u^2 = \frac{33}{32}u^2$
$\Leftrightarrow 16 - 64u + 48u^2 = 33u^2 \Leftrightarrow 15u^2 - 64u + 16 = 0$
$\Leftrightarrow u = 4$ (oder $u = \frac{4}{15} \not> 1$)

h) $\lim_{u \to \infty} A(u) = \lim_{u \to \infty} \left(\frac{1}{2u^2} - \frac{2}{u} + \frac{3}{2}\right) = 1{,}5$

i) $\lim_{b \to \infty} \int_{0{,}5}^{b} (1 - h(x))dx - \int_{\frac{-1+\sqrt{5}}{2}}^{1} h(x)dx = \lim_{b \to \infty} \int_{0{,}5}^{b} \left(-\frac{1}{x^3} + \frac{2}{x^2}\right)dx - \int_{\frac{-1+\sqrt{5}}{2}}^{1} \left(\frac{1}{x^3} - \frac{2}{x^2} + 1\right)dx$

$= \lim_{b \to \infty} \left[\frac{-2}{x} + \frac{1}{2x^2}\right]_{0{,}5}^{b} - \left[-\frac{1}{2}x^{-2} + 2x^{-1} + x\right]_{\frac{-1+\sqrt{5}}{2}}^{1} = \lim_{b \to \infty} \left(\left(\frac{-2}{b} + \frac{1}{2b^2}\right) - (-4+2)\right) - \frac{5\sqrt{5}-11}{4}$

$= 2 - \frac{5\sqrt{5}-11}{4} = \frac{19 - 5\sqrt{5}}{4} \approx 1{,}95$

7. $f(x) = -0{,}5\frac{3x^2+3x+1}{x^3} = -\frac{1{,}5}{x} - \frac{1{,}5}{x^2} - \frac{0{,}5}{x^3}$
$f'(x) = \frac{1{,}5}{x^2} + \frac{3}{x^3} + \frac{1{,}5}{x^4} = \frac{1{,}5(x+1)^2}{x^4}$
$f''(x) = -\frac{3}{x^3} - \frac{9}{x^4} - \frac{6}{x^5} = \frac{-3(x^2+3x+2)}{x^5}$
$f''(x) = 0 \Leftrightarrow x^2 + 3 + 2 = 0 \Leftrightarrow x = -1$ oder $x = -2$ (je einfach) mit Vorzeichenwechsel
$\Rightarrow$ Krümmungswechsel

Maximale Krümmungsintervalle:

x		-2		-1		0	
$f''(x)$	+	0	−	0	+	n.d.	−
G_f	⌣	WP	⌢	WP	⌣	n.d.	⌢

G_f ist linksgekrümmt im Intervall $]-\infty; -2]$ sowie in $[-1; 0[$.
G_f ist rechtsgekrümmt im Intervall $[-2; -1]$ sowie in $[0; \infty[$.
$W_1(-2|\frac{7}{16})$; $W_2(-1|0{,}5)$

Punkte mit waagrechter Tangente:
$f'(x) = 0 \Leftrightarrow \frac{1{,}5(x+1)^2}{x^4} = 0 \Leftrightarrow x = -1$ (doppelt) ohne VZW $\Rightarrow$ Es liegt eine Terrassenstelle vor.
W_2 ist Wendepunkt mit waagrechter Tangente, also ein Terrassenpunkt.

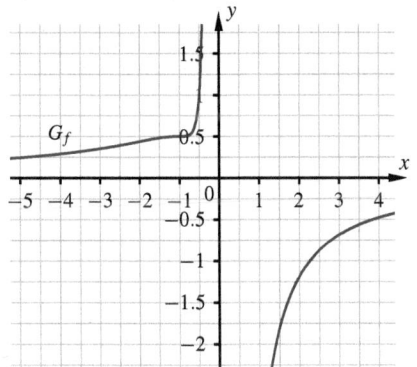

8. Vorbemerkung:

Zitronengetränk: $r = 3{,}0\,\text{cm}$; $h = 8{,}8\,\text{cm}$

$O(r,h) = 2 \cdot (3{,}0\,\text{cm}) \cdot \pi \cdot 8{,}8\,\text{cm} + 2 \cdot (3{,}0\,\text{cm})^2 \cdot \pi \approx 222{,}4\,\text{cm}^2$

oder mit Formelsammlung: $O(r,h) = 2 \cdot (3{,}0\,\text{cm}) \cdot \pi \cdot (3{,}0\,\text{cm} + 8{,}8\,\text{cm}) \approx 222{,}4\,\text{cm}^2$

Energydrink: $r = 2{,}4\,\text{cm}$; $h = 13{,}7\,\text{cm}$

$O(r,h) = 2 \cdot (2{,}4\,\text{cm}) \cdot \pi \cdot 13{,}7\,\text{cm} + 2 \cdot (2{,}4\,\text{cm})^2 \cdot \pi \approx 242{,}8\,\text{cm}^2$

oder mit Formelsammlung: $O(r,h) = 2 \cdot (2{,}4\,\text{cm}) \cdot \pi \cdot (2{,}4\,\text{cm} + 13{,}7\,\text{cm}) \approx 242{,}8\,\text{cm}^2$

Hauptbedingung: $O(r,h) = 2r^2\pi + 2r\pi h$ oder mit Formelsammlung: $O(r,h) = 2r\pi(r+h)$

Nebenbedingung: $V = r^2\pi h$; $V = 250 \Rightarrow r^2\pi h = 250 \Rightarrow h = \frac{250}{r^2\pi}$

Zielfunktion: $O(r) = 2r^2\pi + 2r\pi \cdot \frac{250}{r^2\pi} = 2r^2\pi + \frac{500}{r} = 2r^2\pi + 500r^{-1}$ oder

$O(r) = 2r\pi(r + \frac{250}{r^2\pi}) = 2r^2\pi + \frac{500}{r} = 2r^2\pi + 500r^{-1}$ mit $r \in\,]0;\,\infty[$

$O'(r) = 4r\pi - 500r^{-2}$

$O'(r) = 0 \Leftrightarrow 4r\pi - 500r^{-2} = 0 \Leftrightarrow 4r\pi = \frac{500}{r^2} \Leftrightarrow r^3 = \frac{500}{4\pi} \Rightarrow r = \sqrt[3]{\frac{500}{4\pi}} \approx 3{,}4$

$O''(r) = 4\pi + 1000r^{-3}$

$O''(3{,}4) = 4\pi + 1000 \cdot (3{,}4)^{-3} \approx 38 > 0 \Rightarrow$ (einziger) lokaler Tiefpunkt

Mit $\lim_{r \to 0^+} O(r) = \infty$ und $\lim_{r \to \infty} O(r) = \infty$ und der Stetigkeit der Funktion O folgt, dass ein absoluter Tiefpunkt vorliegt.

$O(3{,}4) = 2 \cdot (3{,}4)^2 \cdot \pi + \frac{500}{3{,}4} \approx 219{,}7$

Die optimale Getränkedose besitzt einen Radius von $r = 3{,}4\,\text{cm}$ und hat eine Oberfläche von $219{,}7\,\text{cm}^2$.

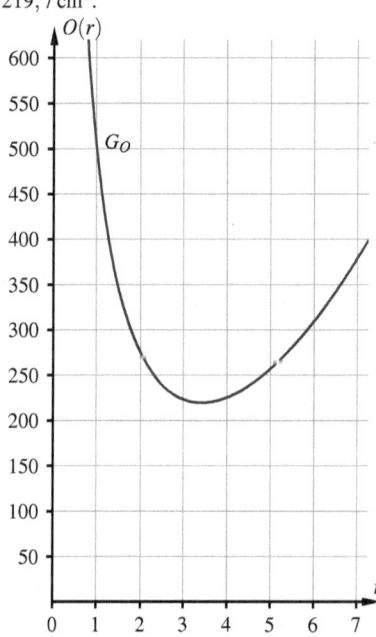

Mehrbedarf für $r = 3\,\text{cm}$:

$\frac{222{,}4 - 219{,}7}{219{,}7} \cdot 100\,\% \approx 1{,}2\,\%$

Oberfläche für 10 % Mehrbedarf:

$219{,}7\,\text{cm} \cdot 1{,}1 \approx 241{,}7\,\text{cm}^2$

$O(2{,}5) = 2 \cdot 2{,}5^2\pi + \frac{500}{2{,}5} \approx 239{,}3$

$O(4{,}5) = 2 \cdot 4{,}5^2\pi + \frac{500}{4{,}5} \approx 238{,}3$

Mithilfe des Graphen und der beiden Werte $O(2{,}5\,\text{cm}) = 239{,}3\,\text{cm}^2 < 241{,}7\,\text{cm}^2$ bzw. $O(4{,}5\,\text{cm}) = 238{,}3\,\text{cm}^2 < 241{,}7\,\text{cm}^2$ lässt sich erkennen, dass für alle $r \in [2{,}5;\,4{,}5]$ weniger als 10 % Mehrbedarf an Weißblech vorliegt.

1.2 Kurvendiskussion und Anwendungen gebrochen-rationaler Funktionen 47

9. a) $f(-x) = -\frac{4}{(-x)^4} + \frac{4}{(-x)^2} = -\frac{4}{x^4} + \frac{4}{x^2} = f(x) \Rightarrow G_f$ ist symmetrisch zur y-Achse.

b) $f(x) = -\frac{4}{x^4} + \frac{4}{x^2} = \frac{4x^2-4}{x^4}$

Nullstellen: $f(x) = 0 \Leftrightarrow \frac{4x^2-4}{x^4} = 0 \Leftrightarrow 4x^2 - 4 = 0 \Leftrightarrow x^2 = 1 \Leftrightarrow x = 1$ oder $x = -1$

$\lim\limits_{x \to \pm\infty} \left(-\frac{4}{x^4} + \frac{4}{x^2}\right) = 0$; waagrechte Asymptote: $f_A(x) = 0$ ▶ x-Achse

$\lim\limits_{x \to 0^+} \left(\frac{\overbrace{4x^2-4}^{\to -4}}{\underbrace{x^4}_{\to 0^+}}\right) = -\infty$; $\lim\limits_{x \to 0^-} \left(\frac{\overbrace{4x^2-4}^{\to -4}}{\underbrace{x^4}_{\to 0^+}}\right) = -\infty \Rightarrow$ senkrechte Asymptote: $x = 0$

c) $f'(x) = \frac{-8x^2+16}{x^5}$; $f''(x) = \frac{24x^2-80}{x^6}$

$f'(x) = 0 \Leftrightarrow \frac{-8x^2+16}{x^5} = 0 \Leftrightarrow -8x^2 + 16 = 0 \Leftrightarrow x^2 = 2 \Leftrightarrow x = \sqrt{2}$ oder $x = -\sqrt{2}$

$f''(-\sqrt{2}) = f''(\sqrt{2}) = \frac{24(\sqrt{2})^2-80}{(\sqrt{2})^6} = -4 < 0 \Rightarrow$ Hochpunkte

$H_1(-\sqrt{2}|1)$; $H_2(\sqrt{2}|1)$

Maximale Monotonieintervalle:

x		$-\sqrt{2}$		0		$\sqrt{2}$	
$f'(x)$	+	0	−	n.d.	+	0	−
G_f	↗	HP	↘	n.d.	↗	HP	↘

G_f ist streng monoton fallend im Intervall $[-\sqrt{2}; 0[$ sowie in $[\sqrt{2}; \infty[$.
G_f ist streng monoton steigend im Intervall $]-\infty; -\sqrt{2}]$ sowie in $]0; \sqrt{2}]$.

d) $f''(x) = 0 \Leftrightarrow \frac{24x^2-80}{x^6} = 0 \Leftrightarrow 24x^2 - 80 = 0 \Leftrightarrow x^2 = \frac{10}{3} \Leftrightarrow x = \sqrt{\frac{10}{3}}$ oder $x = -\sqrt{\frac{10}{3}}$

je einfach mit Vorzeichenwechsel $\Rightarrow$ Krümmungswechsel

$W_1\left(\sqrt{\frac{10}{3}}\bigg|\frac{21}{25}\right)$; $W_1(1,83|0,84)$ $\quad W_2\left(-\sqrt{\frac{10}{3}}\bigg|\frac{21}{25}\right)$; $W_2(-1,83|0,84)$

Krümmungsintervalle:

x		$-\sqrt{\frac{10}{3}}$		0		$\sqrt{\frac{10}{3}}$	
$f''(x)$	+	0	−	n.d.	−	0	+
G_f	⌣	WP	⌢	n.d.	⌢	WP	⌣

G_f ist linksgekrümmt im Intervall $\left]-\infty; -\sqrt{\frac{10}{3}}\right]$ sowie in $\left[\sqrt{\frac{10}{3}}; \infty\right[$

G_f ist rechtsgekrümmt im Intervall $\left[-\sqrt{\frac{10}{3}}; 0\right[$ sowie in $\left]0; \sqrt{\frac{10}{3}}\right]$.

e)

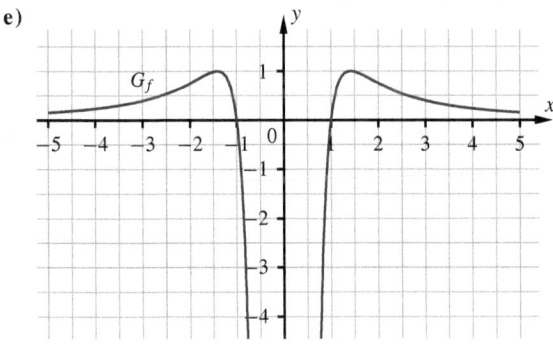

f) $A(k) = \int_1^k \left(-\frac{4}{x^4} + \frac{4}{x^2}\right) dx = \left[\frac{4}{3}x^{-3} - 4x^{-1}\right]_1^k = \frac{4}{3k^3} - \frac{4}{k} + \frac{8}{3} = \frac{4(2k^3 - 3k^2 + 1)}{3k^3}$

g) $\frac{4(2k^3 - 3k^2 + 1)}{3k^3} = \frac{5}{6} \Leftrightarrow 24(2k^3 - 3k^2 + 1) = 15k^3 \Leftrightarrow 33k^3 - 72k^2 + 24 = 0$
Probieren liefert $k_1 = 2$.
Polynomdivision: $(33k^3 - 72k^2 + 24) : (k - 2) = 33k^2 - 6k - 12$
Die Gleichung $33k^2 - 6k - 12 = 0$ hat die beiden (wegen $k > 1$) nicht infrage kommenden Lösungen $k_2 \approx 0{,}70;\ k_3 \approx -0{,}52$.

h) $\lim_{k \to \infty} A(k) = \lim_{k \to \infty} \left(\frac{4}{3k^3} - \frac{4}{k} + \frac{8}{3}\right) = \frac{8}{3}$

i) $A = 2\left(1 + \int_1^{\sqrt{2}} (1 - f(x)) dx\right) = 2\left(1 + \frac{8\sqrt{2} - 11}{3}\right) = \frac{16}{3}(\sqrt{2} - 1) \approx 2{,}21$

j) I) $f(2) = p(2) \Leftrightarrow \frac{4 \cdot 2^2 - 4}{2^4} = -0{,}125 \cdot 2^2 + 1{,}25 \Leftrightarrow \frac{12}{16} = 0{,}75$ (wahr)

II) $f'(2) = p'(2) \Leftrightarrow \frac{-8 \cdot 2^2 + 16}{2^5} = -0{,}25 \cdot 2 \Leftrightarrow -\frac{1}{2} = -0{,}5$ (wahr)

Aus I) und II) folgt, dass B Berührpunkt ist.

$A = \int_{\sqrt{2}}^2 (f(x) - p(x)) dx = \int_{\sqrt{2}}^2 \left(-\frac{4}{x^4} + \frac{4}{x^2} + 0{,}125x^2 - 1{,}25\right) dx$
$= \left[\frac{4}{3}x^{-3} - 4x^{-1} + \frac{1}{24}x^3 - 1{,}25x\right]_{\sqrt{2}}^2 = \frac{5\sqrt{2}}{3} + \frac{7}{3\sqrt{2}} - 4 \approx 0{,}007$

10. a) Der Graph von f besitzt an der Stelle x_0 einen Hochpunkt.
Begründung:
$f'(x_0) = 0$ und zugleich
unmittelbar links von x_0 gilt $f'(x_0) > 0$ und zugleich
unmittelbar rechts von x_0 gilt $f'(x_0) < 0$.
Folglich wechselt das Monotonieverhalten der Funktion f von zunehmend zu abnehmend.

b) Der Graph von f besitzt an der Stelle x_0 einen Terrassenpunkt.
Begründung:
$f'(x_0) = 0$ und zugleich
unmittelbar links von x_0 gilt $f'(x) < 0$ und zugleich
unmittelbar rechts von x_0 gilt $f'(x) < 0$.
Folglich wechselt das Monotonieverhalten der Funktion f nicht.

c) Der Graph von f besitzt an der Stelle x_0 einen Tiefpunkt.
Begründung:
$f'(x_0) = 0$ und zugleich
unmittelbar links von x_0 gilt $f'(x_0) < 0$ und zugleich
unmittelbar rechts von x_0 gilt $f'(x_0) > 0$. Folglich wechselt das Monotonieverhalten der Funktion f von abnehmend zu zunehmend.

d) Der Graph von f besitzt an der Stelle x_0 einen Wendepunkt.
Begründung:
Der Graph von f' besitzt an der Stelle x_0 eine horizontale Tangente $\Rightarrow f''(x_0) = 0$ und zugleich
unmittelbar links von x_0 gilt $f''(x) > 0 \Rightarrow$ Linkskrümmung von G_f und zugleich
unmittelbar rechts von x_0 gilt $f''(x) < 0 \Rightarrow$ Rechtskrümmung von G_f.
Die Wendetangente hat die Steigung $m = -1$.

1.2 Kurvendiskussion und Anwendungen gebrochen-rationaler Funktionen

e) Der Graph von f besitzt an der Stelle x_0 einen Tiefpunkt.
Begründung:
$f'(x_0) = 0$ und zugleich
unmittelbar links von x_0 gilt $f'(x_0) < 0$ und zugleich
unmittelbar rechts von x_0 gilt $f'(x_0) > 0$.
Folglich wechselt das Monotonieverhalten der Funktion f von abnehmend zu zunehmend.

f) Der Graph von f besitzt an der Stelle x_0 einen Wendepunkt.
Begründung:
Der Graph von f' besitzt an der Stelle x_0 eine horizontale Tangente $\Rightarrow f''(x_0) = 0$ und zugleich
unmittelbar links von x_0 gilt $f''(x) > 0 \Rightarrow$ Linkskrümmung von G_f und zugleich
unmittelbar rechts von x_0 gilt $f''(x) < 0 \Rightarrow$ Rechtskrümmung von G_f.
Die Wendetangente hat die Steigung $m = 1$.

11.* a) Silo mit Halbkugel
Hauptbedingung: $O(r,h) = r^2\pi + 2r\pi h + 2r^2\pi$
Nebenbedingungen: $V = r^2\pi h + \frac{2}{3}r^3\pi;\ V = 100 \Leftrightarrow h = \frac{100 - \frac{2}{3}r^3\pi}{r^2\pi}$
Zielfunktion: $O(r) = r^2\pi + 2r\pi \cdot \frac{100 - \frac{2}{3}r^3\pi}{r^2\pi} + 2r^2\pi = 3r^2\pi + \frac{200}{r} - \frac{4}{3}r^2\pi = \frac{5}{3}r^2\pi + 200\frac{1}{r}$

mit $r \in \left]0;\sqrt[3]{\frac{150}{\pi}}\right]$ ▶ $h = 0 \Rightarrow 100 - \frac{2}{3}r^3\pi = 0 \Rightarrow r = \sqrt[3]{\frac{150}{\pi}} \approx 3{,}63$

$O'(r) = \frac{10}{3}r\pi + \frac{200}{r^2} \cdot (-1)$
$O'(r) = 0 \Leftrightarrow \frac{10}{3}r\pi = \frac{200}{r^2} \Rightarrow r = \sqrt[3]{\frac{60}{\pi}} \approx 2{,}67$
$O''(r) = \frac{10}{3}\pi + \frac{400}{r^3}$
$O''(2{,}67) = \frac{10}{3}\pi + \frac{400}{2{,}67^3} > 0 \Rightarrow$ (einziger) lokaler Tiefpunkt
$O(2{,}67) = 112{,}23$

Mit $\lim\limits_{r \to 0^+}\left(\frac{5}{3}r^2\pi + 200\frac{1}{r}\right) = \infty$ und $O(3{,}63) \approx 124{,}09$ und der Stetigkeit der Funktion O folgt, dass ein absoluter Tiefpunkt $T(2{,}67\,|\,112{,}23)$ vorliegt.

r	0,5	1,0	1,5	2,0	2,5	3,0	3,5
$O(r)$	401,3	205,23	145,11	120,94	112,72	113,79	121,28

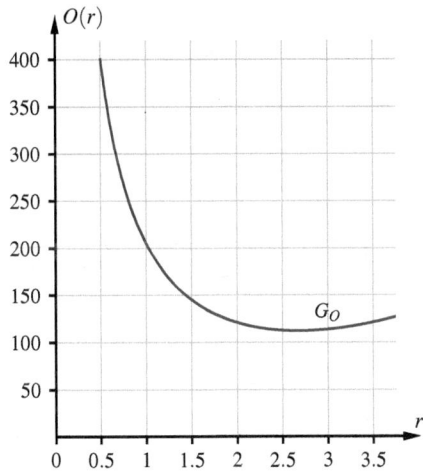

51 Silo mit Kegel

Hauptbedingung: $O(r,h) = r^2\pi + 2r\pi h_Z + \pi r \cdot \sqrt{r^2 + h_K^2}$

Nebenbedingungen: $V = r^2\pi h_Z + \frac{r^2\pi h_K}{3}$; $V = 100 \Rightarrow h_Z = \frac{100}{r^2\pi} - \frac{h_K}{3}$

mit $h_K = r$ folgt: $h_Z = \frac{100}{r^2\pi} - \frac{r}{3}$

Zielfunktion: $O(r) = r^2\pi + 2\pi r(\frac{100}{r^2\pi} - \frac{r}{3}) + \pi r \cdot \sqrt{r^2 + r^2}$
$= r^2\pi + \frac{200}{r} - \frac{2\pi r^2}{3} + \sqrt{2}\pi r^2$
$= r^2\pi(\frac{1}{3} + \sqrt{2}) + \frac{200}{r}$ mit $r \in \left]0; \sqrt[3]{\frac{300}{\pi}}\right]$ ▶ $h_Z = 0 \Leftrightarrow \frac{300}{\pi} = r^3$
$\Rightarrow r = \sqrt[3]{\frac{300}{\pi}} \approx 4{,}57$

$O'(r) = 2r\pi(\frac{1}{3} + \sqrt{2}) - \frac{200}{r^2}$

$O'(r) = 0 \Leftrightarrow 2r\pi(\frac{1}{3} + \sqrt{2}) = \frac{200}{r^2} \Rightarrow r = \sqrt[3]{\frac{100}{(\frac{1}{3}+\sqrt{2})\pi}} \approx 2{,}63$

$O''(r) = 2\pi(\frac{1}{3} + \sqrt{2}) + \frac{400}{r^3}$

$O''(2{,}63) = 2\pi(\frac{1}{3} + \sqrt{2}) + \frac{400}{2{,}63^3} > 0 \Rightarrow$ (einziger) lokaler Tiefpunkt

$O(2{,}63) = 114{,}02$

Mit $\lim\limits_{r \to 0^+}(r^2\pi(\frac{1}{3}+\sqrt{2}) + \frac{200}{r}) = \infty$ und $O(4{,}57) \approx 158{,}42$ und der Stetigkeit der Funktion O folgt, dass ein absoluter Tiefpunkt $T(2{,}63|114{,}1)$ vorliegt.

r	0,5	1,0	1,5	2,0	2,5	3,0	3,5	4	4,5
$O(r)$	401,37	205,49	145,69	121,96	114,31	116,08	124,39	137,84	155,61

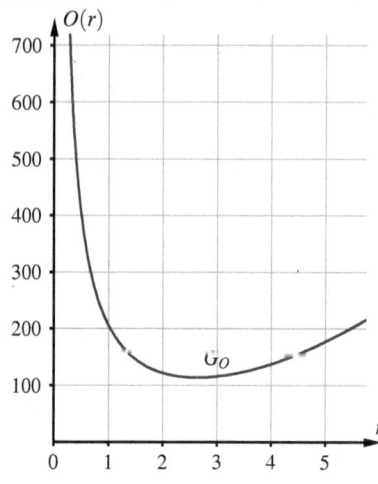

Beim Silo mit der Halbkugel ist der Bedarf an Edelstahlblech (etwas) geringer.

b) Kosten für Silo mit Halbkugel

$K_{\text{Halbkugel}}(r) = 2 \cdot 0{,}5 \cdot 4r^2\pi + 2r\pi h + r^2\pi$ mit $h = \frac{100 - \frac{2}{3}r^3\pi}{r^2\pi}$

$K_{\text{Halbkugel}}(r) = 2 \cdot 0{,}5 \cdot 4r^2\pi + 2r\pi \frac{100 - \frac{2}{3}r^3\pi}{r^2\pi} + r^2\pi = 4r^2\pi + \frac{200}{r} - \frac{4}{3}r^2\pi + r^2\pi = \frac{11}{3}r^2\pi + \frac{200}{r}$

$K'_{\text{Halbkugel}}(r) = \frac{22}{3}r\pi - 200r^{-2}$

$K'_{\text{Halbkugel}}(r) = 0 \Leftrightarrow r^3 = \frac{300}{11\pi} \Rightarrow r = \sqrt[3]{\frac{300}{11\pi}} \approx 2{,}06$

$K_{\text{Halbkugel}}(2{,}06) = \frac{11}{3} \cdot 2{,}06^2\pi + \frac{200}{2{,}06} \approx 146{,}0$

1.2 Kurvendiskussion und Anwendungen gebrochen-rationaler Funktionen

Kosten für Silo mit Kegel

$K_{Kegel}(r) = r^2\pi + 2\pi r(\frac{100}{r^2\pi} - \frac{r}{3}) + 2\pi r\sqrt{r^2+r^2} = r^2\pi + \frac{200}{r} - \frac{2\pi r^2}{3} + 2\sqrt{2}\pi r^2 = r^2\pi(\frac{1}{3}+2\sqrt{2}) + \frac{200}{r}$

$K'_{Kegel}(r) = 2r\pi(\frac{1}{3}+2\sqrt{2}) - 200r^{-2}$

$K'_{Kegel}(r) = 0 \Rightarrow r = \sqrt[3]{\frac{100}{\pi(\frac{1}{3}+2\sqrt{2})}} \approx 2,16$

$K_{Kegel}(2,16) = 2,16^2\pi(\frac{1}{3}+2\sqrt{2}) + \frac{200}{2,16} \approx 138,9$

Beim Silo mit Kegel entstehen Kosten von 138,9 Geldeinheiten und beim Silo mit Halbkugel Kosten von 146,0 Geldeinheiten. Das Silo mit Kegel ist zu bevorzugen.

Anmerkung: Die absoluten Tiefpunkte lassen sich wie in Teilaufgabe a) begründen, da sich lediglich der Faktor vor dem ganzrationalen Term verändert hat.

12.* **a)** $f(-x) = \frac{2(-x)-(-x)^2}{((-x)-1)^2} = \frac{-2x-x^2}{(-x-1)^2} = \frac{-2x-x^2}{(-1)^2(x+1)^2} = -\frac{2x+x^2}{(x+1)^2} \neq \begin{cases} f(x) \\ -f(x) \end{cases} \Rightarrow$ Es liegt keine Symmetrie zum Koordinatensystem vor.

b) Nullstellen: $x_1 = 0$; $x_2 = 2$

$x = 1$ ist Unendlichkeitsstelle ohne VZW

c) $\lim\limits_{x\to-\infty} f(x) = \lim\limits_{x\to-\infty}(\frac{-x^2+2x}{x^2-2x+1}) = -1$; $\lim\limits_{x\to\infty} f(x) = \lim\limits_{x\to\infty}(\frac{-x^2+2x}{x^2-2x+1}) = -1$ (Zählergrad = Nennergrad)

$\lim\limits_{x\to 1^-} f(x) = \lim\limits_{x\to 1^-}(\underbrace{\frac{-x^2+2x}{(x-1)^2}}_{\to 0^+}) = \infty$; $\lim\limits_{x\to 1^+} f(x) = \lim\limits_{x\to 1^+}(\underbrace{\frac{-x^2+2x}{(x-1)^2}}_{\to 0^+}) = \infty$

Asymptoten: $x = 1$ (vertikal); $y = -1$ (horizontal)

d) $f'(x) = \frac{-2}{(x-1)^3}$; $f''(x) = \frac{6}{(x-1)^4}$

Weder f' noch f'' haben Nullstellen.

x		1	
$f'(x)$	+	n.d.	−
G_f	↗	n.d.	↘

G_f ist streng monoton steigend im Intervall $]-\infty; 1[$.

G_f ist streng monoton fallend im Intervall $]1; \infty[$.

x		1	
$f''(x)$	+	n.d.	+
G_f	⌣	n.d.	⌣

G_f ist linksgekrümmt im Intervall $]-\infty; 1[$ sowie in $]1; +\infty[$.

e) $y_P = f(3) = \frac{-3^2+2\cdot 3}{(3-1)^2} = -\frac{3}{4}$

Tangentensteigung: $f'(3) = \frac{-1}{4}$

Tangente t durch P: $y = \frac{-1}{4}\cdot(x-3) - \frac{3}{4}$ bzw. $y = \frac{-1}{4}x$

$f(x) = t(x) \Rightarrow \frac{2x-x^2}{(x-1)^2} = -\frac{1}{4}x$

$\Leftrightarrow 2x - x^2 = -\frac{1}{4}x(x^2-2x+1) \Leftrightarrow 2x - x^2 = -\frac{1}{4}x^3 + \frac{1}{2}x^2 - \frac{1}{4}x$

$\Leftrightarrow 0 = -\frac{1}{4}x^3 + \frac{3}{2}x^2 - \frac{9}{4}x \Leftrightarrow 0 = x(-\frac{1}{4}x^2 + \frac{3}{2}x - \frac{9}{4})$

$\Leftrightarrow x = 0$ oder $-\frac{1}{4}x^2 + \frac{3}{2}x - \frac{9}{4} = 0 \Rightarrow x = 3$ ▶ $D = (\frac{3}{2})^2 - 4\cdot(-\frac{1}{4})\cdot(-\frac{9}{4}) = 0$

$Q(0|0)$

51

f)

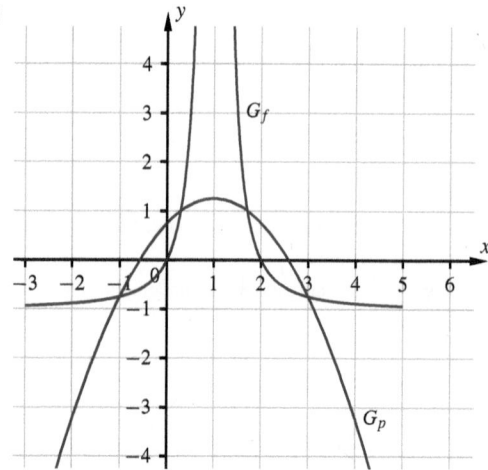

g) Symmetrieachse ist die vertikale Asymptote: $x = 1$

h) $F'(x) = \frac{(1-x)2x - x^2(-1)}{(1-x)^2} = \frac{2x - 2x^2 + x^2}{(1-x)^2} = \frac{2x - x^2}{(1-x)^2} = f(x) \Rightarrow$ Behauptung

i) Die Gerade AB hat die Gleichung $g(x) = \frac{3}{2}x + \frac{9}{4}$.

Maßzahl der Fläche: $\int\limits_{-1}^{0,5} (g(x) - f(x))dx = \frac{45}{16}$

j) $f(x) = p(x) \Leftrightarrow \frac{2x - x^2}{(1-x)^2} = -\frac{1}{2}(x^2 - 2x + 1) + \frac{5}{4}$

$\Leftrightarrow 2x - x^2 = (-\frac{1}{2}x^2 + x + \frac{3}{4})(1-x)^2$

$\Leftrightarrow 2x - x^2 = -0,5x^4 + 2x^3 - 1,75x^2 - 0,5x + 0,75$

$\Leftrightarrow 0 = -0,5x^4 + 2x^3 - 0,75x^2 - 2,5x + 0,75$

$\Leftrightarrow 0 = 2x^4 - 8x^3 + 3x^2 + 10x - 3$

Raten der ganzzahligen Lösung $x = -1$ und Polynomdivision:
$(2x^4 - 8x^3 + 3x^2 + 10x - 3) : (x+1) = 2x^3 - 10x^2 + 13x - 3$

Raten der ganzzahligen Lösung $x = 3$ und Polynomdivision:
$(2x^3 - 10x^2 + 13x - 3) : (x-3) = 2x^2 - 4x + 1$

$2x^2 - 4x + 1 = 0 \Leftrightarrow x = 1 + 0,5\sqrt{2}$ oder $x = 1 - 0,5\sqrt{2}$

$f(-1) = \frac{2(-1)-(-1)^2}{(1-(-1))^2} = -\frac{3}{4} = f(3)$ ▶ Symmetrie

$f(1 + 0,5\sqrt{2}) = \frac{2(1+0,5\sqrt{2}) - (1+0,5\sqrt{2})^2}{((1+0,5\sqrt{2})-1)^2} = \frac{(1+0,5\sqrt{2})(2-(1+0,5\sqrt{2}))}{(0,5\sqrt{2})^2}$

$= \frac{(1+0,5\sqrt{2})(1-0,5\sqrt{2})}{0,25 \cdot 2} = \frac{1^2 - (0,5\sqrt{2})^2}{0,5} = \frac{1 - 0,25 \cdot 2}{0,5} = 1$

$f(1 - 0,5\sqrt{2}) = 1$ ▶ Symmetrie

$S_1(-1|-\frac{3}{4})$; $S_2(1 - \frac{\sqrt{2}}{2}|1)$; $S_3(1 + \frac{\sqrt{2}}{2}|1)$; $S_4(3|-\frac{3}{4})$

1.2 Kurvendiskussion und Anwendungen gebrochen-rationaler Funktionen

k) $A_1 = \int_0^{1-0,5\sqrt{2}} f(x)dx + \int_{1-0,5\sqrt{2}}^{1+0,5\sqrt{2}} p(x)dx + \int_{1+0,5\sqrt{2}}^{2} f(x)dx$ ▶ Symmetrie

$A_1 = 2 \cdot [F(x)]_0^{1-0,5\sqrt{2}} + 2 \cdot \int_1^{1+0,5\sqrt{2}} p(x)dx = 3\sqrt{2} - 4 + \frac{7}{6}\sqrt{2} = \frac{25}{6}\sqrt{2} - 4$

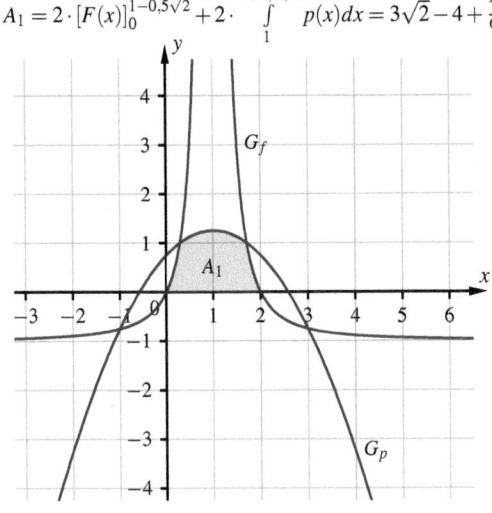

l) $A_2 = \int_{1+0,5\sqrt{2}}^{3} (p(x) - f(x))dx = \frac{44 - 25\sqrt{2}}{12}$

13.* Hauptbedingung: $K(r,h) = r^2\pi + 3 \cdot 2r\pi h + 3 \cdot r^2\pi$

Nebenbedingung: $V = r^2\pi h \Leftrightarrow h = \frac{V}{r^2\pi}$

Zielfunktion: $K(r) = r^2\pi + 3 \cdot 2r\pi \cdot \frac{V}{r^2\pi} + 3 \cdot r^2\pi = 4r^2\pi + 6Vr^{-1}$ mit $r \in \,]0;\infty[$

$K'(r) = 8r\pi - 6Vr^{-2}$

$K'(r) = 0 \Leftrightarrow 8r\pi - 6Vr^{-2} = 0 \Leftrightarrow 8r\pi = 6Vr^{-2} \Leftrightarrow r^3 = \frac{3V}{4\pi} \Leftrightarrow r = \sqrt[3]{\frac{3V}{4\pi}}$

$K''(r) = 8\pi + 12Vr^{-3}$

$K''(\sqrt[3]{\frac{3V}{4\pi}}) = 8\pi + 12V \left(\sqrt[3]{\frac{3V}{4\pi}}\right)^{-3} = 8\pi + \frac{12V}{\frac{3V}{4\pi}} = 8\pi + 16\pi = 24\pi > 0 \Rightarrow$ (einziger) lokaler Tiefpunkt

Mit $\lim_{r \to 0^+} K(r) = \infty$ und $\lim_{r \to \infty} K(r) = \infty$ und der Stetigkeit der Funktion K folgt, dass ein absoluter Tiefpunkt vorliegt.

Bemerkung: Es kann als weitere Übung für verschiedene Volumina (125 ml, 200 ml, 250 ml, ...) der Marmeladengläser r_{min} konkret berechnet werden.

14. a) Individuelle Lösungen

b) Hauptbedingung: $A(x; h) = (4x+1) \cdot (h+2 \cdot 0,5x+2 \cdot 1) = (4x+1) \cdot (h+x+2)$
Nebenbedingung: $V = 1000 \Leftrightarrow x^2 \cdot h = 1000 \Leftrightarrow h = \frac{1000}{x^2}$
Zielfunktion: $A(x) = (4x+1) \cdot \left(\frac{1000}{x^2} + x + 2\right)$
$= \frac{4000}{x} + 4x^2 + 8x + \frac{1000}{x^2} + x + 2 = 4x^2 + 9x + 2 + \frac{4000}{x} + \frac{1000}{x^2}$

c) $A(x) = 4x^2 + 9x + 2 + 4000 \cdot x^{-1} + 1000 \cdot x^{-2}$
$A'(x) = 8x + 9 - 4000x^{-2} - 2000x^{-3} = 8x + 9 - \frac{4000}{x^2} - \frac{2000}{x^3}$
$A'(7,746) = 8 \cdot 7,746 + 9 - 4000 \cdot 7,746^{-2} - 2000 \cdot 7,746^{-3} \approx 0$

Graph der Funktion A':

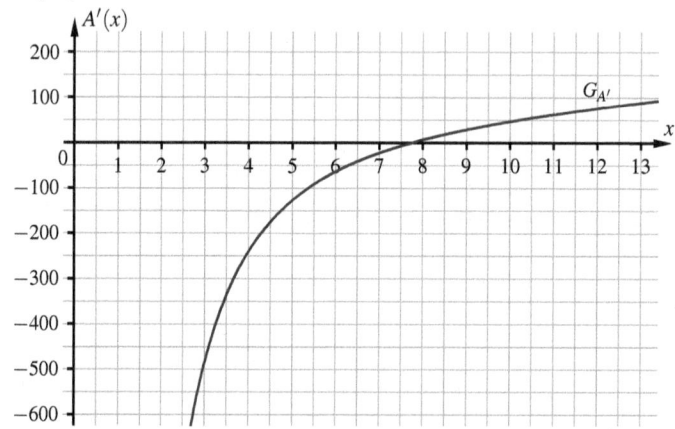

Für $x > 0$ ist $x \approx 7,746$ einzige Nullstelle von A' und $A'(x)$ wechselt das Vorzeichen von $-$ nach $+$.
Der Flächeninhalt $A(x)$ nimmt für $x \approx 7,746$ seinen absolut kleinsten Wert an.
$A(7,746) \approx 845$
$h = \frac{1000}{7,746^2} \approx 16,67$
Länge: $\ell = 4x + 1 \approx 32$ cm
Breite: $b = h + x + 2 \approx 26,4$ cm

15. $f(x) = \frac{x^2 + 2x}{x-1}$ mit $D_f = \mathbb{R} \setminus \{1\}$
Lösung:
$f'(x) = \frac{(x-1)(2x+2) - (x^2+2x) \cdot 1}{(x-1)^2} = \frac{x^2 - 2x - 2}{(x-1)^2}$ Nenner korrigiert

Notwendige Bedingung:
$f'(x) = 0 \Leftrightarrow \frac{x^2 - 2x - 2}{(x-1)^2} = 0$
$x^2 - 2x - 2 = 0 \Rightarrow (x-1)^2 \neq 0$ für $x \in D_f$
$x = \frac{-(-2) \pm \sqrt{(-2)^2 - 4 \cdot 1 \cdot (-2)}}{2 \cdot 1} = \frac{2 \pm \sqrt{12}}{2}$
$\Leftrightarrow x = \frac{2 \pm \sqrt{4 \cdot 3}}{2} = \frac{2 \pm 2\sqrt{3}}{2} = \frac{2(1 \pm \sqrt{3})}{2} = 1 \pm \sqrt{3}$
$x_1 = 1 + \sqrt{3}; \quad x_2 = 1 - \sqrt{3}$

1.2 Kurvendiskussion und Anwendungen gebrochen-rationaler Funktionen

Hinreichende Bedingung:

$f''(x) = \frac{(x-1)^2(2x-2)-(x^2-2x-2)\cdot 2\cdot(x-1)}{(x-1)^4}$

$f''(x) = \frac{6}{(x-1)^3}$

$f''(1+\sqrt{3}) = \frac{6}{(1+\sqrt{3}-1)^3} = \frac{6}{(\sqrt{3})^3} > 0 \Rightarrow T$ Art des Extremums korrigiert.

$f''(1-\sqrt{3}) = \frac{6}{(1-\sqrt{3}-1)^3} = \frac{6}{(-\sqrt{3})^3} < 0 \Rightarrow H$ Art des Extremums korrigiert.

$f(1+\sqrt{3}) = \frac{(1+\sqrt{3})^2+2(1+\sqrt{3})}{1+\sqrt{3}-1}$ Binomische Formel im Buch falsch angewendet. Hier die Rechnung ohne binomische Formel.

$= \frac{(1+\sqrt{3})(1+\sqrt{3}+2)}{\sqrt{3}}$

$= \frac{(1+\sqrt{3})(3+\sqrt{3})}{\sqrt{3}}$

$= \frac{3+\sqrt{3}+3\sqrt{3}+3}{\sqrt{3}}$

$= \frac{6+4\sqrt{3}}{\sqrt{3}} = 4+2\sqrt{3}$

$f(1-\sqrt{3}) = \frac{(1-\sqrt{3})^2+2(1-\sqrt{3})}{1-\sqrt{3}-1}$ Binomische Formel im Buch falsch angewendet. Hier die Rechnung ohne binomische Formel.

$= \frac{(1-\sqrt{3})(1-\sqrt{3}+2)}{-\sqrt{3}}$

$= \frac{(1-\sqrt{3})(3-\sqrt{3})}{-\sqrt{3}}$

$= \frac{3-\sqrt{3}-3\sqrt{3}+3}{-\sqrt{3}}$

$= \frac{6-4\sqrt{3}}{-\sqrt{3}} = 4-2\sqrt{3}$

16. a) $W(x) = \frac{E(x)}{K(x)} = \frac{11x}{x^3-x^2+12}$ $\Rightarrow$ blauer Graph

$U(x) = \frac{G(x)}{E(x)} = \frac{11x-(x^3-x^2+12)}{11x} = \frac{-x^3+x^2+11x-12}{11x}$ $\Rightarrow$ roter Graph

b) $W'(x) = -\frac{11(2x^3-x^2-12)}{(x^3-x^2+12)^2}$

$W''(x) = \frac{22x(3x^4-3x^3+x^2-72x+36)}{(x^3-x^2+12)^3}$

$W'(x) = 0 \Leftrightarrow 2x^3-x^2-12 = 0$

Probieren liefert $x = 2$.

Polynomdivision: $(2x^3-x^2-12) : (x-2) = 2x^2+3x+6$

Die Gleichung $2x^2+3x+6 = 0$ hat keine reellen Lösungen ($D = 9-4\cdot 2\cdot 6 = -39 < 0$).

$W''(2) = \frac{22\cdot 2(3\cdot 2^4-3\cdot 2^3+2^2-72\cdot 2+36)}{(2^3-2^2+12)^3} = -\frac{55}{64} < 0 \Rightarrow$ Hochpunkt

$H(2|1{,}375)$

$U'(x) = \frac{-2x^3+x^2+12}{11x^2}$

$U''(x) = -\frac{2(x^3+12)}{11x^3}$

$U'(x) = 0 \Rightarrow -2x^3+x^2+12 = 0 \Leftrightarrow x = 2$

$U''(2) = -\frac{2(2^3+12)}{11\cdot 2^3} < 0 \Rightarrow$ Hochpunkt

$H(2|\frac{3}{11})$

c) $k(x) = \frac{x^3 - x^2 + 12}{x} = x^2 - x + \frac{12}{x}$

$k'(x) = 2x - 1 - \frac{12}{x^2}$; $k''(x) = 2 + \frac{24}{x^3}$

$k'(x) = 0 \Leftrightarrow 2x - 1 - \frac{12}{x^2} = 0 \Leftrightarrow 2x^3 - x^2 - 12 = 0 \Leftrightarrow (2x^2 + 3x + 6)(x - 2) = 0 \Leftrightarrow x = 2$ oder $2x^2 + 3x + 6 = 0$ (da $D = 9 - 4 \cdot 2 \cdot 6 = -39 < 0$ keine weitere Lösung)

$k''(2) = 2 + \frac{24}{2^3} = 5 > 0 \Rightarrow$ Tiefpunkt

$T(2|8)$

Das Betriebsoptimum liegt bei $x = 2$ ME. Die Stückkosten liegen dann bei 8 GE.

d)

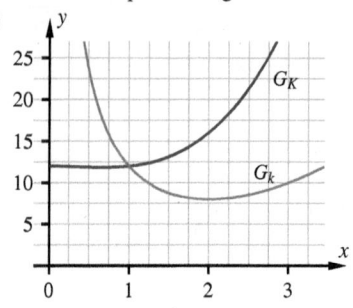

17.* $W'(x) = \left(\frac{E(x)}{K(x)}\right)' = \frac{E'(x) \cdot K(x) - E(x) \cdot K'(x)}{(K(x))^2}$

$E'(x) \cdot K(x) - E(x) \cdot K'(x) = 0 \Rightarrow x$ ist mögliche lokale Extremstelle.

$U'(x) = \left(\frac{G(x)}{E(x)}\right)' = \frac{G'(x) \cdot E(x) - G(x) \cdot E'(x)}{(E(x))^2} = \frac{(E'(x) - K'(x)) \cdot E(x) - (E(x) - K(x)) \cdot E'(x)}{(E(x))^2}$

$= \frac{E'(x) \cdot E(x) - K'(x) \cdot E(x) - (E(x) \cdot E'(x) - K(x) \cdot E'(x))}{(E(x))^2} = \frac{E'(x) \cdot K(x) - E(x) \cdot K'(x)}{(E(x))^2}$

$\Rightarrow E'(x) \cdot K(x) - E(x) \cdot K'(x) = 0 \Rightarrow x$ ist mögliche lokale Extremstelle.

Die beiden Ableitungen von U und W sind im Zähler gleich (gleiche mögliche lokale Extremstellen) und unterscheiden sich nur im Nenner.

1.2 Kurvendiskussion und Anwendungen gebrochen-rationaler Funktionen

18.* $f(x) = \frac{1}{2}x - \frac{1}{2} + \frac{8}{x+1}$ mit $D_f = \mathbb{R}\setminus\{-1\}$

a) senkrechte Asymptote: $x = -1$
schräge Asymptote: $f_A(x) = \frac{1}{2}x - \frac{1}{2}$
$f(x) = f_A(x) \Leftrightarrow \frac{1}{2}x - \frac{1}{2} + \frac{8}{x+1} = \frac{1}{2}x - \frac{1}{2} \Leftrightarrow \frac{8}{x+1} = 0 \Leftrightarrow 8 = 0$ Widerspruch
$\Rightarrow$ Der Graph der Funktion f und die schräge Asymptote schneiden sich nicht.

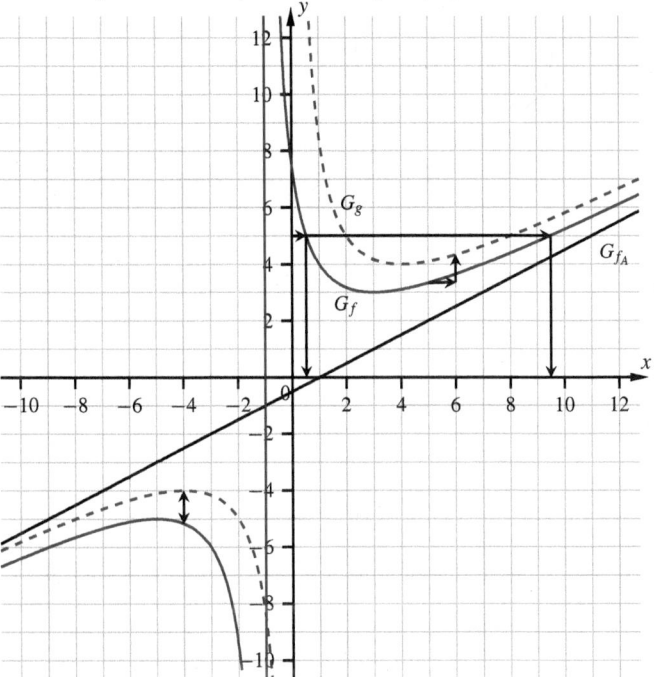

Hinweis: G_g nicht verlangt

$f'(x) = \frac{1}{2} - 0 + \frac{0\cdot(x+1) - 8\cdot 1}{(x+1)^2} = \frac{1}{2} - \frac{8}{(x+1)^2}$
$f'(x) = 0 \Leftrightarrow \frac{1}{2} - \frac{8}{(x+1)^2} = 0 \Leftrightarrow \frac{1}{2} = \frac{8}{(x+1)^2} \Rightarrow (x+1)^2 = 16 \Leftrightarrow x+1 = \pm 4$
$\Leftrightarrow x = 3$ oder $x = -5$

x		-5		-1		1	
$f'(x)$	$+$		$-$	n.d.	$+$		$-$
G_f	↗	HP	↘	n.d.	↘	TP	↗

$f(3) = \frac{1}{2}\cdot 3 - \frac{1}{2} + \frac{8}{3+1} = 3$; $f(-5) = \frac{1}{2}\cdot(-5) - \frac{1}{2} + \frac{8}{-5+1} = -5$
$H(-5|-5)$; $T(3|3)$

b) $g(-x) = \frac{1}{2}(-x) + \frac{8}{-x} = -\frac{1}{2}x - \frac{8}{x} = -(\frac{1}{2}x + \frac{8}{x}) = -g(x) \Rightarrow$ Der Graph der Funktion g ist punktsymmetrisch zum Koordinatenursprung und damit ist der Graph der Funktion f punktsymmetrisch zum Punkt $P(-1|-1)$.

c) • x entspricht der Füllhöhe in cm; $f(x)$ entspricht der Höhe des Schwerpunkts S über dem Dosenboden in cm.
$f(0) = \frac{1}{2}\cdot 0 - \frac{1}{2} + \frac{8}{0+1} = -\frac{1}{2} + 8 = 7{,}5$; $f(15) = \frac{1}{2}\cdot 15 - \frac{1}{2} + \frac{8}{15+1} = 7{,}5 - \frac{1}{2} + \frac{1}{2} = 7{,}5$
Eine leere und eine vollständig gefüllte Dose besitzen beide den Schwerpunkt S genau in der Mitte der Gesamthöhe der Dose bei 7,5 cm.

- Wird in die leere Dose kontinuierlich Flüssigkeit geschüttet, so ist der Schwerpunkt zu Beginn 7,5 cm über dem Dosenboden und sinkt dann auf einen Tiefstwert von 3 cm. Anschließend steigt die Höhe des Schwerpunkts, bis der Wert 7,5 cm erreicht wird (vollständig gefüllte Dose). Der Tiefpunkt (3|3) gibt an, dass der niedrigste Schwerpunkt der mit Flüssigkeit gefüllten Dose bei einer Füllhöhe von 3 cm liegt. Für diesen Fall stimmen Füllhöhe (3 cm) und Schwerpunkthöhe (3 cm) überein.
- Mithilfe des Graphen lässt sich die Lösung für die Ungleichung ablesen: $f(x) \leq 5 \Rightarrow x \in [0{,}5;\ 9{,}5]$
Rechnerisch:
$\frac{1}{2}x - \frac{1}{2} + \frac{8}{x+1} \leq 5 \Leftrightarrow x + \frac{16}{x+1} \leq 11 \Leftrightarrow x(x+1) + 16 \leq 11(x+1) \Leftrightarrow x^2 - 10x + 5 \leq 0$
Die Gleichung $y = x^2 - 10x + 5$ repräsentiert eine nach oben geöffnete Parabel, die zwischen den Nullstellen unterhalb der x-Achse verläuft.
$x^2 - 10x + 5 = 0 \Rightarrow x = \frac{10 \pm \sqrt{100 - 4 \cdot 1 \cdot 5}}{2 \cdot 1} = \frac{10 \pm 4\sqrt{5}}{2} \Leftrightarrow x = 5 + 2\sqrt{5}$ oder $x = 5 - 2\sqrt{5}$
Folglich gilt: $f(x) \leq 5 \Leftrightarrow x^2 - 10x + 5 \leq 0 \Rightarrow x \in [5 - 2\sqrt{5};\ 5 + 2\sqrt{5}]$

19. a) **Definitionsbereich:** $D_f = \mathbb{R} \setminus \{0\}$
Grenzwertverhalten: $\lim\limits_{x \to -\infty} f(x) = \lim\limits_{x \to -\infty}(x + \frac{1}{x^2}) = -\infty$; $\lim\limits_{x \to \infty} f(x) = \lim\limits_{x \to \infty}(x + \frac{1}{x^2}) = \infty$
schräge Asymptote: $f_A = x$
$\lim\limits_{x \to 0^-} f(x) = \lim\limits_{x \to 0^-}(x + \frac{1}{x^2}) = \infty$; $\lim\limits_{x \to 0^+} f(x) = \lim\limits_{x \to 0^+}(x + \frac{1}{x^2}) = \infty$
senkrechte Asymptote: $x = 0$
b)

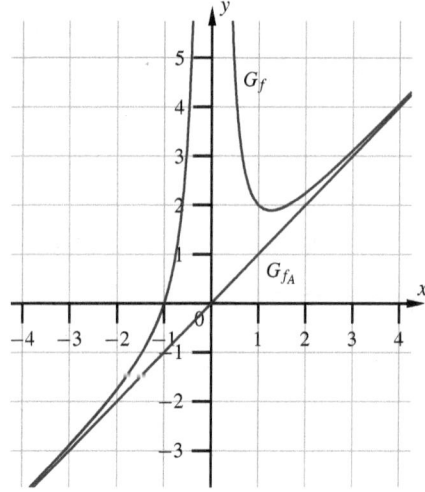

c) $A(u) = \int\limits_1^u (x + \frac{1}{x^2} - x)\,dx = [-x^{-1}]_1^u = -\frac{1}{u} - (-\frac{1}{1}) = \frac{1}{1} - \frac{1}{u}$

d) $\lim\limits_{u \to \infty} A(u) = \lim\limits_{u \to \infty}(1 - \frac{1}{u}) = 1$
Der Grenzwerte existiert $\Rightarrow$ Die Maßzahl der sich ins Unendliche erstreckenden Fläche ist 1.

1.2 Kurvendiskussion und Anwendungen gebrochen-rationaler Funktionen 59

20. Stückkosten: $k(x) = \frac{ax+100000}{0,5x+b}$

a) $k(10) = 17500 \Leftrightarrow \frac{10a+100000}{5+b} = 17500 \Leftrightarrow 10a+100000 = 87500+17500b$
$\Leftrightarrow a = -1250+1750b$

$k(20) = 15000 \Leftrightarrow \frac{20a+100000}{10+b} = 15000 \Leftrightarrow 20a+100000 = 150000+15000b$
$\Leftrightarrow a-750b = 2500$

$\Rightarrow -1250+1750b-750b = 2500 \Rightarrow b = 3,75; a = -1250+1750 \cdot 3,75 = 5312,5$
$\Rightarrow k(x) = \frac{5312,5x+100000}{0,5x+3,75}$

b) $k(x) < 12000 \Leftrightarrow \frac{5312,5x+100000}{0,5x+3,75} < 12000 \Rightarrow 5312,5x+100000 < 6000x+45000 \Rightarrow x > 80$

Die Stückkosten für den 81. Roboter liegen erstmals unter 12 000 €.
Stückkosten für immer größere Produktionszahlen:
$\lim_{x \to \infty} k(x) = \lim_{x \to \infty} \frac{5312,5x+100000}{0,5x+3,75} = 10625$

c) $k'(x) = \frac{5312,5 \cdot (0,5x+3,75)-(5312,50x+100000) \cdot 0,5}{(0,5x+3,75)^2} = \frac{-30078,125}{(0,5x+3,75)^2} < 0$

$\Rightarrow$ Die Funktion k ist streng monoton fallend.
Die Stückkosten nehmen mit steigender Produktionszahl ab. Das kann z.B. daran liegen, dass mit zunehmender Stückzahl die Erfahrungswerte der Mitarbeiter höher werden und der Fixkostenanteil pro Roboter dadurch sinkt.

d)

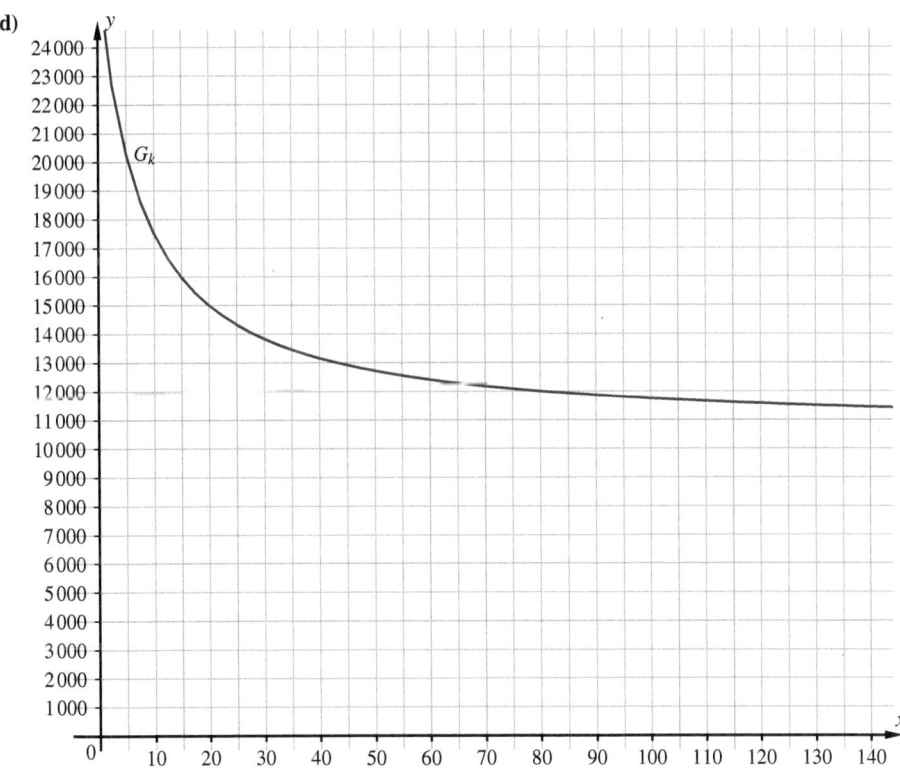

e) Die Stückkosten betragen $k(300) = \frac{5312,5 \cdot 300 + 100000}{0,5 \cdot 300 + 3,75} \approx 11016,26$ € pro Roboter bei einer Produktionszahl von 300 Stück.

Der Verkaufspreis für einen Tauchroboter ist 15 000 €. Der Gewinn bei 300 verkauften Robotern beträgt: $G = 15000 \cdot 300 - 11016,26 \cdot 300 = 1192122$

Das Unternehmen würde einen Gewinn von rund 1,2 Millionen Euro erzielen.

Zur Ermittlung der Mindestverkaufszahl x der Tauchroboter gilt für den Gewinn $G(x) = 0$:
$G(x) = 0 \Rightarrow 15000 \cdot x - 11016,26 \cdot 300 = 0 \Rightarrow 15000x = 3304878 \Rightarrow x \approx 220,33$

Das Unternehmen erzielt bei einem Verkaufspreis von 15 000 € erstmals einen Gewinn, wenn es mindestens 221 Tauchroboter verkauft.

f) Zur Ermittlung des geringstmöglichen Verkaufspreises p für einen Tauchroboter bei einer Produktion von 300 Stück und einem zu erzielenden Gewinn von 500 000 € gilt:
$p \cdot 300 - 11016,26 \cdot 300 = 500000 \Rightarrow p \cdot 300 = 3804878 \Rightarrow p \approx 12682,93$

g) Zur Ermittlung der Stückzahl x bei einem Verkaufspreis von 11 000 € und $G(x) = 0$ gilt:
$11000 \cdot x - k(x) \cdot x = 0 \Rightarrow k(x) = 11000 \Rightarrow \frac{5312,5 \cdot x + 100000}{0,5x + 3,75} = 11000$
$5312,5 \cdot x + 100000 = 5500x + 41250 \Rightarrow x \approx 313,33$

Es müssen mindestens 314 Tauchroboter produziert und verkauft werden.

21. a) $w(2) = \frac{10(2^2 - 9 \cdot 2 + 40)}{2^2 - 8 \cdot 2 + 20} = 32,5$

$\lim\limits_{t \to \infty} w(t) = \lim\limits_{t \to \infty} \frac{10(t^2 - 9t + 40)}{t^2 - 8t + 20} = 10$

b) $w'(t) = \frac{10((t^2 - 8t + 20)(t-9) - (t^2 - 9t + 40)(t-8))}{(t^2 - 8t + 20)^2} = \frac{10(t^2 - 40t + 140)}{(t^2 - 8t + 20)^2}$

$w'(t) = 0 \Leftrightarrow \frac{10(t^2 - 40t + 140)}{(t^2 - 8t + 20)^2} = 0 \Leftrightarrow t = 20 + 2\sqrt{65} \approx 36,12$ oder $t = 20 - 2\sqrt{65} \approx 3,88$

$w''(t) = -\frac{20(t^3 - 60t^2 + 420t - 720)}{(t^2 - 8t + 20)^3}$

$w''(20 + 2\sqrt{65}) = -\frac{20((20+2\sqrt{65})^3 - 60(20+2\sqrt{65})^2 + 420(20+2\sqrt{65}) - 720)}{((20+2\sqrt{65})^2 - 8(20+2\sqrt{65}) + 20)^3} = \frac{129\sqrt{65}}{104} - 10 \approx 0,0003 > 0$
$\Rightarrow$ Tiefpunkt

$w''(20 - 2\sqrt{65}) = -\frac{20((20-2\sqrt{65})^3 - 60(20-2\sqrt{65})^2 + 420(20-2\sqrt{65}) - 720)}{((20-2\sqrt{65})^2 - 8(20-2\sqrt{65}) + 20)^3} = -\frac{129\sqrt{65}}{104} - 10 \approx -10 < 0$
$\Rightarrow$ Hochpunkt

3,88 Minuten nach Beobachtungsbeginn fließt an der Beobachtungsstelle die maximale Wassermenge pro Minute, nämlich 50,16 $\frac{m^3}{min}$ vorbei.

c) $w''(t) = -\frac{20(t^3 - 60t^2 + 420t - 720)}{(t^2 - 8t + 20)^3} = 0 \Leftrightarrow t \approx 2,73$ oder $t \approx 5,05$ oder $t \approx 52,22$

Wendestelle $t \approx 2,73$: 2,73 Minuten nach Beobachtungsbeginn steigt der Wasserdurchfluss an der Beobachtungsstelle am stärksten an.

Wendestelle $t \approx 5,05$: 5,05 Minuten nach Beobachtungsbeginn fällt der Wasserdurchfluss an der Beobachtungsstelle am stärksten ab.

Die Wendestelle $t \approx 52,22$ ist im Sachzusammenhang nicht relevant.

Eine Längeneinheit nach rechts entspricht 1 min und eine Längeneinheit nach oben entsprechen 10 $\frac{m^3}{min}$ $\Rightarrow$ jedes Quadrat aus 4 Kästchen liefert 10 m³.

Durch Abzählen lassen sich ca. 26 Teilquadrate ermitteln. Die ersten 8 Minuten nach Beobachtungsbeginn fließen ca. 260 m³ Wasser an der Beobachtungsstelle vorbei.

Genauer mit digitalem Hilfsmittel: $\int\limits_0^8 w(t)dt \approx 257,14$

1.2 Kurvendiskussion und Anwendungen gebrochen-rationaler Funktionen   61

22. a) $s(0) = \frac{10(6)}{6} = 10$

Zu Beobachtungsbeginn (nach der Abwassereinleitung) beträgt der Sauerstoffgehalt 10 $\frac{mg}{\ell}$.

b) $s'(t) = 10\frac{(t^2+6)(2t-1)-(t^2-t+6)2t}{(t^2+6)^2} = 10\frac{2t^3+12t-t^2-6-(2t^3-2t^2+12t)}{(t^2+6)^2} = 10\frac{t^2-6}{(t^2+6)^2}$

$s'(t) = 0 \Leftrightarrow \frac{t^2-6}{(t^2+6)^2} = 0 \Leftrightarrow t^2-6 = 0 \Rightarrow t = \sqrt{6} \approx 2,4$ oder $t = -\sqrt{6} \notin D_s = \mathbb{R}_0^+$

$s''(t) = 10\frac{(t^2+6)^2 \cdot 2t - (t^2-6)2(t^2+6)2t}{(t^2+6)^4} = 10\frac{(t^2+6)\cdot 2t - (t^2-6)\cdot 2\cdot 2t}{(t^2+6)^3} = 10\frac{2t^3+12t-4t^3+24t}{(t^2+6)^2} = 10\frac{-2t^3+36t}{(t^2+6)^2}$

$s''(t) = 10\frac{-2\sqrt{6}^3+36\sqrt{6}}{(\sqrt{6}^2+6)^2} = \frac{5}{6\sqrt{6}} > 0 \Rightarrow$ Tiefpunkt $T\left(\sqrt{6}\mid 10-\frac{5}{\sqrt{6}}\right)$

Nach 2,4 Tagen ist der Sauerstoffgehalt im See am niedrigsten und beträgt 8,0 $\frac{mg}{\ell}$.

c) $s''(t) = 0 \Leftrightarrow \frac{-2t^3+36t}{(t^2+6)^2} = 0 \Leftrightarrow t(-2t^2+36) = 0 \Leftrightarrow t = \sqrt{18}$ oder $t = -\sqrt{18} \notin D_s = \mathbb{R}^+$ oder $t = 0 \notin D_s = \mathbb{R}^+$

$s(t_w+0,5) - s(t_w-05) = \frac{10((\sqrt{18}+0,5)^2-(\sqrt{18}+0,5)+6)}{(\sqrt{18}+0,5)^2+6} - \frac{10((\sqrt{18}-0,5)^2-(\sqrt{18}-0,5)+6)}{(\sqrt{18}+0,5)^2-6} \approx 2,8$

Um die Wendestelle beträgt der stärkste tägliche Zuwachs des Sauerstoffgehalts 2,8 $\frac{mg}{\ell}$.

d) $s(t) = 0,9 \cdot 10 \Leftrightarrow \frac{10(t^2-t+6)}{t^2+6} = 0,9 \cdot 10 \Leftrightarrow 10(t^2-t+6) = 9\cdot(t^2+6) \Leftrightarrow t^2-10t+6 = 0$
$\Leftrightarrow t = 5+\sqrt{19}$ oder $t = 5-\sqrt{19}$

Nach 9,4 Tagen hat der Sauerstoffgehalt wieder 90 % seines ursprünglichen Wertes.

Test A zu 1.2

1. a) $g(x) = 0 \Leftrightarrow \frac{x^2-3}{x^2-9} = 0 \Leftrightarrow x^2 = 3 \Leftrightarrow x = \sqrt{3}$ oder $x = -\sqrt{3}$

$g(-x) = \frac{(-x)^2-3}{(-x)^2-9} = \frac{x^2-3}{x^2-9} = g(x) \Rightarrow G_g$ ist symmetrisch zur y-Achse.

b) $g(x) = \frac{x^2-3}{x^2-9} = (x^2-3):(x^2-9) = 1+\frac{6}{x^2-9}$
$\phantom{g(x) = \frac{x^2-3}{x^2-9} = }-(x^2-9)$
$\phantom{g(x) = \frac{x^2-3}{x^2-9} = \quad\quad}6$

$\lim_{x\pm\infty}(1+\frac{6}{x^2-9}) = 1^+ \Rightarrow$ waagrechte Asymptote: $g_A(x) = 1$

$\lim_{x\to 3^-}\left(\underbrace{\frac{x^2-3}{x^2-9}}_{\to 0^-}^{\to 3}\right) = \infty; \quad \lim_{x\to 3^+}\left(\underbrace{\frac{x^2-3}{x^2-9}}_{\to 0^+}^{\to 3}\right) = -\infty \Rightarrow$ senkrechte Asymptote: $x = 3$

$\lim_{x\to -3^-}\left(\underbrace{\frac{x^2-3}{x^2-9}}_{\to 0^+}^{\to 3}\right) = -\infty; \quad \lim_{x\to -3^+}\left(\underbrace{\frac{x^2-3}{x^2-9}}_{\to 0^-}^{\to 3}\right) = \infty \Rightarrow$ senkrechte Asymptote: $x = -3$

c) $g'(x) = -\frac{12x}{(x^2-9)^2}; \quad g''(x) = \frac{36(x^2+3)}{(x^2-9)^3}$

$g'(x) = 0 \Leftrightarrow -\frac{12x}{(x^2-9)^2} = 0 \Leftrightarrow x = 0$

$g''(0) = \frac{36(0^2+3)}{(0^2-9)^3} = -\frac{4}{27} < 0 \Rightarrow$ Hochpunkt

$H(0\mid\frac{1}{3})$

56 d), e)

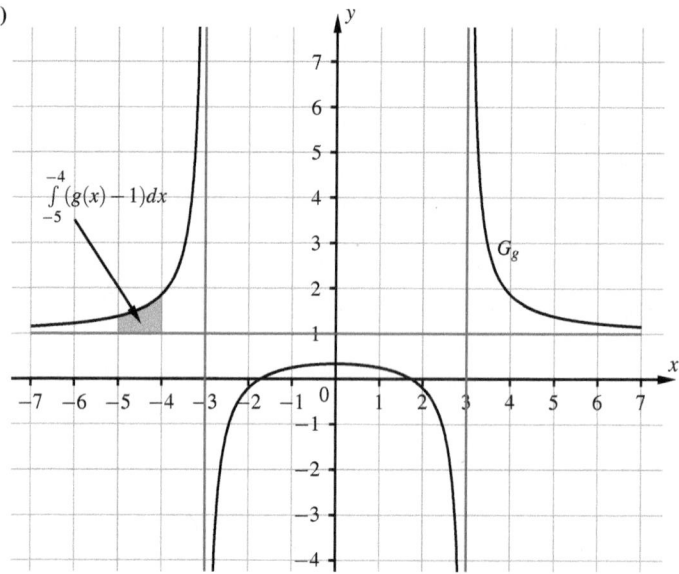

2. a) $\int(\frac{2}{3}x+5)^{-4}dx = -0{,}5(\frac{2}{3}x+5)^{-3}+C$

   b) $\int \frac{4x^2-4}{x^2}dx = \int(4-\frac{4}{x^2})dx = 4x+4x^{-1}+C$

Test B zu 1.2

1. $f(x) = \frac{6}{(0{,}5x-1)^2}+1 = -\left(-\frac{6}{(0{,}5x-1)^2}-1\right) = -g(x)$

   ⇒ Der Graph G_g geht durch Spiegelung des Graphen G_f an der x-Achse hervor.

   $A = 2 \cdot 4 \cdot 7 + 2 \cdot 2 \cdot \int_{4}^{6}\left(\frac{6}{(0{,}5x-1)^2}+1\right)dx = 56 + 4 \cdot \left[x - \frac{24}{x-2}\right]_4^6$

   $= 56 + 4 \cdot \left(6 - \frac{24}{6-2} - (4 - \frac{24}{4-2})\right) = 56 + 4 \cdot 8 = 88$

2. $f(x) = -\frac{1}{4}x+1+\frac{r(x)}{(x-1)^2}$

   $r(x) = a \cdot (x-2)$ mit $a \in \mathbb{R}\setminus\{0\}$

   $f(x) = -\frac{1}{4}x+1+\frac{a \cdot (x-2)}{(x-1)^2}$

   $f(0) = 3 \Leftrightarrow 0+1+\frac{-2a}{1} = 3 \Leftrightarrow a = -1$

   $f(x) = \frac{-1}{4}x+1-\frac{x-2}{(x-1)^2} = \frac{-x^3+6x^2-13x+12}{4 \cdot (x-1)^2}$

3. a) $G(x) = E(x) - K(x) = 15x - (x^3 - 9x^2 + 27x + 25) = -x^3 + 9x^2 - 12x - 25$

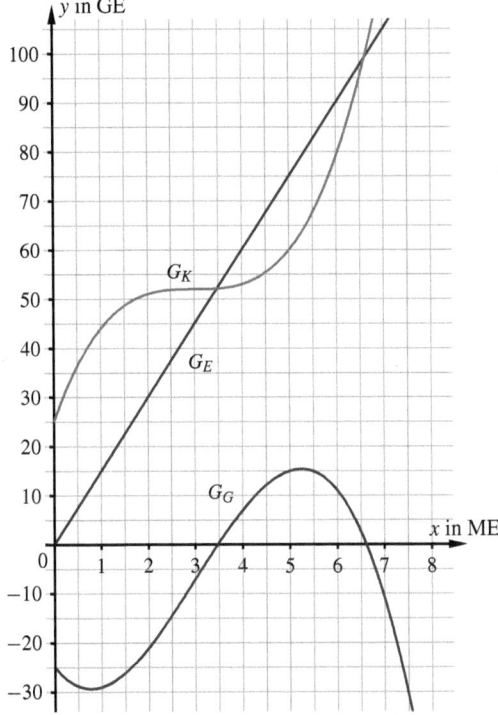

b) Gewinn für $3,5 < x < 6,6$

maximaler Gewinn im lokalen Hochpunkt: $H(5,3|16)$

c) $W(x) = \frac{15x}{x^3 - 9x^2 + 27x + 25}$

$W'(x) = \frac{15(-2x^3 + 9x^2 + 25)}{(x^3 - 9x^2 + 27x + 25)^2}$

$W'(x) = 0 \Leftrightarrow \frac{15(-2x^3 + 9x^2 + 25)}{(x^3 - 9x^2 + 27x + 25)^2} = 0 \Leftrightarrow -2x^3 + 9x^2 + 25 = 0$

Probieren liefert $x = 5$.

Polynomdivision: $(-2x^3 + 9x^2 + 25) : (x - 5) = -2x^2 - x - 5$

Die Gleichung $-2x^2 - x - 5 = 0$ liefert keine weiteren Lösungen.

▶ $D = 1 - 4 \cdot (-2) \cdot (-4) = -31 < 0$

$W''(x) = \frac{90(x^5 - 9x^4 + 18x^3 - 50x^2 + 225x - 225)}{(x^3 - 9x^2 + 27x + 25)^3}$

$W''(5) = \frac{90(5^5 - 9 \cdot 5^4 + 18 \cdot 5^3 - 50 \cdot 5^2 + 225 \cdot 5 - 225)}{(5^3 - 9 \cdot 5^2 + 27 \cdot 5 + 25)^3} = -\frac{1}{4} < 0 \Rightarrow$ Hochpunkt

$H(5|1,25)$

Alternativ: $D_W = [0; 8]$

x	0		5		8
$W'(x)$	+	+	0	−	−
G_W	↗	↗	HP	↘	↘

G_W ist streng monoton steigend im Intervall $[0; 5]$.

G_W ist streng monoton fallend im Intervall $[5; 8]$.

Die Wirtschaftlichkeit ist bei einer Produktionsmenge von 5 ME maximal. Sie beträgt dann 1,25. Der Erlös beträgt also das 1,25-Fache der Kosten.

2 Exponential- und Logarithmusfunktionen

2.1 Definition und Eigenschaften der ln-Funktion

2.1.1 Grundlegende Eigenschaften der ln-Funktion

1. a) $D_f = \,]0;\infty[$; senkrechte Asymptote bei $x = 0$
   b) $D_f = \,]-\infty;3[$; senkrechte Asymptote bei $x = 3$
   c) $D_f = \,]\frac{4}{3};\infty[$; senkrechte Asymptote bei $x = \frac{4}{3}$
   d) $D_f = \,]-4;\infty[$; senkrechte Asymptote bei $x = -4$

2. a) $f \to \,$④, da Nullstelle bei $x = 3$ und/oder senkrechte Asymptote bei $x = 2$
   $g \to \,$⑤, da Nullstelle bei $x = \frac{8}{3}$ und/oder senkrechte Asymptote bei $x = \frac{2}{3}$
   $h \to \,$①, da Nullstelle bei $x = \frac{9}{2}$ und/oder senkrechte Asymptote bei $x = \frac{3}{2}$
   $k \to \,$⑥, da Nullstelle bei $x = e^{-4}$ und/oder senkrechte Asymptote bei $x = 0$

   b) Graph ③ mit $i(x) = \ln(x)$
   Graph ② mit $j(x) = -\ln(x)$

   c) ① → Ⓕ, ② → Ⓔ, ③ → Ⓑ, ④ → Ⓒ, ⑤ → Ⓐ, ⑥ → Ⓓ

3. $f(x) = g(x) \Leftrightarrow 2 \cdot \ln(3x-4) + 1 = 5$
   $\Leftrightarrow \ln(3x-4) = 2 \Leftrightarrow 3x-4 = e^2$
   $\Rightarrow x = \frac{1}{3}(e^2 + 4) \approx 3,8$
   $\Rightarrow S(3,8|5)$

4. Individuelle Lösungen.
   Die Verschiebungen und Spiegelungen heben sich in Summe gegenseitig auf.

5. a) $f(x) = 3 \cdot \ln(x)$
   $f'(x) = \frac{3}{x}$

   b) $f(x) = -4 \cdot \ln(2x)$
   $f'(x) = -\frac{4}{2x} \cdot 2 = -\frac{4}{x}$

   c) $f(x) = \frac{1}{2} \cdot \ln(x) + 2$
   $f'(x) = \frac{1}{2x}$

   d) $f(x) = 8 \cdot \ln(2x) + 3$
   $f'(x) = \frac{8}{2x} \cdot 2 = \frac{8}{x}$

   e) $f(x) = \ln(x+2) - 4$
   $f'(x) = \frac{1}{x+2}$

   f) $f(x) = 2 \cdot \ln(\frac{1}{2}x - 3) + 5$
   $f'(x) = \frac{2}{\frac{1}{2}x-3} \cdot \frac{1}{2} = \frac{1}{\frac{1}{2}x-3} = \frac{2}{x-6}$

   g) $f(x) = 5 \cdot \ln(5x+1) - 7$
   $f'(x) = \frac{5}{5x+1} \cdot 5 = \frac{25}{5x+1}$

2.1 Definition und Eigenschaften der ln-Funktion

6. $f(x) = \ln(x)$

Die Steigung an der Stelle x_0 entspricht dem Funktionswert der ersten Ableitung an der Stelle x_0, also $f'(x_0)$. Es gilt: $f'(x_0) = \frac{1}{x_0}$. Da $x_0 \in D_f =]0; \infty[$, gilt $x_0 > 0$, d. h., der Funktionswert der ersten Ableitung wird immer kleiner, aber nie null. $\Rightarrow$ Behauptung

7. a) $f(x) = 5 \cdot \ln(x) + 1; \quad D_f =]0; \infty[$

Schnittpunkt mit der x-Achse:

$f(x) = 0 \Leftrightarrow \ln(x) = -\frac{1}{5} \Rightarrow x = e^{-\frac{1}{5}} \approx 0{,}82;$
$N(0{,}82|0)$
Kein Schnittpunkt mit der y-Achse.
Monotonieverhalten: $f'(x) = \frac{5}{x} > 0$ in D_f
$\Rightarrow G_f$ ist streng monoton steigend in D_f.
Krümmungsverhalten: $f''(x) = -\frac{5}{x^2} < 0$
$\Rightarrow G_f$ ist rechtsgekrümmt in D_f.
$\lim\limits_{x \to 0^+} f(x) = -\infty; \lim\limits_{x \to \infty} f(x) = \infty$

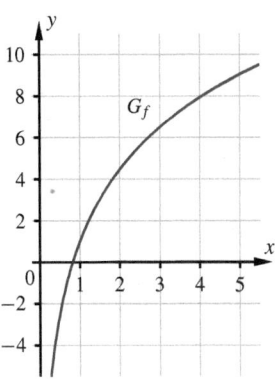

b) $f(x) = 2 \cdot \ln(3x) - 2; \quad D_f =]0; \infty[$

Schnittpunkt mit der x-Achse:

$f(x) = 0 \Leftrightarrow \ln(3x) = 1 \Rightarrow x = \frac{e}{3} \approx 0{,}91;$
$N(0{,}91|0)$
Kein Schnittpunkt mit der y-Achse.
Monotonieverhalten: $f'(x) = \frac{2}{x} > 0$ in D_f
$\Rightarrow G_f$ ist streng monoton steigend in D_f.
Krümmungsverhalten: $f''(x) = -\frac{2}{x^2} < 0$
$\Rightarrow G_f$ ist rechtsgekrümmt in D_f.
$\lim\limits_{x \to 0^+} f(x) = -\infty; \lim\limits_{x \to \infty} f(x) = \infty$

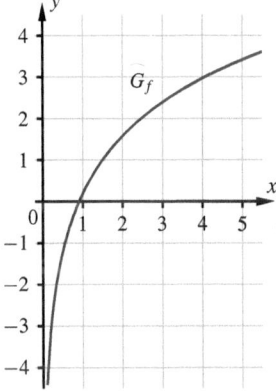

c) $f(x) = 3 \cdot \ln(4x+2) + 1; \quad D_f =]-\frac{1}{2}; \infty[$

Schnittpunkt mit der x-Achse:
$f(x) = 0 \Leftrightarrow \ln(4x+2) = -\frac{1}{3}$
$\Rightarrow x = \frac{1}{4}(e^{-\frac{1}{3}} - 2) \approx -0{,}32;$
$N(-0{,}32|0)$
Schnittpunkt mit der y-Achse:
$f(0) = 3 \cdot \ln(2) + 1 \approx 3{,}08;$
$S_y(0|3{,}08)$
Monotonieverhalten: $f'(x) = \frac{6}{2x+1} > 0$ in D_f
$\Rightarrow G_f$ ist streng monoton steigend in D_f.
Krümmungsverhalten: $f''(x) = -\frac{12}{(2x+1)^2} < 0$
$\Rightarrow G_f$ ist rechtsgekrümmt in D_f.
$\lim\limits_{x \to -\frac{1}{2}^+} f(x) = -\infty; \lim\limits_{x \to \infty} f(x) = \infty$

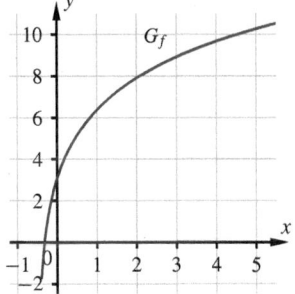

69

d) $f(x) = -\frac{1}{2} \cdot \ln(3x+2); \quad D_f =]-\frac{2}{3}; \infty[$
Schnittpunkt mit der x-Achse:
$f(x) = 0 \Leftrightarrow \ln(3x+2) = 0 \Rightarrow x = -\frac{1}{3};$
$N(-\frac{1}{3}|0)$
Schnittpunkt mit der y-Achse:
$f(0) = -\frac{1}{2} \cdot \ln(2) \approx -0{,}35;$
$S_y(0|-0{,}35)$
Monotonieverhalten: $f'(x) = -\frac{3}{6x+4} < 0$ in D_f
$\Rightarrow G_f$ ist streng monoton fallend in D_f.
Krümmungsverhalten: $f''(x) = \frac{18}{(6x+4)^2} > 0$
$\Rightarrow G_f$ ist linksgekrümmt in D_f.
$\lim\limits_{x \to -\frac{2}{3}} f(x) = \infty; \quad \lim\limits_{x \to \infty} f(x) = -\infty$

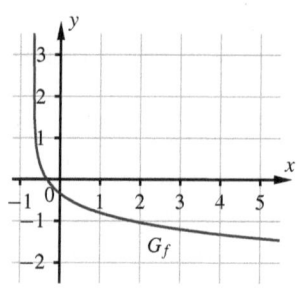

2.1.2 Anwendung der Logarithmusfunktionen

71

1. a)

t	0	2	4	6	8	10	15
y	0	$-0{,}27$	$-0{,}55$	$-0{,}83$	$-1{,}11$	$-1{,}39$	$-2{,}08$

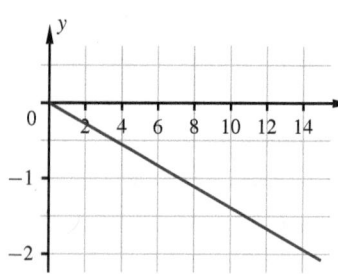

$y: t \mapsto \ln\left(\frac{N_0 - N(t)}{N_0}\right)$

$m = \frac{\Delta y}{\Delta t} = \frac{-2{,}08 - 0}{15 - 0} = -0{,}14$

b) $\ln\left(\frac{N_0 - N(t)}{N_0}\right) = m \cdot t \Leftrightarrow \frac{N_0 - N(t)}{N_0} = e^{m \cdot t} \Leftrightarrow N_0 - N(t) = N_0 \cdot e^{m \cdot t} \Leftrightarrow N(t) = N_0(1 - e^{m \cdot t})$

c) $\lim\limits_{t \to \infty}(2{,}0 \cdot 10^9(1 - e^{-0{,}14 \cdot t})) = 2{,}0 \cdot 10^9 = N_0 \Rightarrow$ Strebt $t \to \infty$, sind alle radioaktiven Atome zerfallen und damit $2{,}0 \cdot 10^9$ Elektronen abgestrahlt worden.

d) $N'(t) = -2{,}0 \cdot 10^9(-0{,}14) \cdot e^{-0{,}14 \cdot t} = 2{,}8 \cdot 10^8 \cdot e^{-0{,}14 \cdot t} > 0 \Rightarrow G_N$ ist streng monoton steigend in $D_f = \mathbb{R}_0^+$.
$N''(t) = 2{,}8 \cdot 10^8(-0{,}14) \cdot e^{-0{,}14 \cdot t} = -3{,}92 \cdot 10^7 \cdot e^{-0{,}14 \cdot t} < 0 \Rightarrow G_N$ ist rechtsgekrümmt in $D_f = \mathbb{R}_0^+$.

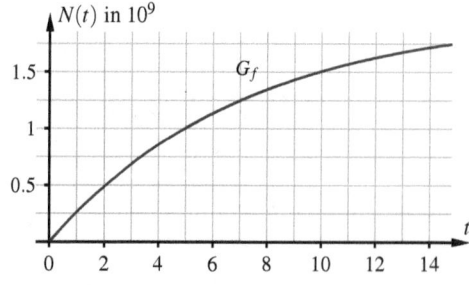

2.1 Definition und Eigenschaften der ln-Funktion

2. Geräusch Wärmepumpe in dB:
$L(p) = 20 \cdot \log\left(\frac{2 \cdot 10^{-3,75}}{2 \cdot 10^{-5}}\right) = 20 \cdot \log(10^{1,25}) = 20 \cdot 1,25 = 25$ [dB]
Typische Umgebungsgeräusche:

10 Dezibel: Atmen, raschelndes Blatt	75 Dezibel: Verkehrslärm
20 Dezibel: Ticken einer Armbanduhr	110 Dezibel: Diskomusik, Autohupe
30 Dezibel: Flüstern	120 Dezibel: Kettensäge, Gewitterdonner
50 Dezibel: Regen, Kühlschrankgeräusche	130 Dezibel: Autorennen, Düsenjäger
70 Dezibel: Fernseher, Schreien, Rasenmäher	

Schalldruck Kühlschrank in $\frac{N}{m^2}$:
$20 \cdot \log(\frac{p}{2\cdot 10^{-5}}) = 50 \Leftrightarrow \log(\frac{p}{2\cdot 10^{-5}}) = 2,5 \Leftrightarrow \frac{p}{2\cdot 10^{-5}} = 10^{2,5} \Leftrightarrow p = 2 \cdot 10^{-2,5} \left[\frac{N}{m^2}\right]$

3. Mexiko: $S_M = \log(\frac{I_M}{I_0}) = 8,2 \Leftrightarrow I_M = 10^{8,2} \cdot I_0$
Bayern: $S_M = \log(\frac{I_B}{I_0}) = 5,8 \Leftrightarrow I_B = 10^{5,8} \cdot I_0$
$\frac{I_M}{I_B} = \frac{10^{8,2} \cdot I_0}{10^{5,8} \cdot I_0} = 10^{2,4} \approx 251$
$\Rightarrow$ Das Erdbeben in Mexiko war 250-mal stärker als das stärkste je in Bayern gemessene Beben.

Übungen zu 2.1

1. Ampelabfrage

    a) Richtig ist Rot.

    b) Richtig ist Grün.

2. $a = 2$: spiegeln an x-Achse $\Rightarrow a = -2$
$b = -1$: passt $\Rightarrow b = -1$
$c = -3$: um 5 LE nach rechts schieben $\Rightarrow c = 2$
$d = 1$: um 1 LE nach unten schieben $\Rightarrow d = 0$

3. $f(x) = a \cdot \ln(bx)$
$A(1|1)$: $f(1) = 1 \Leftrightarrow a \cdot \ln(b) = 1$ (I)
$B(3|0)$: $f(3) = 0 \Leftrightarrow a \cdot \ln(3b) = 0 \Leftrightarrow 3b = e^0 \Leftrightarrow 3b = 1 \Leftrightarrow b = \frac{1}{3}$ (II)
(II) in (I): $a \cdot \ln(\frac{1}{3}) = 1 \Rightarrow a = \frac{1}{\ln(\frac{1}{3})} \approx -0,91$
$\Rightarrow f(x) = -0,91 \cdot \ln(\frac{1}{3})$

$g(x) = \ln(x+c) + d$
$A(-1|0)$: $g(-1) = 0 \Leftrightarrow \ln(c-1) + d = 0 \Leftrightarrow d = -\ln(c-1)$ (I)
$B(4,5|2,75)$: $g(4,5) = 2,75 \Leftrightarrow \ln(4,5+c) + d = 2,75 \Leftrightarrow d = 2,75 - \ln(4,5+c)$ (II)
Gleichsetzen von (I) und (II):
$-\ln(c-1) = 2,75 - \ln(4,5+c) \Leftrightarrow \ln(4,5+c) - \ln(c-1) = 2,75 \Leftrightarrow \ln(\frac{4,5+c}{c-1}) = 2,75$
$\Leftrightarrow \frac{4,5+c}{c-1} = e^{2,75} \Leftrightarrow 4,5+c = (c-1)e^{2,75} \Leftrightarrow 4,5+c = ce^{2,75} - e^{2,75}$
$\Leftrightarrow c - ce^{2,75} = -e^{2,75} - 4,5 \Leftrightarrow c(1-e^{2,75}) = -e^{2,75} - 4,5$
$\Rightarrow c = \frac{-e^{2,75}-4,5}{1-e^{2,75}} \approx 1,37$
c in (I): $d \approx -\ln(1,37-1) \approx 0,99$
$\Rightarrow g(x) = \ln(x+1,37) + 0,99$

4. **a)** $f(x) = 6 \cdot \ln(6x)$
$f'(x) = \frac{6}{x}$
$f''(x) = -\frac{6}{x^2}$

b) $f(x) = \frac{1}{5} \cdot \ln(10x) + 2$
$f'(x) = \frac{1}{5x}$
$f''(x) = -\frac{1}{5x^2}$

c) $f(x) = 2 \cdot \ln(3-x) - 4$
$f'(x) = -\frac{2}{3-x}$
$f''(x) = -\frac{2}{(3-x)^2}$

d) $f(x) = -\ln(\frac{1}{2}x + 2) + 1$
$f'(x) = -\frac{1}{x+4}$
$f''(x) = \frac{1}{(x+4)^2}$

e) $f(x) = -\ln(-6x-1) - 2$
$f'(x) = \frac{6}{-6x-1}$
$f''(x) = \frac{36}{(-6x-1)^2} = \frac{36}{(6x+1)^2}$

f) $f(x) = \frac{1}{2} \cdot \ln(\frac{1}{3}x + \frac{1}{4}) + \frac{1}{5}$
$f'(x) = \frac{1}{2x+\frac{3}{2}} = \frac{2}{4x+3}$
$f''(x) = -\frac{2}{(2x+\frac{3}{2})^2} = \frac{-8}{(4x+3)^2}$

5. a) $f(x) = \ln(x-3) + 4$; $D_f =]3; \infty[$
Schnittpunkt mit der x-Achse:
$f(x) = 0 \Leftrightarrow x = 3 + e^{-4} \approx 3{,}02$;
$N(3{,}02|0)$
Kein Schnittpunkt mit der y-Achse.
Monotonieverhalten: $f'(x) = \frac{1}{x-3} > 0$ in D_f
$\Rightarrow G_f$ ist streng monoton steigend in D_f.
Krümmungsverhalten: $f''(x) = -\frac{1}{(x-3)^2} < 0$
$\Rightarrow G_f$ ist rechtsgekrümmt in D_f.
$\lim\limits_{x \to 3^+} f(x) = -\infty$; $\lim\limits_{x \to \infty} f(x) = \infty$

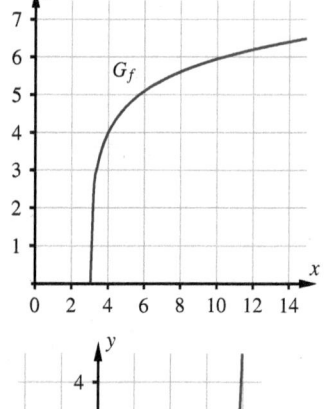

b) $f(x) = -\ln(4-x) + \frac{1}{2}$; $D_f =]-\infty; 4[$
Schnittpunkt mit der x-Achse:
$f(x) = 0 \Leftrightarrow x = 4 - e^{\frac{1}{2}} \approx 2{,}35$;
$N(2{,}35|0)$
Schnittpunkt mit der y-Achse:
$f(0) = -\ln(4) + \frac{1}{2} \approx -0{,}89$;
$S_y(0|-0{,}89)$
Monotonieverhalten: $f'(x) = \frac{1}{4-x} > 0$ in D_f
$\Rightarrow G_f$ ist streng monoton steigend in D_f.
Krümmungsverhalten: $f''(x) = \frac{1}{(4-x)^2} > 0$
$\Rightarrow G_f$ ist linksgekrümmt in D_f.
$\lim\limits_{x \to 4^-} f(x) = \infty$; $\lim\limits_{x \to -\infty} f(x) = -\infty$

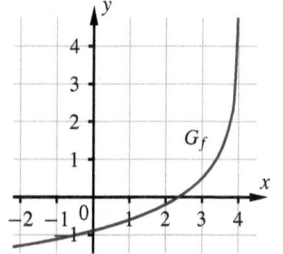

c) $f(x) = \frac{1}{2} \cdot \ln(2x+1) - 1;$ $D_f =]-\frac{1}{2}; \infty[$
Schnittpunkt mit der x-Achse:
$f(x) = 0 \Leftrightarrow x = \frac{1}{2}(e^2 - 1) \approx 3{,}19;$
$N(3{,}19|0)$
Schnittpunkt mit der y-Achse:
$f(0) = \frac{1}{2} \cdot \ln(1) - 1 = -1;$
$S_y(0|-1)$
Monotonieverhalten: $f'(x) = \frac{1}{2x+1} > 0$ in D_f
$\Rightarrow G_f$ ist streng monoton steigend in D_f.
Krümmungsverhalten: $f''(x) = -\frac{2}{(2x+1)^2} < 0$
$\Rightarrow G_f$ ist rechtsgekrümmt in D_f.
$\lim_{x \to -\frac{1}{2}^+} f(x) = -\infty;\ \lim_{x \to \infty} f(x) = \infty$

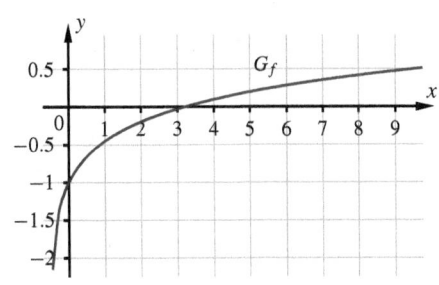

d) $f(x) = \frac{1}{4} \cdot \ln(\frac{1}{2}x - 1) + 2;$ $D_f =]2; \infty[$
Schnittpunkt mit der x-Achse:
$f(x) = 0 \Leftrightarrow x = 2(e^{-8} + 1) \approx 2{,}0007;$
$N(2{,}0007|0)$
Kein Schnittpunkt mit der y-Achse.
Monotonieverhalten: $f'(x) = \frac{1}{4x-8} > 0$ in D_f
$\Rightarrow G_f$ ist streng monoton steigend in D_f.
Krümmungsverhalten: $f''(x) = -\frac{4}{(4x-8)^2} < 0$
$\Rightarrow G_f$ ist rechtsgekrümmt in D_f.
$\lim_{x \to 2^+} f(x) = -\infty;\ \lim_{x \to \infty} f(x) = \infty$

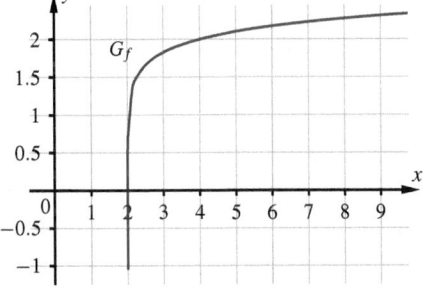

6. $f(x) = \ln(x)$
Gesucht ist eine Ursprungsgerade, d. h. $y = m \cdot x + t$ mit $t = 0$, also $y = m \cdot x$.
$m = f'(x) = \frac{1}{x} \Rightarrow y = \frac{1}{x} \cdot x \Leftrightarrow y = 1$
$y = \ln(x) \Leftrightarrow 1 = \ln(x) \Leftrightarrow x = e$
$\Rightarrow P(e|1)$

7. $f(x) = -\ln(x)$ $h(x) = -e^x$
$g(x) = -x$ $k(x) = -x^3$

Die Funktion h fällt für $x \to \infty$ am schnellsten.

8. $G_f \to ②$
$G_g \to ①$
$G_h \to ③$

Test A zu 2.1

1. a) $f \to \boxed{3}$, da Nullstelle bei $x = 1$
b), e) g und $l \to \boxed{4}$, da Nullstelle bei $x = \frac{1}{2}$ und $\ln(2x) = \ln(2) + \ln(x)$
c) $h \to \boxed{5}$, da Nullstelle bei $x = -1$
d) $k \to \boxed{2}$, da Graph um 2 LE nach oben verschoben, z.B. liegt der Punkt $P(1|2)$ auf dem Graphen
f) $m \to \boxed{1}$, da Schnittpunkt mit der y-Achse bei $(0|1)$

2. $f(x) = 2 \cdot \ln(\frac{1}{2}x - 3) + 4$
$f'(x) = \frac{2}{x-6}$
$f'(2) = -\frac{1}{2}$

3. $f(x) = 2 \cdot \ln(\frac{1}{3}x + \frac{1}{3}) + 3;\quad D_f = \,]-1;\infty[$
Nullstelle: $f(x) = 0 \Rightarrow x = 3\mathrm{e}^{-\frac{3}{2}} - 1 \approx -0{,}33$
Schnittpunkt mit der y-Achse:
$f(0) = 2 \cdot \ln(\frac{1}{3}) + 3 \approx 0{,}80;$
$S_y(0|0{,}8)$
Monotonieverhalten: $f'(x) = \frac{2}{x+1} > 0$ in D_f
$\Rightarrow G_f$ ist streng monoton steigend in D_f.
Krümmungsverhalten: $f''(x) = -\frac{2}{(x+1)^2} < 0$
$\Rightarrow G_f$ ist rechtsgekrümmt in D_f.
$\lim\limits_{x \to -1^+} f(x) = -\infty;\ \lim\limits_{x \to \infty} f(x) = \infty$

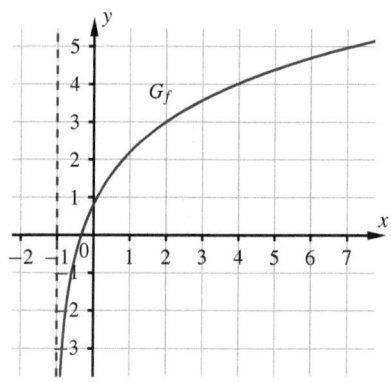

Test B zu 2.1

1. a) Wahr, siehe Skizze:

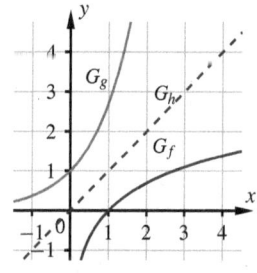

b) Wahr, da $a = -1$.
c) Falsch, da Nullstelle bei $x = 4$.

d) Falsch, der Graph hat eine senkrechte Asymptote bei $x = -2$.
e) Wahr, siehe Skizze:

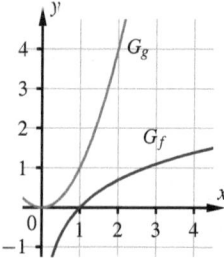

2. $f(x) = -\ln(x+2) + 3$

3. $f(x) = \frac{1}{3} \cdot \ln(3x+1) - 2;$ $\quad D_f =]-\frac{1}{3}; \infty[$
Nullstelle: $f(x) = 0 \Leftrightarrow x = \frac{1}{3}(e^6 - 1) \approx 134,14;$
$N(134,14|0)$
Schnittpunkt mit der y-Achse:
$f(0) = \frac{1}{3} \cdot \ln(1) - 2 = -2$
$S_y(0|-2)$
Monotonieverhalten: $f'(x) = \frac{1}{3x+1} > 0$ in D_f
$\Rightarrow G_f$ ist streng monoton steigend in D_f.
Krümmungsverhalten: $f''(x) = -\frac{3}{(3x+1)^2} < 0$
$\Rightarrow G_f$ ist rechtsgekrümmt in D_f.
$\lim\limits_{x \to -\frac{1}{3}^+} f(x) = -\infty; \ \lim\limits_{x \to \infty} f(x) = \infty$

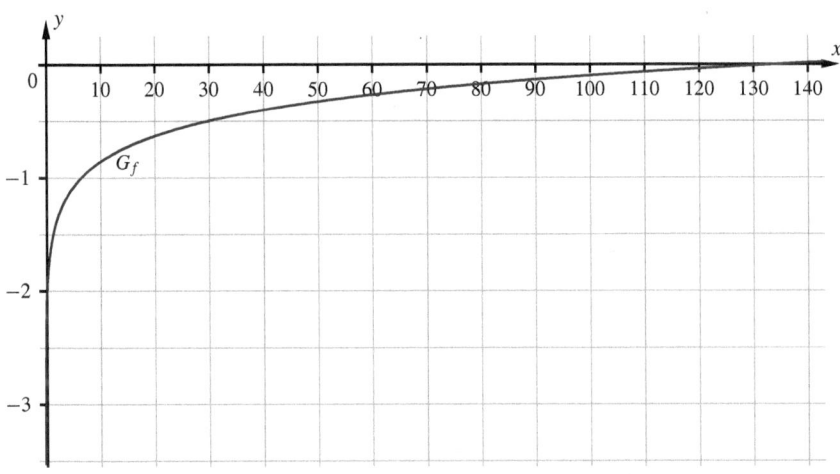

2.2 Verknüpfte Exponential- und Logarithmusfunktionen

2.2.1 Kurvendiskussion verknüpfter und verketteter Funktionen

1. a) $f(x) = 0,25e^{2x}(x^2 - 2); \quad D_f = \mathbb{R}$
Symmetrieverhalten: keine Symmetrie
Grenzwertverhalten: $\lim\limits_{x \to \infty} f(x) = \infty; \quad \lim\limits_{x \to -\infty} f(x) = 0$
Asymptote: $y = 0$
Achsenschnittpunkte:
$N_1(-\sqrt{2}|0); \; N_2(\sqrt{2}|0); \; S_y(0|-0,5)$
Ableitungen:
$f'(x) = (x^2 + x - 2)\frac{e^{2x}}{2}$
$f''(x) = (2x^2 + 4x - 3)\frac{e^{2x}}{2}$
$f'''(x) = (2x^2 + 6x - 1)e^{2x}$
Extrempunkte: $T(1|-1,85); H(-2|0,01)$
Wendepunkte: $W_1(-2,58|0,01); W_2(0,58|-1,33)$

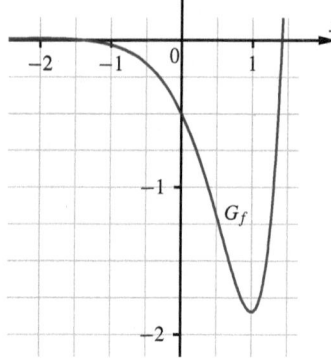

b) $f(x) = (1-x^2)e^{-0,5x^2}; \quad D_f = \mathbb{R}$
Symmetrieverhalten: G_f ist symmetrisch zu y-Achse.
Grenzwertverhalten: $\lim\limits_{x \to \infty} f(x) = 0; \; \lim\limits_{x \to -\infty} f(x) = 0$
Asymptote: $y = 0$
Achsenschnittpunkte:
$N_1(-1|0); \; N_2(1|0); \; S_y(0|1)$
Ableitungen:
$f'(x) = (x^3 - 3x)e^{-\frac{x^2}{2}}$
$f''(x) = -(x^4 - 6x^2 + 3)e^{-\frac{x^2}{2}}$
$f'''(x) = (x^5 - 10x^3 + 15x)e^{-\frac{x^2}{2}}$
Extrempunkte: $T_1(-\sqrt{3}|-0,45); T_2(\sqrt{3}|-0,45);$
$\quad H(0|1)$
Wendepunkte: $W_1(-2,33|-0,29); W_2(-0,74|0,34);$
$\quad W_3(2,33|-0,29); W_4(0,74|0,34)$

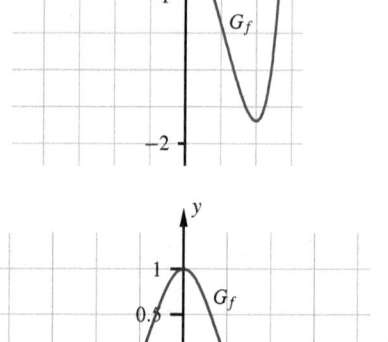

c) $f(x) = e^{1-x^2}; \quad D_f = \mathbb{R}$
Symmetrieverhalten: G_f ist symmetrisch zu y-Achse.
Grenzwertverhalten: $\lim\limits_{x \to \infty} f(x) = 0; \; \lim\limits_{x \to -\infty} f(x) = 0$
Asymptote: $y = 0$
Achsenschnittpunkt: $S_y(0|e)$
Ableitungen:
$f'(x) = -2xe^{1-x^2}$
$f''(x) = (4ex^2 - 2e)e^{-x^2}$
$f'''(x) = -(8ex^3 - 12ex)e^{-x^2}$
Extrempunkt: $H(0|2,72)$
Wendepunkte: $W_1(-\frac{1}{\sqrt{2}}|1,65); W_2(\frac{1}{\sqrt{2}}|1,65)$

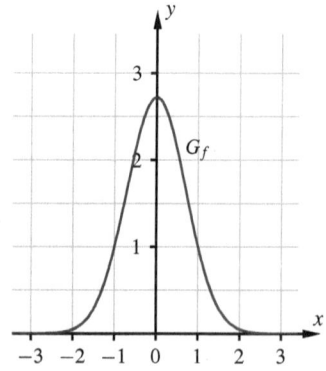

2.2 Verknüpfte Exponential- und Logarithmusfunktionen

d) $f(x) = (x^2+1)e^{4x}$; $D_f = \mathbb{R}$
Symmetrieverhalten: keine Symmetrie
Grenzwertverhalten: $\lim\limits_{x \to \infty} f(x) = \infty$; $\lim\limits_{x \to -\infty} f(x) = 0$
Asymptote: $y = 0$
Achsenschnittpunkt: $S_y(0|1)$
Ableitungen:
$f'(x) = (4x^2 + 2x + 4)e^{4x}$
$f''(x) = (16x^2 + 16x + 18)e^{4x}$
$f'''(x) = (64x^2 + 96x + 88)e^{4x}$
Extrempunkte: keine
Wendepunkte: keine

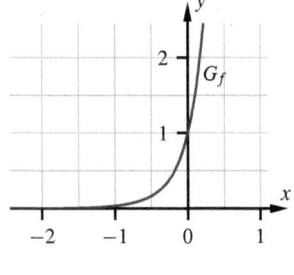

e) $f(x) = 0,5e^{-2x}(1+x)$; $D_f = \mathbb{R}$
Symmetrieverhalten: keine Symmetrie
Grenzwertverhalten: $\lim\limits_{x \to \infty} f(x) = 0$; $\lim\limits_{x \to -\infty} f(x) = -\infty$
Asymptote: $y = 0$
Achsenschnittpunkte: $N(-1|0)$; $S_y(0|0,5)$
Ableitungen:
$f'(x) = -(2x+1)\frac{e^{-2x}}{2}$
$f''(x) = 2xe^{-2x}$
$f'''(x) = -(4x-2)e^{-2x}$
Extrempunkt: $H(-0,5|0,68)$
Wendepunkt: $W(0|0,5)$

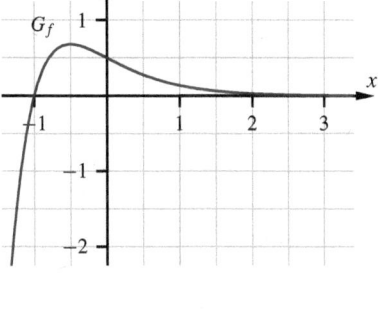

f) $f(x) = e^{-3x}(2x-4)$; $D_f = \mathbb{R}$
Symmetrieverhalten: keine Symmetrie
Grenzwertverhalten: $\lim\limits_{x \to \infty} f(x) = 0$; $\lim\limits_{x \to -\infty} f(x) = -\infty$
Asymptote: $y = 0$
Achsenschnittpunkte: $N(2|0)$; $S_y(0|-4)$
Ableitungen:
$f'(x) = -(6x-14)e^{-3x}$
$f''(x) = (18x-48)e^{-3x}$
$f'''(x) = -(54x-162)e^{-3x}$
Extrempunkt: $H(\frac{7}{3}|0,0006)$
Wendepunkt: $W(\frac{8}{3}|0,0004)$

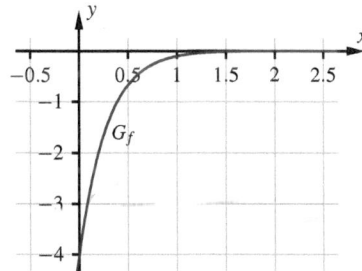

2. a) Graph ②   **d)** Graph ⑦   **g)** Graph ⑨
    b) Graph ①   **e)** Graph ⑧   **h)** Graph ③
    c) Graph ⑥   **f)** Graph ⑤   **i)** Graph ④

3. a) Definitionsbereich: Die Funktionswerte von h sind die Argumente von g. Da die ln-Funktion nur für $\mathbb{R}^+$ definiert ist, ergibt sich der Definitionsbereich von g aus dem Bereich, in dem der Graph von h über der x-Achse verläuft. Somit gilt: $D_g = \,]-2;\,2[$.
Grenzverhalten: Die Argumente von g verlaufen für $x \to \pm 2$ jeweils gegen null, somit gilt:
$\lim_{x \to -2} g(x) = -\infty$ und $\lim_{x \to 2} g(x) = -\infty$
Nullstellen: Es gilt: $\ln(1) = 0$, somit ergeben sich die Nullstellen von g aus $h(x) = 1$. Diese Werte können aus dem Graphen abgelesen werden. Also sind $x_1 = -1$ und $x_2 = 1$ die Nullstellen von g.

b) Da die ln-Funktion streng monoton wachsend ist, ergibt sich für das größte Argument auch der größte Funktionswert. Das größte Argument von g ist somit der größte Funktionswert von h. Dieser ergibt sich aus der Zeichnung für $h(0) = 2$. Da die Argumente von g in der Umgebung von $x = 0$ alle kleiner als an der Stelle $x = 0$ sind, liegt der Hochpunkt $H(0|\ln(2))$ vor.

4. a) $f(x) = 2\ln(x)\cdot(2-\ln(x))$; $D_f = \,]0;\,\infty[$
Symmetrieverhalten: keine Symmetrie
Grenzwertverhalten: $\lim_{x\to\infty} f(x) = -\infty$; $\lim_{x\to 0^+} f(x) = -\infty$
Achsenschnittpunkte: $N_1(1|0)$; $N_2(e^2|0)$
Ableitungen:
$f'(x) = -\frac{4\ln(x)-4}{x}$
$f''(x) = \frac{4\ln(x)-8}{x^2}$
$f'''(x) = -\frac{8\ln(x)-20}{x^3}$
Extrempunkt: $H(e|2)$
Wendepunkt: $W(e^2|0)$

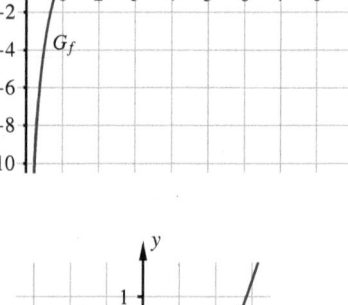

b) $f(x) = x\ln(x^2)$; $D_f = \mathbb{R}\setminus\{0\}$
Symmetrieverhalten: G_f ist punktsymmetrisch zum Ursprung.
Grenzwertverhalten: $\lim_{x\to\infty} f(x) = \infty$; $\lim_{x\to 0^+} f(x) = 0$;
$\lim_{x\to -\infty} f(x) = -\infty$; $\lim_{x\to 0^-} f(x) = 0$
Achsenschnittpunkte: $N_1(-1|0)$; $N_2(1|0)$
Ableitungen:
$f'(x) = 2\ln(x) + 2$
$f''(x) = \frac{2}{x}$
Extrempunkte: $H(-\frac{1}{e}|0{,}74)$; $T(\frac{1}{e}|-0{,}74)$
Wendepunkte: keine

c) $f(x) = \frac{\ln(x^2)}{x}$; $D_f = \mathbb{R}\setminus\{0\}$
Symmetrieverhalten: G_f ist punktsymmetrisch zum Ursprung.
Grenzwertverhalten: $\lim_{x\to\infty} f(x) = 0$; $\lim_{x\to 0^+} f(x) = -\infty$;
$\lim_{x\to -\infty} f(x) = 0$; $\lim_{x\to 0^-} f(x) = \infty$
Achsenschnittpunkte: $N_1(-1|0)$; $N_2(1|0)$
Ableitungen:
$f'(x) = -\frac{2\ln(x)-2}{x^2}$
$f''(x) = \frac{4\ln(x)-6}{x^3}$
$f'''(x) = -\frac{12\ln(x)-22}{x^4}$
Extrempunkte: $T(-e|-0{,}74)$; $H(e|0{,}74)$
Wendepunkte: $W_1(-e^{1,5}|-0{,}67)$; $W_2(e^{1,5}|0{,}67)$

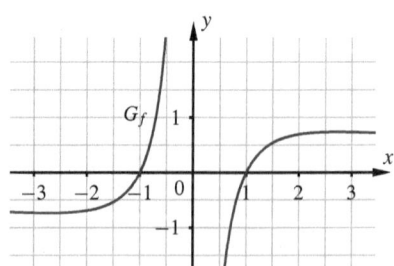

d) $f(x) = \frac{4}{x^2}\ln(\frac{1}{x})$; $D_f =]0; \infty[$

Symmetrieverhalten: keine Symmetrie

Grenzwertverhalten: $\lim\limits_{x \to \infty} f(x) = 0$; $\lim\limits_{x \to 0^+} f(x) = \infty$

Achsenschnittpunkte: $N(1|0)$

Ableitungen:
$f'(x) = \frac{8\ln(x)-4}{x^3}$
$f''(x) = -\frac{24\ln(x)-20}{x^4}$
$f'''(x) = \frac{96\ln(x)-104}{x^5}$

Extrempunkt: $T(\sqrt{e}|-0{,}74)$
Wendepunkt: $W(e^{\frac{5}{6}}|-0{,}63)$

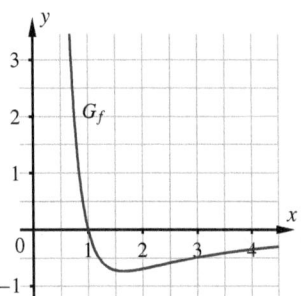

e) $f(x) = x(\ln(x)-1)$; $D_f =]0; \infty[$

Symmetrieverhalten: keine Symmetrie

Grenzwertverhalten: $\lim\limits_{x \to \infty} f(x) = \infty$; $\lim\limits_{x \to 0^+} f(x) = 0$

Achsenschnittpunkt: $N(e|0)$

Ableitungen:
$f'(x) = \ln(x)$
$f''(x) = \frac{1}{x}$

Extrempunkt: $T(1|-1)$
Wendepunkte: keine

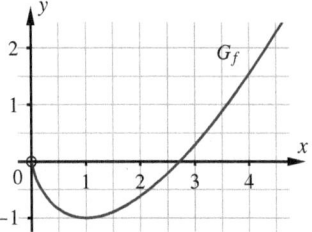

f) $f(x) = x^2(\ln(x)+1)$; $D_f =]0; \infty[$

Symmetrieverhalten: keine Symmetrie

Grenzwertverhalten: $\lim\limits_{x \to \infty} f(x) = \infty$; $\lim\limits_{x \to 0^+} f(x) = 0$

Achsenschnittpunkt: $N(\frac{1}{e}|0)$

Ableitungen:
$f'(x) = 2x\ln(x) + 3x$
$f''(x) = 2\ln(x) + 5$
$f'''(x) = \frac{2}{x}$

Extrempunkt: $T(e^{-1{,}5}|-0{,}03)$
Wendepunkte: $W(e^{-2{,}5}|-0{,}01)$

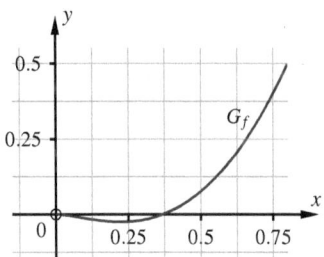

g) $f(x) = \frac{\ln(x)+1}{\ln(x)-1}$; $D_f =]0; e[\cup]e; \infty[$

Symmetrieverhalten: keine Symmetrie

Grenzwertverhalten: $\lim\limits_{x \to \infty} f(x) = 1$; $\lim\limits_{x \to 0^+} f(x) = 1$;
$\lim\limits_{x \to e^+} f(x) = \infty$; $\lim\limits_{x \to e^-} f(x) = -\infty$

Achsenschnittpunkt: $N(\frac{1}{e}|0)$

Ableitungen:
$f'(x) = -\frac{2}{x(\ln(x)-1)^2}$
$f''(x) = \frac{2(\ln(x)+1)}{x^2(\ln(x)-1)^3}$
$f'''(x) = -\frac{4(\ln^2(x)+\ln(x)+1)}{x^3(\ln(x)-1)^4}$

Extrempunkte: keine
Wendepunkt: $W(e^{-1}|0)$

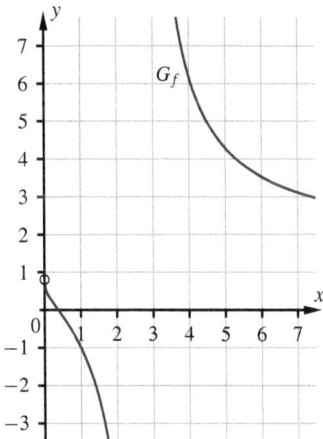

h) $f(x) = \ln(\frac{1}{x})$; $D_f = {]}0; \infty[$
Symmetrieverhalten: keine Symmetrie
Grenzwertverhalten: $\lim\limits_{x\to\infty} f(x) = -\infty$; $\lim\limits_{x\to 0^+} f(x) = \infty$
Achsenschnittpunkt: $N(1|0)$
Ableitungen:
$f'(x) = -\frac{1}{x}$
$f''(x) = \frac{1}{x^2}$

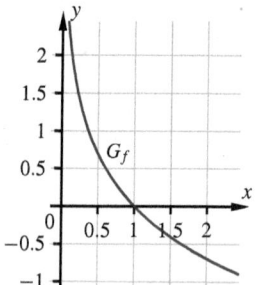

i) $f(x) = \ln(\frac{3x}{x^2-4})$; $D_f = {]}-2; 0[\cup]2; \infty[$
Symmetrieverhalten: keine Symmetrie
Grenzwertverhalten: $\lim\limits_{x\to -2^+} f(x) = \infty$; $\lim\limits_{x\to 0^-} f(x) = -\infty$;
$\lim\limits_{x\to 2^+} f(x) = \infty$; $\lim\limits_{x\to\infty} f(x) = -\infty$
Achsenschnittpunkte: $N_1(-1|0)$; $N_2(4|0)$
Ableitungen:
$f'(x) = -\frac{x^2+4}{x(x^2-4)}$
$f''(x) = \frac{x^4+16x^2-16}{x^2(x^2-4)^2}$
$f'''(x) = -\frac{2(x^6+36x^4-48x^2+64)}{x^3(x^2-4)^3}$
Extrempunkte: keine
Wendepunkt: $W(-0,97|-0,05)$

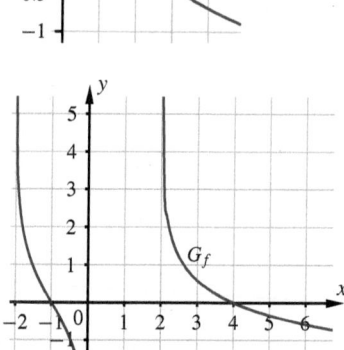

j) $f(x) = \frac{\ln(x)}{x}$; $D_f = {]}0; \infty[$
Symmetrieverhalten: keine Symmetrie
Grenzwertverhalten: $\lim\limits_{x\to\infty} f(x) = 0$; $\lim\limits_{x\to 0^+} f(x) = -\infty$
Achsenschnittpunkt: $N(1|0)$
Ableitungen:
$f'(x) = -\frac{\ln(x)-1}{x^2}$
$f''(x) = \frac{2\ln(x)-3}{x^3}$
$f'''(x) = -\frac{6\ln(x)-11}{x^4}$
Extrempunkt: $H(e|0,37)$
Wendepunkt: $W(e^{1,5}|0,33)$

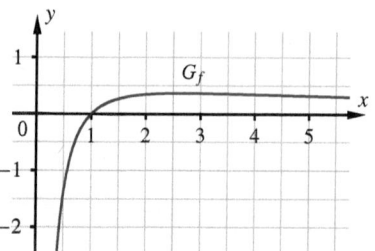

k) $f(x) = \ln(\frac{1+x}{1-x})$; $D_f = {]}-1; 1[$
Symmetrieverhalten: G_f ist punktsymmetrisch zum Ursprung.
Grenzwertverhalten: $\lim\limits_{x\to 1^-} f(x) = \infty$; $\lim\limits_{x\to -1^+} f(x) = -\infty$
Achsenschnittpunkt: $N(0|0)$
Ableitungen:
$f'(x) = -\frac{2}{x^2-1}$
$f''(x) = \frac{4x}{(x^2-1)^2}$
$f'''(x) = -\frac{4(3x^2+1)}{(x^2-1)^3}$
Extrempunkte: keine
Wendepunkt: $W(0|0)$

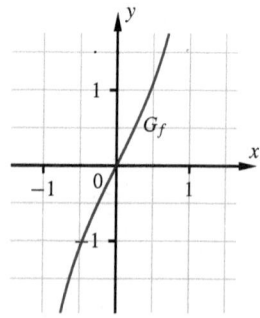

2.2 Verknüpfte Exponential- und Logarithmusfunktionen

1) $f(x) = \frac{1-\ln(x)}{x}$; $D_f = \,]0; \infty[$
Symmetrieverhalten: keine Symmetrie
Grenzwertverhalten: $\lim\limits_{x \to \infty} f(x) = 0$; $\lim\limits_{x \to 0^+} f(x) = \infty$
Achsenschnittpunkt: $N(e|0)$
Ableitungen:
$f'(x) = \frac{\ln(x)-2}{x^2}$
$f''(x) = -\frac{2\ln(x)-5}{x^3}$
$f'''(x) = \frac{6\ln(x)-17}{x^4}$
Extrempunkt: $T(e^2|-0,13)$
Wendepunkt: $W(e^{2,5}|-0,12)$

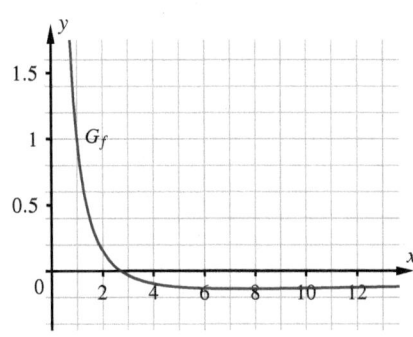

5. a) $L(0) = 1$ (m²)

b) Ansatz: $L(t) = 400$ führt zum Widerspruch. Oder: $\lim\limits_{t \to \infty} L(t) = 400$

c) Wir zeigen, dass der Flächeninhalt stets zunimmt, also L streng monoton wächst:
$L'(t) = 23\,940 \frac{e^{-0,15t}}{(1+399e^{-0,15t})^2} > 0$ für alle $t \geq 0$

d) Der Zeitpunkt der stärksten Zunahme entspricht der Stelle des Wendepunkts von G_L mit Wechsel von Links- nach Rechtskrümmung.

$L''(t) = 23\,940 \frac{-0,15e^{-0,15t} \cdot (1+399e^{-0,15t})^2 - e^{-0,15t} \cdot 2(1+399e^{-0,15t}) \cdot 399e^{-0,15t}(-0,15)}{(1+399e^{-0,15t})^4}$

$= 23\,940 \frac{-0,15e^{-0,15t} \cdot (1+399e^{-0,15t})(1+399e^{-0,15t}-2 \cdot 399e^{-0,15t})}{(1+399e^{-0,15t})^4} = -23\,940 \frac{0,15e^{-0,15t}(1-399e^{-0,15t})}{(1+399e^{-0,15t})^3}$

$L''(t) = 0 \Leftrightarrow 1-399e^{-0,15t} = 0 \Rightarrow t = \frac{\ln\left(\frac{1}{399}\right)}{-0,15} \approx 39,93$

$L''(39,5) > 0$ und $L''(40,5) < 0 \Rightarrow$ Wechsel von Links- nach Rechtskrümmung

Nach ca. 40 Wochen nimmt der Flächeninhalt am meisten zu.

e)

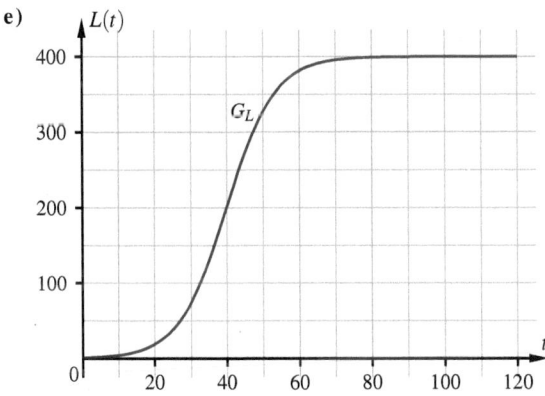

6. a) $L(v) = (0,02v - 0,25)e^{av} + b$

$L(0) = 0,95 \Leftrightarrow -0,25e^0 + b = 0,95 \Leftrightarrow b = 1,2$

$L(7) = 0,65 \Leftrightarrow (0,02 \cdot 7 - 0,25)e^{7a} + 1,2 = 0,65 \Leftrightarrow e^{7a} = 5 \Rightarrow a \approx 0,23$

$L(v) = (0,02v - 0,25)e^{0,23v} + 1,2$

b) $L'(v) = (0,0046v - 0,0375)e^{0,23v}$

$L'(v) = 0 \Leftrightarrow (0,0046v - 0,0375)e^{0,23v} = 0 \Leftrightarrow v = \frac{375}{46}$

$L'(v) < 0$ für $v < \frac{375}{46}$ und $L'(v) > 0$ für $v > \frac{375}{46}$ $\Rightarrow v = \frac{375}{46} \approx 8,15$ ist Minimalstelle

$L(\frac{375}{46}) \approx 0,63 \Rightarrow$ Minimum in $(8,15|0,63)$

Die Laktatkonzentration fällt bis auf ein Minimum von $0,63 \frac{mmol}{\ell}$ bei einer Geschwindigkeit von $8,15 \frac{km}{h}$. Danach steigt sie wieder. Bei einer Geschwindigkeit von $8,15 \frac{km}{h}$ ist die Ausdauer am höchsten, da die Laktatkonzentration dann am geringsten ist.

c)

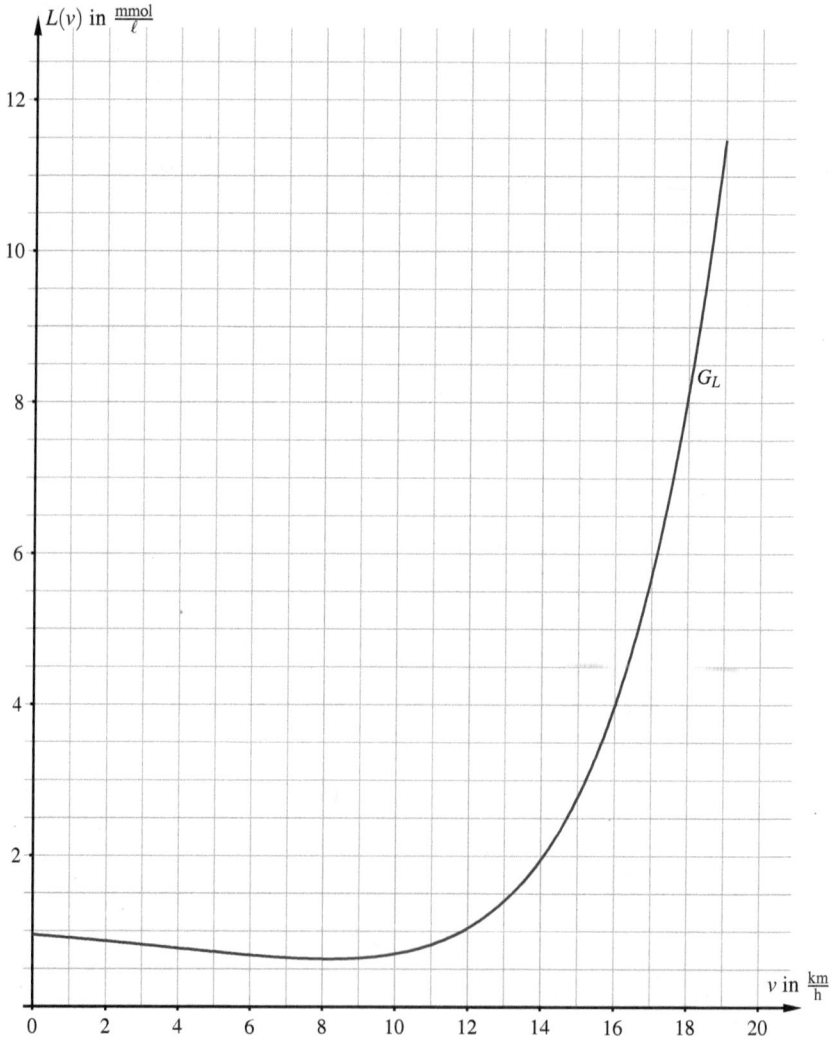

2.2 Verknüpfte Exponential- und Logarithmusfunktionen

d) Verfahren 1: $N'(v) = 0,5e^{0,5v-7}$; $N'(v) = 1 \Rightarrow v \approx 15,39$
Verfahren 2: $v \approx 16$
Die ermittelten Werte sind recht ähnlich. Bei einer Geschwindigkeit zwischen 15 und 16 $\frac{km}{h}$ erreicht Max seine anaerobe Schwelle.

7. a) $T(t) = ke^{2t} + me^t + 24,15$
$T(0) = 25 \Leftrightarrow ke^0 + me^0 + 24,15 = 25 \Leftrightarrow k = 0,85 - m$
$T(3) = 40,1 \Leftrightarrow (0,85 - m)e^6 + me^3 + 24,15 = 40,1 \Rightarrow m \approx 0,853$
$\Rightarrow k \approx -0,003$
$T(t) = -0,003e^{2t} + 0,853e^t + 24,15$

b) $T'(t) = -0,006e^{2t} + 0,853e^t$
$T'(t) = 0 \Rightarrow t \approx 4,96$ (mit VZW von + nach −)
$\Rightarrow t \approx 4,96$ Maximalstelle
$T(4,96) \approx 84,78 \Rightarrow$ Hochpunkt $H(4,96|84,78)$
Wegen des Monotonieverhaltens von G_T ist der relative HP bei $t \approx 4,96$ auch der absolute. Die kritische Höchstgrenze von 90 °C wird also nicht erreicht.

c) $T'(t) > 35 \Leftrightarrow -0,006e^{2t} + 0,853e^t > 35$
Substitution: $e^t = u \Leftrightarrow -0,006u^2 + 0,853u > 35$
Überlegung: $-0,006u^2 + 0,853u = 35 \Leftrightarrow -0,006u^2 + 0,853u - 35 = 0$
$\Rightarrow$ Widerspruch
$\Rightarrow T'(t)$ kann den Wert 35 nicht annehmen.
Da der Graph von T' nach unten geöffnet ist, sind alle Werte kleiner als 35.

d)

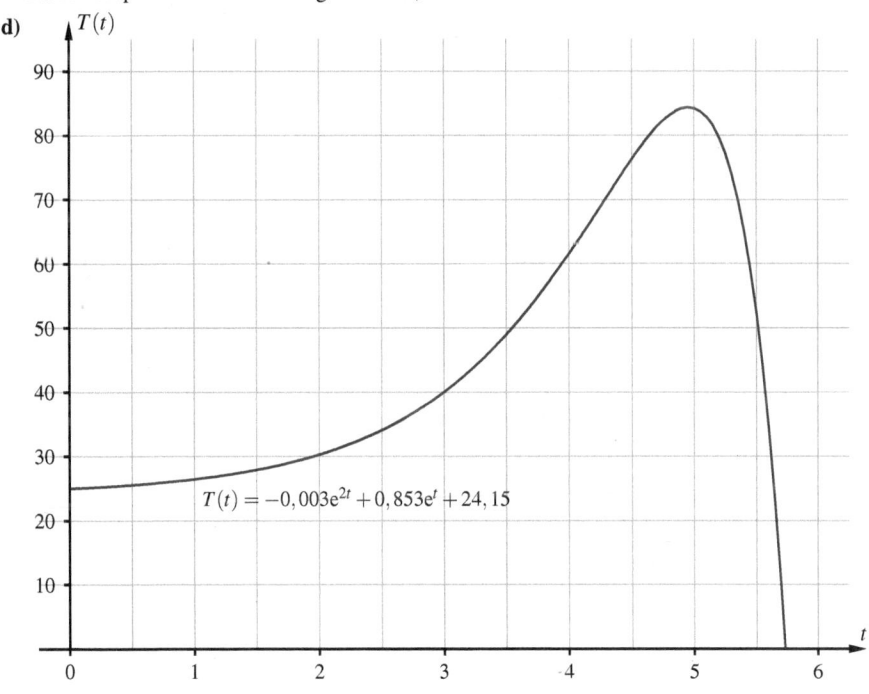

2.2.2 Integration verknüpfter und verketteter Funktionen

1. a) $\int e^{3x} dx = \frac{1}{3} e^{3x} + C; \ C \in \mathbb{R}$
   b) $\int 2e^{5x} dx = \frac{2}{5} e^{5x} + C; \ C \in \mathbb{R}$
   c) $\int \frac{1}{3} e^{-2x} dx = -\frac{1}{6} e^{-2x} + C; \ C \in \mathbb{R}$
   d) $\int e^{2x+1} dx = \frac{1}{2} e^{2x+1} + C; \ C \in \mathbb{R}$
   e) $\int 5 e^{2x+2} dx = 2{,}5 e^{2x+2} + C; \ C \in \mathbb{R}$
   f) $\int 0{,}2 e^{-(2x+1)} dx = -0{,}1 e^{-2x-1} + C; \ C \in \mathbb{R}$
   g) $\int (2 + e^{3x-1}) dx = 2x + \frac{1}{3} e^{3x-1} + C; \ C \in \mathbb{R}$
   h) $\int (4x^2 - 3 - e^{2x}) dx = \frac{4}{3} x^3 - 3x - \frac{1}{2} e^{2x} + C; \ C \in \mathbb{R}$

2. a) $\int \frac{2}{4x-1} dx = \frac{1}{2} \ln|4x-1| + C; \ C \in \mathbb{R}$
   b) $\int \frac{2}{3-x} dx = -2 \ln|3-x| + C; \ C \in \mathbb{R}$
   c) $\int \frac{3}{1-2x} dx = -\frac{3}{2} \ln|1-2x| + C; \ C \in \mathbb{R}$
   d) $\int \frac{2}{3(2-x)} dx = -\frac{2}{3} \ln|x-2| + C; \ C \in \mathbb{R}$
   e) $\int \frac{2x-3}{2x^2-6x+4} dx = \frac{1}{2} \ln|x^2 - 3x + 2| + C; \ C \in \mathbb{R}$
   f) $\int \frac{4x+2}{3x^2+3x+1} dx = \frac{2}{3} \ln|3x^2 + 3x + 1| + C; \ C \in \mathbb{R}$
   g) $\int \frac{1-4x}{(8x-2)^2+1} dx = -\frac{1}{32} \ln|64x^2 - 32x + 5| + C; \ C \in \mathbb{R}$
   h) $\int \frac{3x^2-18x+27}{(x-3)^3+27} dx = \ln\left|(x-3)^3 + 27\right| + C; \ C \in \mathbb{R}$
   i) $\int \frac{x(2x+1)}{4x^3+3x^2+8} dx = \frac{1}{6} \ln|4x^3 + 3x^2 + 8| + C; \ C \in \mathbb{R}$
   j) $\int \frac{x(8x^2+3)}{4x^4+3x^2-5} dx = \frac{1}{2} \ln|4x^4 + 3x^2 - 5| + C; \ C \in \mathbb{R}$

3. a) $\int_1^2 \frac{x^3+1}{x^2+3} dx \approx 0{,}85$
   b) $\int_1^3 \frac{x^3+4x^2+4x}{(x+2)^2} dx = 4{,}00$
   $\int \frac{x^3+4x^2+4x}{(x+2)^2} dx = \int x \, dx = \frac{1}{2} x^2 + C; \ C \in \mathbb{R}$
   c) $\int_{-1}^2 \frac{x^2+3x-4}{x^2-2x-8} dx \approx 0{,}72$
   d) $\int_0^1 \frac{1}{3x+3} dx \approx 0{,}23$
   e) $\int_1^2 \frac{x^2-1}{x+1} dx = 0{,}50$
   $\int \frac{x^2-1}{x+1} dx = \int (x-1) dx = \frac{1}{2} x^2 - x + C; \ C \in \mathbb{R}$
   f) $\int_1^2 \frac{x^3-3x^2-6x+8}{x+1} dx \approx -1{,}61$
   $\int \frac{x^3-3x^2-6x+8}{x+1} dx = \int (x^2 - 4x - 2 + \frac{10}{x-1}) dx$
   $= \frac{1}{3} x^3 - 2x^2 - 2x + 10 \ln|x+1| + C; \ C \in \mathbb{R}$
   g) $\int_2^3 \frac{2x^3-x^2-8x+4}{x^2-2} dx \approx 2{,}02$
   h) $\int_{-1}^0 \frac{2x^3-3x+1}{2x-2} dx = -\frac{2}{3}$
   $\int \frac{2x^3-3x+1}{2x-2} dx = \int (x^2 + x - \frac{1}{2}) dx$
   $= \frac{1}{3} x^3 + \frac{1}{2} x^2 - \frac{1}{2} x + C; \ C \in \mathbb{R}$

4. a) $\int x(x-1)^4 dx = \frac{1}{30} (x-1)^5 (5x+1) + C; \ C \in \mathbb{R}$
   b) $\int (2x+5)(x+2)^8 dx = \frac{1}{45} (x+2)^9 (9x+23) + C; \ C \in \mathbb{R}$
   c) $\int 2x \cdot e^{-x} dx = -2(x+1) e^{-x} + C; \ C \in \mathbb{R}$
   d) $\int 2x^2 \cdot e^{-3x} dx = -\frac{2}{27} (9x^2 + 6x + 2) e^{-3x} + C; \ C \in \mathbb{R}$
   e) $\int x^2 \cdot \ln(x) dx = \frac{1}{9} x^3 \cdot (3 \ln(x) - 1) + C; \ C \in \mathbb{R}$
   f) $\int \frac{\ln(x)}{x^2} dx = -\frac{1}{x} (\ln(x) + 1) + C; \ C \in \mathbb{R}$
   g) $\int x^2 \cdot e^x dx = (x^2 - 2x + 2) e^x + C; \ C \in \mathbb{R}$
   h) $\int x^2 \cdot (1 - \ln(x)) dx = -\frac{1}{9} x^3 (3 \ln(x) - 4) + C; \ C \in \mathbb{R}$
   i) $\int (6x^2 - 2) \cdot \ln(x) dx = 2(x^3 - x) \cdot \ln(x) - \frac{2x^3}{3} + 2x + C; \ C \in \mathbb{R}$
   j) $\int \frac{x^3}{e^x} dx = (x^3 - 3x^2 + 6x - 6) e^x + C; \ C \in \mathbb{R}$

2.2 Verknüpfte Exponential- und Logarithmusfunktionen

5. $\int \frac{1}{mx+t}dx = \frac{1}{m}\int \frac{m}{mx+t}dx = \frac{1}{m}\ln|mx+t|+C;\ C \in \mathbb{R}$

6. a) $\int(e^{3x}-e^{2x+7})dx = \frac{1}{3}e^{3x}-\frac{1}{2}e^{2x+7}+C;\ C \in \mathbb{R}$
   b) $\int \frac{x^2+x-6}{x^2-2x}dx = 3\ln|x|+x+C;\ C \in \mathbb{R}$
   c) $\int(x^2+1)\ln(x)dx = (\frac{1}{3}x^3+x)\ln(x)-\frac{1}{9}x^3-x+C;\ C \in \mathbb{R}$
   d) $\int \frac{x^3-x^2-2x+1}{x-2}dx = \frac{1}{6}x^2(2x+3)+\ln|x-2|+C;\ C \in \mathbb{R}$
   e) $\int \frac{3}{x-1}dx = 3\ln|x-1|+C;\ C \in \mathbb{R}$
   f) $\int xe^{2x}dx = \frac{1}{4}(2x-1)\cdot e^{2x}+C;\ C \in \mathbb{R}$
   g) $\int(x+\ln(x))dx = \frac{1}{2}x(2\ln(x)+x-2)+C;\ C \in \mathbb{R}$
   h) $\int(\frac{1}{3}e^{-3x}-x^4)dx = -\frac{1}{9}e^{-3x}-\frac{1}{5}x^5+C;\ C \in \mathbb{R}$
   i) $\int 5\ln(x)dx = 5x(\ln(x)-1)+C;\ C \in \mathbb{R}$
   j) $\int \frac{x^3+3x^2-2x}{x}dx = \frac{1}{6}x(2x^2+9x-12)+C;\ C \in \mathbb{R}$

7. a)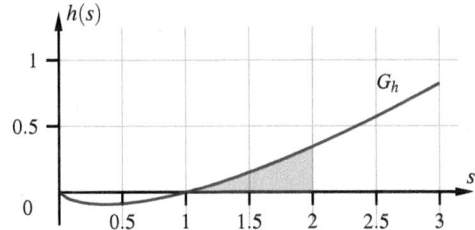

   b) $A_Q = \int_1^2 0{,}25s\cdot \ln(s)ds \approx 0{,}16\ \text{m}^2$

   c) $m_{\text{Neuschnee}} = \rho_{\text{Neuschnee}}\cdot V_{\text{Neuschnee}} = 150\frac{\text{kg}}{\text{m}^3}\cdot 0{,}16\ \text{m}^2 \cdot 10\ \text{m} = 240\ \text{kg}$

8. a) $1-\frac{x}{5} > 0 \Leftrightarrow x < 5 \Rightarrow D_f =]-\infty;\ 5[$
   $f(x) = 0 \Leftrightarrow x = 0\ \text{oder}\ x = 5 \notin D_f$
   Für $0 \leq x < 5$ beschreibt der Graph der Funktion f den Querschnitt des Deichs. Der Deich ist 5 m breit.
   b) $f'(x) = \frac{4}{5}(1+\ln(1-\frac{x}{5}))$
   $f'(x) = 0 \Rightarrow x \approx 3{,}16$ (mit VZW von + zu $-$)
   $\Rightarrow x \approx 3{,}16$ Maximalstelle
   $f(3{,}16) \approx 1{,}47 \Rightarrow H(3{,}16|1{,}47)$
   Der Deich ist 1,47 m hoch.
   c) $F'(x) = f(x)$
   $\int_0^{3,16} f(x)dx \approx 2{,}97$
   2,97 (m²) entspricht dem Flächeninhalt des Querschnitts des Deichs bis zum höchsten Punkt.

Übungen zu 2.2

1. a) $f(x) = 4e^{1-x}$; $D_f = \mathbb{R}$

Symmetrieverhalten: keine Symmetrie
Grenzwertverhalten: $\lim\limits_{x \to \infty} f(x) = 0$; $\lim\limits_{x \to -\infty} f(x) = \infty$
Asymptote: $y = 0$
Achsenschnittpunkt: $S_y(0|10,87)$
Ableitungen:
$f'(x) = -4e^{1-x}$
$f''(x) = 4e^{1-x}$
Extrempunkte: keine
Wendepunkte: keine

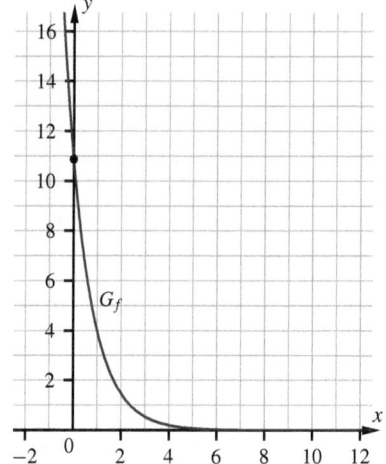

b) $f(x) = e^x + x + 2$; $D_f = \mathbb{R}$

Symmetrieverhalten: keine Symmetrie
Grenzwertverhalten: $\lim\limits_{x \to \infty} f(x) = \infty$; $\lim\limits_{x \to -\infty} f(x) = -\infty$
Asymptote: keine
Achsenschnittpunkte: $N(-2,12|0)$; $S_y(0|3)$
Ableitungen:
$f'(x) = e^x + 1$
$f''(x) = e^x$
Extrempunkte: keine
Wendepunkte: keine

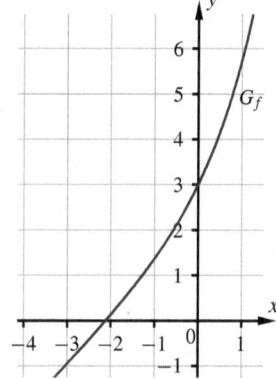

c) $f(x) = (2x-3)e^x$; $D_f = \mathbb{R}$

Symmetrieverhalten: keine Symmetrie
Grenzwertverhalten: $\lim\limits_{x \to \infty} f(x) = \infty$; $\lim\limits_{x \to -\infty} f(x) = 0$
Asymptote: $y = 0$
Achsenschnittpunkte: $N(1,5|0)$; $S_y(0|-3)$
Ableitungen:
$f'(x) = (2x-1)e^x$
$f''(x) = (2x+1)e^x$
$f'''(x) = (2x+3)e^x$
Extrempunkt: $T(0,5|-3,30)$
Wendepunkt: $W(-0,5|-2,43)$

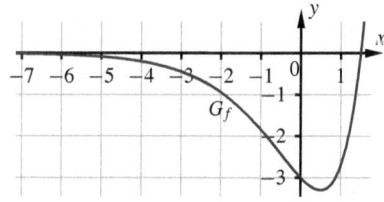

2.2 Verknüpfte Exponential- und Logarithmusfunktionen

d) $f(x) = (2x+6)e^{-0,5x}$; $D_f = \mathbb{R}$
Symmetrieverhalten: keine Symmetrie
Grenzwertverhalten: $\lim\limits_{x \to \infty} f(x) = 0$; $\lim\limits_{x \to -\infty} f(x) = -\infty$
Asymptote: $y = 0$
Achsenschnittpunkte: $N(-3|0)$; $S_y(0|6)$
Ableitungen:
$f'(x) = -(x+1)e^{-\frac{x}{2}}$
$f''(x) = \frac{1}{2}(x-1)e^{-\frac{x}{2}}$
$f'''(x) = -\frac{1}{4}(x-3)e^{-\frac{x}{2}}$
Extrempunkt: $H(-1|6,59)$
Wendepunkt: $W(1|4,85)$

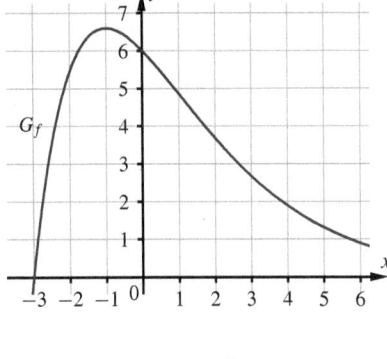

e) $f(x) = (x+5)e^{5-x}$; $D_f = \mathbb{R}$
Symmetrieverhalten: keine Symmetrie
Grenzwertverhalten: $\lim\limits_{x \to \infty} f(x) = 0$; $\lim\limits_{x \to -\infty} f(x) = -\infty$
Asymptote: $y = 0$
Achsenschnittpunkte: $N(-5|0)$; $S_y(0|5e^5)$
Ableitungen:
$f'(x) = -(e^5 x + 4e^5)e^{-x}$
$f''(x) = (e^5 x + 3e^5)e^{-x}$
$f'''(x) = -(e^5 x + 2e^5)e^{-x}$
Extrempunkt: $H(-4|8\,103,08)$
Wendepunkt: $W(-3|5\,961,91)$

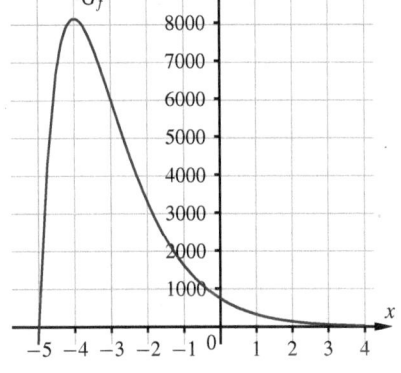

f) $f(x) = 50e^x - 50e^{2x}$; $D_f = \mathbb{R}$
Symmetrieverhalten: keine Symmetrie
Grenzwertverhalten: $\lim\limits_{x \to \infty} f(x) = -\infty$; $\lim\limits_{x \to -\infty} f(x) = 0$
Asymptote: $y = 0$
Achsenschnittpunkt: $N(0|0)$
Ableitungen:
$f'(x) = 50e^x - 100e^{2x}$
$f''(x) = 50e^x - 200e^{2x}$
$f'''(x) = 50e^x - 400e^{2x}$
Extrempunkt: $H(-\ln(2)|12,5)$
Wendepunkte: $W(-\ln(4)|9,38)$

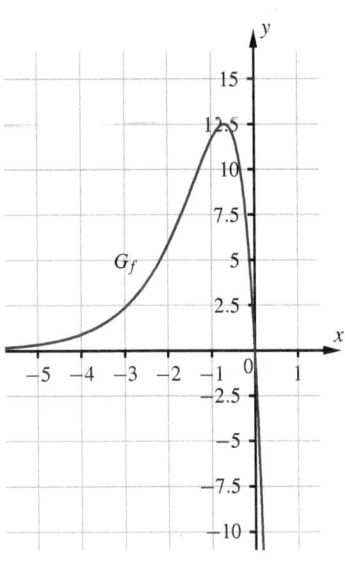

g) $f(x) = xe^{-3x}$; $\quad D_f = \mathbb{R}$

Symmetrieverhalten: keine Symmetrie
Grenzwertverhalten: $\lim\limits_{x \to \infty} f(x) = 0$; $\lim\limits_{x \to -\infty} f(x) = -\infty$
Asymptote: $y = 0$
Achsenschnittpunkt: $N(0|0)$
Ableitungen:
$f'(x) = -(3x-1)e^{-3x}$
$f''(x) = (9x-6)e^{-3x}$
$f'''(x) = -(27x-27)e^{-3x}$
Extrempunkt: $H(\frac{1}{3}|0,12)$
Wendepunkt: $W(\frac{2}{3}|0,09)$

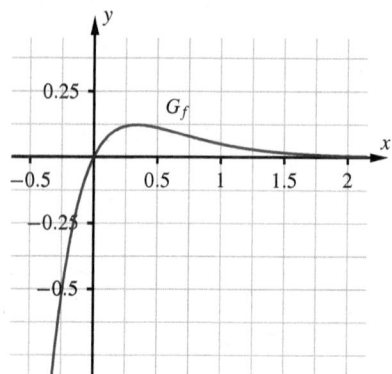

h) $f(x) = (e^{-x}-1)^2$; $\quad D_f = \mathbb{R}$

Symmetrieverhalten: keine Symmetrie
Grenzwertverhalten: $\lim\limits_{x \to \infty} f(x) = 1$; $\lim\limits_{x \to -\infty} f(x) = \infty$
Asymptote: $y = 1$
Achsenschnittpunkt: $N(0|0)$
Ableitungen:
$f'(x) = -2(e^{-x}-1)e^{-x}$
$f''(x) = -2e^{-2x}(e^x-2)$
$f'''(x) = 2e^{-2x}(e^x-4)$
Extrempunkt: $T(0|0)$
Wendepunkt: $W(\ln(2)|0,25)$

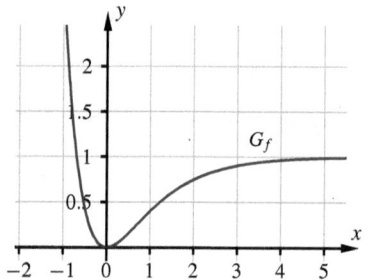

i) $f(x) = (1+e^x)3e^x$; $\quad D_f = \mathbb{R}$

Symmetrieverhalten: keine Symmetrie
Grenzwertverhalten: $\lim\limits_{x \to \infty} f(x) = \infty$; $\lim\limits_{x \to -\infty} f(x) = 0$
Asymptote: $y = 0$
Achsenschnittpunkt: $S_y(0|6)$
Ableitungen:
$f'(x) = 3e^x(2e^x+1)$
$f''(x) = 3e^x(4e^x+1)$
Extrempunkte: keine
Wendepunkte: keine

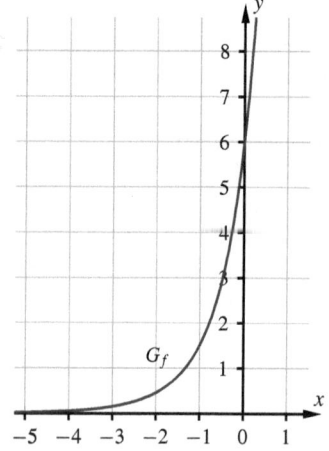

2.2 Verknüpfte Exponential- und Logarithmusfunktionen

j) $f(x) = \ln(2x-3); \quad D_f =]1{,}5; \infty[$
Symmetrieverhalten: keine Symmetrie
Grenzwertverhalten: $\lim\limits_{x \to \infty} f(x) = \infty; \quad \lim\limits_{x \to 1{,}5^+} f(x) = -\infty$
Asymptote: $x = 1{,}5$
Achsenschnittpunkt: $N(2|0)$
Ableitungen:
$f'(x) = \frac{2}{2x-3}$
$f''(x) = -\frac{4}{(2x-3)^2}$
Extrempunkte: keine
Wendepunkte: keine

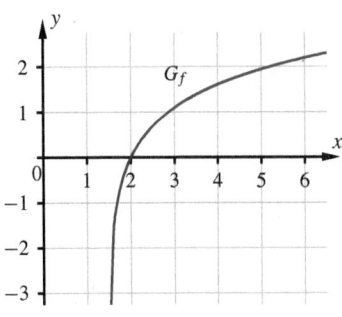

k) $f(x) = (2x-1)\ln(x+1); \quad D_f =]-1; \infty[$
Symmetrieverhalten: keine Symmetrie
Grenzwertverhalten: $\lim\limits_{x \to \infty} f(x) = \infty; \quad \lim\limits_{x \to -1^+} f(x) = \infty$
Asymptote: $x = -1$
Achsenschnittpunkte: $N_1(0|0); N_2(0{,}5|0)$
Ableitungen:
$f'(x) = 2\ln(x+1) + \frac{2x-1}{x+1}$
$f''(x) = \frac{4}{x+1} - \frac{2x-1}{(x+1)^2}$
Extrempunkt: $T(0{,}24|-0{,}11)$
Wendepunkte: keine

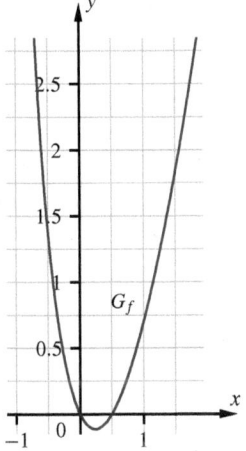

l) $f(x) = x\ln(x) - x; \quad D_f =]0; \infty[$
Symmetrieverhalten: keine Symmetrie
Grenzwertverhalten: $\lim\limits_{x \to \infty} f(x) = \infty; \quad \lim\limits_{x \to 0^+} f(x) = 0$
Asymptote: keine
Achsenschnittpunkt: $N(e|0)$
Ableitungen:
$f'(x) = \ln(x)$
$f''(x) = \frac{1}{x}$
Extrempunkt: $T(1|-1)$
Wendepunkte: keine

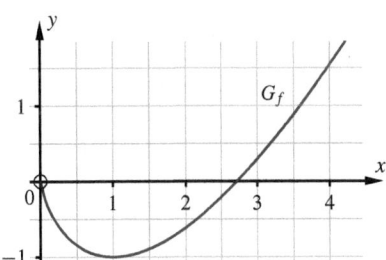

96

m) $f(x) = x\ln(x^2+3);\quad D_f = \mathbb{R}$
Symmetrieverhalten: G_f ist punktsymmetrisch zum Koordinatenursprung.
Grenzwertverhalten: $\lim\limits_{x\to\infty} f(x) = \infty;\ \lim\limits_{x\to-\infty} f(x) = -\infty$
Asymptote: keine
Achsenschnittpunkt: $N(0|0)$
Ableitungen:
$f'(x) = \ln(x^2+3) + \frac{2x^2}{x^2+3}$
$f''(x) = \frac{2x(x^2+9)}{(x^2+3)^2}$
$f'''(x) = -\frac{2(x^4+18x^2-27)}{(x^2+3)^3}$
Extrempunkte: keine
Wendepunkt: $W(0|0)$

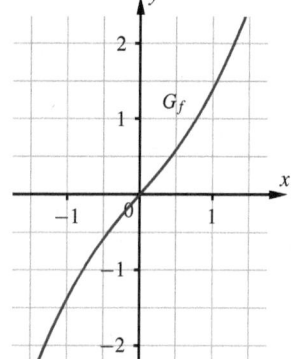

n) $f(x) = (2x-2)\ln(x);\quad D_f =]0;\infty[$
Symmetrieverhalten: keine Symmetrie
Grenzwertverhalten: $\lim\limits_{x\to\infty} f(x) = \infty;\ \lim\limits_{x\to 0^+} f(x) = \infty$
Asymptote: $x = 0$
Achsenschnittpunkt: $N(1|0)$
Ableitungen:
$f'(x) = 2 \cdot \frac{x\ln(x)+x-1}{x}$
$f''(x) = 2 \cdot \frac{x+1}{x^2}$
Extrempunkt: $T(1|0)$
Wendepunkte: keine

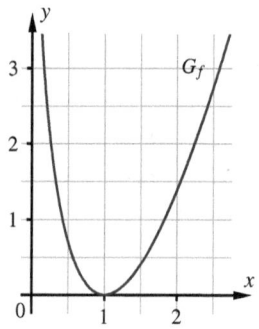

o) $f(x) = x^2\ln(3x+1);\quad D_f =]-\tfrac{1}{3};\infty[$
Symmetrieverhalten: keine Symmetrie
Grenzwertverhalten: $\lim\limits_{x\to\infty} f(x) = \infty;\ \lim\limits_{x\to-\frac{1}{3}^+} f(x) = -\infty$
Asymptote: $x = -\tfrac{1}{3}$
Achsenschnittpunkt: $N(0|0)$
Ableitungen:
$f'(x) = 2x\ln(3x+1) + \frac{3x^2}{3x+1}$
$f''(x) = 2\ln(3x+1) + \frac{12x}{3x+1} - \frac{9x^2}{(3x+1)^2}$
$f'''(x) = \frac{18(3x^2+3x+1)}{(3x+1)^3}$
Extrempunkte: keine
Wendepunkte: $W(0|0)$

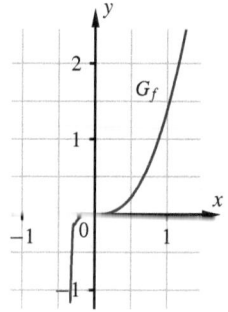

p) $f(x) = -0.5x^2 \ln(-x);\quad D_f =]-\infty;0[$
Symmetrieverhalten: keine Symmetrie
Grenzwertverhalten: $\lim\limits_{x \to -\infty} f(x) = -\infty;\ \lim\limits_{x \to 0^-} f(x) = 0$
Asymptote: keine
Achsenschnittpunkt: $N(-1|0)$
Ableitungen:
$f'(x) = -x \cdot \frac{2\ln(-x)+1}{2}$
$f''(x) = -\frac{2\ln(-x)+3}{2}$
$f'''(x) = -\frac{1}{x}$
Extrempunkt: $H(-0,61|0,09)$
Wendepunkt: $W(-0,22|0,04)$

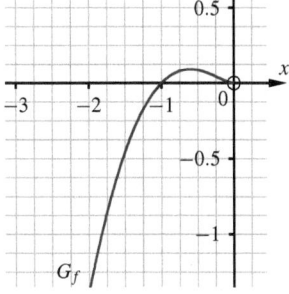

q) $f(x) = \ln(x^2 - 4);\quad D_f =]-\infty;-2[\,\cup\,]2;\infty[$
Symmetrieverhalten: G_f ist symmetrisch zur y-Achse.
Grenzwertverhalten:
$\lim\limits_{x \to \infty} f(x) = \infty;\ \lim\limits_{x \to 2^+} f(x) = -\infty$
$\lim\limits_{x \to -\infty} f(x) = \infty;\ \lim\limits_{x \to -2^-} f(x) = -\infty$
Asymptoten: $x=-2$ und $x=2$
Achsenschnittpunkte: $N_1(-\sqrt{5}|0);\ N_2(\sqrt{5}|0)$
Ableitungen:
$f'(x) = 2 \cdot \frac{x}{(x-2)\cdot(x+2)}$
$f''(x) = -2 \cdot \frac{x^2+4}{(x-2)^2\cdot(x+2)^2}$
Extrempunkte: keine
Wendepunkte: keine

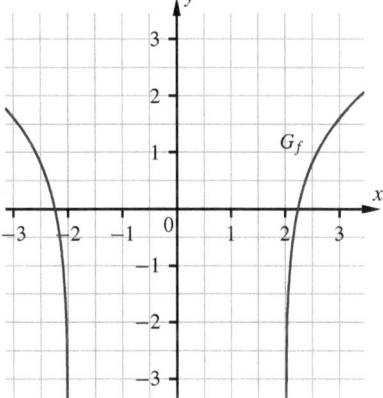

r) $f(x) = x\ln(x-1);\quad D_f =]1;\infty[$
Symmetrieverhalten: keine Symmetrie
Grenzwertverhalten: $\lim\limits_{x \to \infty} f(x) = \infty;\ \lim\limits_{x \to 1^+} f(x) = -\infty$
Asymptote: $x=1$
Achsenschnittpunkt: $N(2|0)$
Ableitungen:
$f'(x) = \frac{x}{x-1} + \ln(x-1)$
$f''(x) = \frac{x-2}{(x-1)^2}$
$f'''(x) = -\frac{x-3}{(x-1)^3}$
Extrempunkte: keine
Wendepunkt: $W(2|0)$

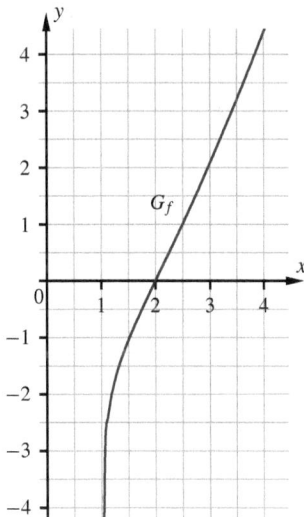

2. a) $f(t) = 70 \cdot 0{,}97^{t-1}$

b) $f(3) = 70 \cdot 0{,}97^{3-1} \approx 65{,}9$
Am dritten Tag läuft er circa 66 Kilometer.

c) $70 \cdot 0{,}97^{t-1} < 40 \Leftrightarrow t > 19{,}37$
Am zwanzigsten Tag läuft er weniger als 40 km.

3. a) $f(t) = a \cdot e^{ct}$
$f(7{,}2) = \tfrac{1}{2}a \Rightarrow c \approx -0{,}0962$
$\Rightarrow f(t) = a \cdot e^{-0{,}0962t}$

b) $f(30) = a \cdot 0{,}05579$
Nach 30 Tagen sind noch circa 5,5 % der Ausgangsmenge vorhanden.

c) $a \cdot e^{-0{,}0962t} < 0{,}0002a \Rightarrow t > 88{,}53$
Nach 89 Tagen ist weniger als 0,02 % der Ausgangsmenge vorhanden.

4. a) $y(t) = 0 \Leftrightarrow 5 - 10t = 0 \Leftrightarrow t = 0{,}5$ (s)
Der Körper geht nach einer halben Sekunde durch die Gleichgewichtslage.
$y'(t) = (-20 + 20t)\,e^{-2t} = 0$, falls $t = 1$ (s)
Die Auslenkung hat nach einer Sekunde ihren Umkehrpunkt erreicht.

b)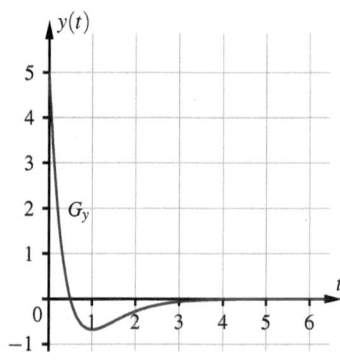

5. a) $n'(t) = \tfrac{2}{5}e^{1-\tfrac{1}{5}t}(1 - \tfrac{1}{5}t)$
$n'(t) = 0 \Leftrightarrow t = 5$ (mit VZW von $+$ nach $-$)
$n(5) = 2 \Rightarrow H(5|2)$
Wegen des Monotonieverhaltens von G_n ist der relative Hochpunkt bei $t = 5$ auch der absolute. Die maximal verabreichte Schmerzmittelmenge beträgt 2 mg.

b) $\int_0^{24} n(t)\,dt \approx 25{,}89$ mit $N(t) = (-2t - 10) \cdot e^{1-\tfrac{1}{5}t}$

c) $\tfrac{25{,}89}{400} = 0{,}0647$
Der Anteil beträgt ca. 6,5 %.

d) $\lim\limits_{t \to \infty} n(t) = 0$
Die verabreichte Schmerzmittelmenge geht zwar gegen null, allerdings nimmt sie den Wert Null nie an. Dem Patienten wird also immer Schmerzmittel verabreicht.
Das mathematische Modell ist also nur für begrenzte Zeiträume sinnvoll.

6. a) $W(t) = (0,1 - 0,2t)e^{\frac{-k}{2}t} + B$

$W(0) = 3,35 \Leftrightarrow (0,1 - 0,2 \cdot 0)e^{\frac{-k}{2} \cdot 0} + B = 3,35 \Leftrightarrow B = 3,25$

$W(6) = 3,15 \Leftrightarrow (0,1 - 0,2 \cdot 6)e^{\frac{-k}{2} \cdot 6} + 3,25 = 3,15$

$\Rightarrow k = \frac{\ln\left(\frac{1}{11}\right)}{-3} \approx 0,80$

$\Rightarrow W(t) = (0,1 - 0,2t)e^{-0,4 \cdot t} + 3,25$

b) $W(1,25) = (0,1 - 0,2 \cdot 1,25)e^{-0,4 \cdot 1,25} + 3,25 = 3,16$

Nach 30 Stunden befinden sich 3,16 Millionen m³ Wasser im Stausee.

c) $W'(t) = (0,08t - 0,24) \cdot e^{-0,4t}$

$W'(t) = 0 \Leftrightarrow t = 3$ (mit VZW von − nach +)

$W(3) \approx 3,10 \Rightarrow T(3|3,10)$

Wegen des Monotonieverhaltens von G_W ist der relative Tiefpunkt bei $t = 3$ auch der absolute. Der Wasserbestand steigt ab dem 3. Tag wieder an, d. h., dies ist der Zeitpunkt, zu dem die Schleusen geschlossen werden.

Überschreitung des Mindeststandes: $\frac{3,1 - 3,0}{3,0} = \frac{0,1}{3} = \frac{1}{30} \approx 3,33\,\%$

Der absolut niedrigste Wasserbestand liegt um ca. 3,33 % über dem erforderlichen Wasserstand.

d) $W'(0) = (0,08 \cdot 0 - 0,24) \cdot e^{-0,4 \cdot 0} = -0,24$

Zu Beginn fällt der Wasserbestand um 0,24 Millionen m³.

e) $\lim_{t \to \infty} W(t) = \underbrace{\underbrace{(0,1 - 0,2t)}_{\to -\infty} \cdot \underbrace{\overbrace{e^{-0,4t}}^{\to -\infty}}_{\to 0^+} + 3,25}_{\to 3,25^-} = 3,25$

Auf lange Sicht nähert sich der Wasserbestand einem Wert von 3,25 Millionen m³.

f) $W(t) = (0,1 - 0,2t) \cdot e^{-0,4t} + 3,25$

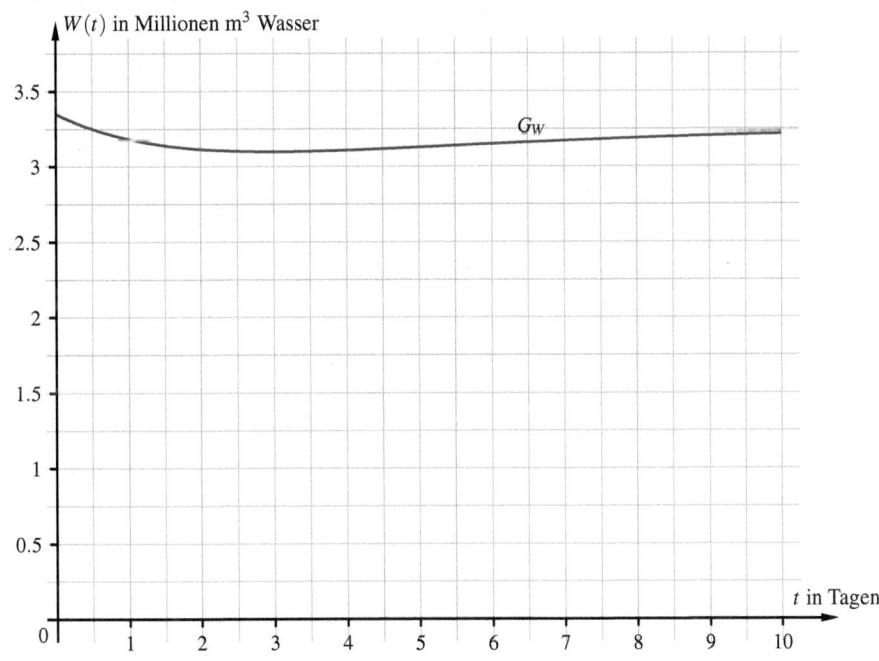

7. a) $A(0) = 10 \Leftrightarrow k = 0,05$

$A(39) = 35 \Leftrightarrow e^{39m} = \frac{400}{1421} \Rightarrow m = \frac{\ln\left(\frac{400}{1421}\right)}{39} \approx -0,0325$

b) <u>Szenario A:</u> $A(t) = (0,05t^2 - 5)e^{-0,0325t} + 15$

$A(0) = 10$

$\dot{A}(t) = (-\frac{13}{8000}t^2 + 0,1t + \frac{13}{80})e^{-0,0325t}$

$\dot{A}(t) = 0 \Leftrightarrow -\frac{13}{8000}t^2 + 0,1t + \frac{13}{80} = 0 \Leftrightarrow 13t^2 - 800t - 1300 = 0$

$t_{1/2} = \frac{800 \pm \sqrt{707\,600}}{26}$; $(t_1 \approx -1,58 \notin D_A)$; $t_2 \approx 63,12$

Nachweis absolutes Maximum:

$y = -\frac{13}{8000}t^2 + 0,1t + \frac{13}{80}$ bestimmt Vorzeichen von $\dot{A}(t)$, da $e^{-0,0325t} > 0$ für alle $t \in D_A$

Skizze des Graphen von $y = -\frac{13}{8000}t^2 + 0,1t + \frac{13}{80}$:

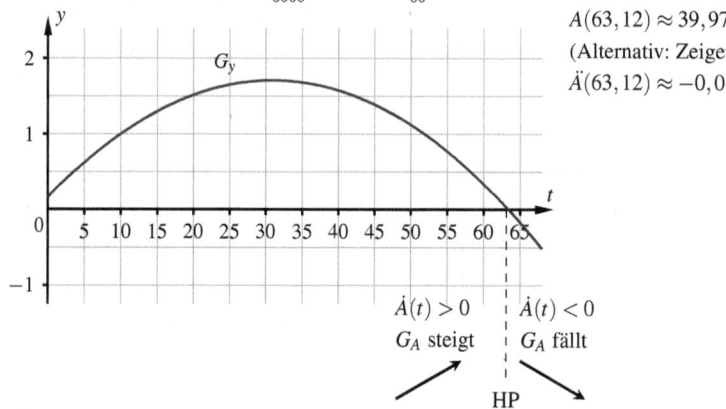

$A(63,12) \approx 39,97$
(Alternativ: Zeigen, dass $\ddot{A}(63,12) \approx -0,0135 < 0$)

$\dot{A}(t) > 0$ $\dot{A}(t) < 0$
G_A steigt G_A fällt
    HP

Langfristiger Verlauf:

$\lim\limits_{t \to +\infty} A(t) = \lim\limits_{t \to +\infty} (\underbrace{\underbrace{(0,05t^2 - 5)}_{\to +\infty} \overbrace{e^{-0,0325t}}^{\to -\infty}}_{\to 0^+} + 15) = 15$ ▶ e-Funktion setzt sich durch

$\underbrace{}_{\to 15^+}$

<u>Szenario B:</u> $B(t) = (0,055t^2 - 5)e^{-0,0375t} + 15$

$B(0) = 10$

$\dot{B}(t) = (-\frac{33}{16000}t^2 + 0,11t + \frac{3}{16})e^{-0,0375t}$

$\dot{B}(t) = 0 \Leftrightarrow -\frac{33}{16000}t^2 + 0,11t + \frac{3}{16} = 0 \Leftrightarrow 33t^2 - 1760t - 3000 = 0$

$t_{1/2} = \frac{1760 \pm \sqrt{3\,493\,600}}{66}$; $(t_1 \approx -1,65 \notin D_B)$; $t_2 \approx 54,99$

Nachweis absolutes Maximum:

$y = -\frac{33}{16000}t^2 + 0,11t + \frac{3}{16}$ bestimmt Vorzeichen von $\dot{B}(t)$, da $e^{-0,0375t} > 0$ für alle $t \in D_B$

2.2 Verknüpfte Exponential- und Logarithmusfunktionen

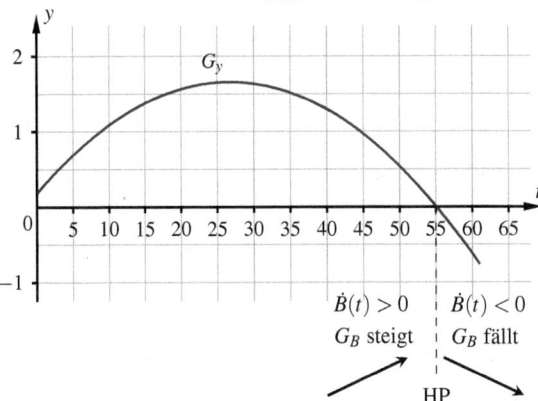

Skizze des Graphen von $y = -\frac{33}{16000}t^2 + 0,11t + \frac{3}{16}$:

$B(54,99) \approx 35,52$
(Alternativ: Zeigen, dass
$\ddot{B}(54,99) \approx -0,0149 < 0$)

$\dot{B}(t) > 0$ $\dot{B}(t) < 0$
G_B steigt G_B fällt
HP

Langfristiger Verlauf:

$$\lim_{t \to +\infty} B(t) = \lim_{t \to +\infty} (\underbrace{(0,055t^2 - 5)}_{\to +\infty} \underbrace{\overbrace{e^{-0,0375t}}^{\to -\infty}}_{\to 0^+} + 15) = 15 \quad \blacktriangleright \text{ e-Funktion setzt sich durch}$$

$\to 15^+$

Interpretation:
Beide Szenarien haben einen ähnlichen Verlauf: Beginnend mit einer Belastung (bei beiden) von 10 Milliarden Tonnen pro Jahr im Basisjahr 1970 nimmt die CO_2-Belastung kontinuierlich zu (die Graphen der Funktionen sind streng monoton steigend), erreicht dann ihr Maximum, um anschließend (streng monoton) zu fallen und langfristig gegen den gleichen Wert (15 Milliarden Tonnen pro Jahr) zu streben.

Szenario B ist das optimistischere, weil
- der Anstieg bereits nach 54,99 Jahren (also Ende 2025) endet, in Szenario A hingegen erst nach 63,12 Jahren (acht Jahr später, im Jahr 2033) und
- der höchste Belastungswert mit ca. 35,52 Milliarden Tonnen pro Jahr niedriger ausfällt als im Szenario A mit 39,97.

(Ergänzend könnte noch aufgeführt werden, dass der L-R-Wendepunkt in Szenario B (nach 14,43 Jahren) schneller erreicht wird als in Szenario A (nach 16,89 Jahren) und damit auch der verlangsamte Anstieg; über die Fläche unter den Graphen könnte man – später – einen noch genaueren Nachweis führen.)

c) $A(94) \approx 35,58$; $B(94) \approx 29,17$

Absolute Abweichung: $A(94) - B(94) \approx 6,41$ (Mrd. Tonnen)

Prozentuale Abweichung: $\frac{A(94) - B(94)}{B(94)} \approx \frac{6,41}{29,17} \approx 22,0\,\%$

Die prozentuale Abweichung muss nicht zwingend die maximale (prozentuale) Abweichung sein, bei einer niedrigeren Basis (Nenner) kann die prozentuale Abweichung durchaus größer sein.

d) $A(100) \approx 34{,}19;$ $\dot{A}(100) \approx -0{,}24$
$B(100) \approx 27{,}82;$ $\dot{B}(100) \approx -0{,}22$
Im Jahr 2070 (nach 100 Jahren) beträgt der CO_2-Ausstoß nach Szenario A noch 34,19 Milliarden Tonnen pro Jahr, nach Szenario B noch 27,82 Milliarden Tonnen. Gleichzeitig nimmt der CO_2-Ausstoß nach Szenario A um 0,24 Milliarden Tonnen pro Jahr ab, nach Szenario B um 0,22 Milliarden Tonnen.
Prozentuale Abweichung: $\frac{A(100)-B(100)}{B(100)} \approx \frac{6{,}37}{27{,}82} \approx 22{,}9\ \%$. Dies bestätigt die Aussage aus c).

8. a) Die Aussage ist falsch. Der Wert eines bestimmten Integrals ist eine reelle Zahl, da das bestimmte Integral eine Flächenbilanz liefert.

b) Die Aussage ist richtig. Ein uneigentliches Integral ist ein Grenzwert. Da das uneigentliche Integral nur existiert, wenn der Grenzwert existiert und dieser eine Zahl ist, ist auch das uneigentliche Integral eine Zahl.

c) Diese Aussage gilt nur für $f(x) = 0$. Ansonsten liefert das bestimmte Integral eine Flächenbilanz. Somit ergibt sich auch der Wert Null, wenn die Flächen über und unter der x-Achse im Integrationsintervall gleich groß sind.

d) Die Aussage ist richtig. Durch die additive Konstante C ergeben sich unendlich viele Funktionen.

e) Die Aussage ist richtig. An einer doppelten Nullstelle erfolgt kein Vorzeichenwechsel und somit erzeugt das bestimmte Integral keine Flächenbilanz, sondern die eingeschlossene Fläche.

f) Die Aussage ist richtig. Obwohl der Umfang ins Unendliche wächst, überschreitet der Flächeninhalt den berechneten Wert nicht.

9. a) $\int_1^2 \frac{x^2+9}{x^2}dx = \int_1^2 \left(1+\frac{9}{x^2}\right)dx = \left[x-9x^{-1}\right]_1^2 = 2-\frac{9}{2}-(1-9) = 5{,}5$

b) $\int_0^1 \frac{-2}{(3x+4)^2}dx = \left[\frac{2}{3}(3x+4)^{-1}\right]_0^1 = \frac{2}{3}\cdot\frac{1}{7} - \frac{2}{3}\cdot\frac{1}{4} = -\frac{1}{14}$

c) $\int (e^{-x+2}+3)dx = -e^{-x+2}+3x+C;\ C \in \mathbb{R}$

d) $\int_0^1 \frac{-2}{2x+1}dx = [-\ln|2x+1|]_0^1$

e) $\int_3^5 \frac{2x^2-4x-5}{(2x-2)^2}dx = \int_3^5 \left(\frac{1}{2} - \frac{7}{(2x-2)^2}\right)dx = \left[\frac{1}{2}x + \frac{7}{2}(2x-2)^{-1}\right]_3^5$

f) $\int_0^1 x\cdot e^x dx = [x\cdot e^x]_0^1 - \int_0^1 e^x dx = e - [e^x]_0^1 = e - (e-1) = 1$

g) $\int \frac{x}{x^2+1}dx = \frac{1}{2}\int \frac{2x}{x^2+1}dx = \frac{1}{2}\ln|x^2+1|+C;\ C \in \mathbb{R}$

10. $b > a$: $\int_b^a f(x)dx = [F(x)]_b^a = F(a) - F(b) = -(F(b)-F(a)) = -\int_a^b f(x)dx$
Luzia muss von ihrem Ergebnis nur das Vorzeichen ändern.

11. Ampelfrage

a) Richtig ist Rot.

b) Richtig ist Grün.

c) Richtig sind Gelb und Grün.

d) Richtig ist Rot.

2.2 Verknüpfte Exponential- und Logarithmusfunktionen

12. a) Graph ④
b) Graph ⑧
c) Graph ⑤ (Definitionslücke bei $x = 1$)
d) Graph ③
e) Graph ①
f) Graph ⑨ (einzige e-Funktion)
g) Graph ⑦
h) Graph ⑥
i) Graph ② (einziger Graph mit Nullstelle bei 2)

13. a) $\int_{-1}^{1} e^{2x-1} dx = \frac{e}{2} - \frac{e^{-3}}{2} \approx 1,33$

b) $\int_{0}^{3} \frac{1}{-x+1} dx = \int_{0}^{1} \frac{1}{-x+1} dx + \int_{1}^{3} \frac{1}{-x+1} dx$ divergent

c) $\int_{-\infty}^{0} e^{2x} dx = 0,5$

d) $\int_{0}^{1} (3-x^2) e^x dx = 2e - 1 \approx 4,44$

e) $\int_{1}^{2} x^2 \ln(x) dx = \frac{24\ln(2)-7}{9} \approx 1,07$

f) $\int_{0}^{1} \ln(x) dx = -1$

g) $\int_{0}^{\infty} xe^{-3x} dx = \frac{1}{9}$

h) $\int_{0}^{\infty} \frac{x}{x^2+1} dx$ divergent

i) $\int_{3}^{4} \frac{2x-3}{5x^2-15x+10} dx = \frac{\ln(3)}{5} \approx 0,22$

14. $V_s = A_Q \cdot 100$

$A_Q = 2 \cdot 2 \cdot f(0,5) \cdot 10 + 2 \cdot 100 \cdot \int_{0}^{0,5} f(x) dx$

$\Rightarrow V_s = 3220,9 \text{ m}^3$

Test A zu 2.2

1. a) $f(x) = (1-x)^2 e^{-\frac{1}{2}x}$; $D_f = \mathbb{R}$
Nullstelle: $N(1|0)$

b) $\lim_{x \to \infty} f(x) = 0$; $\lim_{x \to -\infty} f(x) = \infty$

c) Ableitungen:
$f'(x) = -\frac{(x-5)(x-1)e^{-\frac{1}{2}x}}{2}$

$f''(x) = \frac{(x^2-10x+17)e^{-\frac{1}{2}x}}{4}$

$f'''(x) = -\frac{(x^2-14x+37)e^{-\frac{1}{2}x}}{8}$

Extrempunkte: $T(1|0)$; $H(5|1,31)$

d) Wendepunkt: $W(2,17|0,463)$
$]-\infty; 2,17]$: G_f ist linksgekrümmt.
$[2,17; \infty[$: G_f ist rechtsgekrümmt.

2. $\int_{0}^{5} \frac{2x}{1+x^2} dx = \ln(26) \approx 3,26$

3. $G(x) = \frac{(9x^2-6x+2)e^{3x}}{27} + C$; $C \in \mathbb{R}$

Test B zu 2.2

1. a) $\lim\limits_{x\to\infty} f(x) = 0$; $\lim\limits_{x\to-\infty} f(x) = -\infty$

b) $f'(x) = -(4x-2)e^{-2x}$
$f''(x) = (8x-8)e^{-2x}$
$f'''(x) = -(16x-24)e^{-2x}$
$H(0{,}5 | 0{,}37)$

c)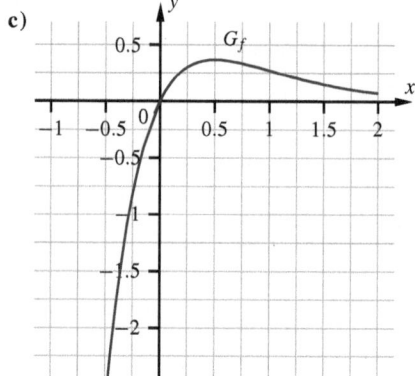

d) $F'(x) = f(x)$

e) $A = \int\limits_0^2 f(x)\,dx = \frac{1-5e^{-4}}{2} \approx 0{,}45$

2. $k'(t) = -\frac{(t-100)t e^{-0{,}02t}}{2500}$
$k'(t) = 0 \Leftrightarrow t = 100$ (mit VZW von $+$ nach $-$)
Wegen des Monotonieverhaltens von G_k ist der relative Hochpunkt bei $t=100$ auch der absolute.
$\Rightarrow t_m = 100$ ist der Zeitpunkt mit maximaler Emissionsrate.

3 Vektoren, Lineare Unabhängigkeit und LGS

3.1 Lineare Gleichungssysteme

3.1.1 Das Gauß-Verfahren

1. a) $L = \{(2; -3; 5)\}$ d) $L = \{(0; 3)\}$
   b) $L = \{(-11; 5; -3)\}$ e) $L = \{(0; 0,5; 0)\}$
   c) $L\{(-7; 7; 7)\}$ f)* $L = \{(1; -2; -1; 4)\}$

2. a) $L = \{(1,5; 0)\}$ d) $L = \{(8; -2)\}$
   b) $L = \{(2; 2; -2)\}$ e) $L = \{(2,5; 0,6; -1)\}$
   c) $L = \{(2; 1; -0,5)\}$ f) $L = \{(-5; 3, -2)\}$

3. a) $a = 500;\ b = 400;\ c = 800$
   b) $x = 1;\ y = 0;\ z = 0$
   c) $x_1 = -1;\ x_2 = -2;\ x_3 = -2$

4. a) $L = \{(-1; 5)\}$ b) $L = \{(4; -3; 1)\}$

5.* a) $a = \frac{505}{3};\ b = -\frac{71}{3};\ c = -\frac{56}{3}$ d_1) $a = -5;\ b = 4;\ c = 1$
    b) $q = 1;\ r = -1;\ s = 2;\ t = 3$ d_2) $a = -6;\ b = 5;\ c = 3$
    c) $x_1 = 5;\ x_2 = 4;\ x_3 = 3;\ x_4 = 2;\ x_5 = 1$ d_3) $a = -2;\ b = 2;\ c = -3$
                                                                         d_4) $a = -2;\ b = 1;\ c = -5$

6. a) (I) $f(1) = -5,5\ \Leftrightarrow\ a + c = -5,5$
      (II) $f(-2) - -12,5\ \Leftrightarrow\ 4a + c - -12,5$ $a - -\frac{7}{3};\ c - -\frac{19}{6}$
   b) (I) $f(2) = 0\ \Leftrightarrow\ 4a + c = 0$
      (II) $f(0) = 4\ \Leftrightarrow\ c = 4$ $a = -1;\ c = 4$

7. a) $f(x) = ax^2 + bx + c$
   $P_1(0|-2): f(0) = -2$ (I) $c = -2$
   $P_2(1|-3): f(1) = -3$ (II) $a + b + c = -3$
   $P_3(3|1): f(3) = 1$ (III) $9a + 3b + c = 1$
   $a = 1;\ b = -2;\ c = -2$
   $f(x) = x^2 - 2x - 2$
   b) $f(x) = ax^2 + bx + c$
      (I) $f(-2) = 6\ \Leftrightarrow\ 4a - 2b + c = 6$
      (II) $f(4) = 19\ \Leftrightarrow\ 16a + 4b + c = 19$
      (III) $f(6) = 38\ \Leftrightarrow\ 36a + 6b + c = 38$ $L = \{(\frac{11}{12}; \frac{1}{3}; 3)\}$ $f(x) = \frac{11}{12}x^2 + \frac{1}{3}x + 3$

8. Gegeben: 14 Köpfe; 48 Füße
Gesucht: Anzahl Schweine; Anzahl Gänse
Variablen: s; g

a) $s + g = 14$
$4s + 2g = 48$
(I) $s + g = 14$
(II) $4s + 2g = 48$
Lösung: $s = 10$; $g = 4 \Rightarrow (10; 4)$
Es gibt also 10 Schweine und 4 Gänse.

b) (III) $s = 2g \Leftrightarrow s - 2g = 0$
(I) $s + g = 14$
(II) $4s + 2g = 48$
(III) $s - 2g = 0$
$s = 10$; $g = 4$ in Gleichung (III) einsetzen: $10 - 2 \cdot 4 = 0$
$2 = 0$ (f) $\Rightarrow$ keine Lösung
Dieses Gleichungssystem ist nicht lösbar. Der Besucher hat Unrecht.

9. J: Alter von Jonas M: Alter der Mutter A: Abstand bis zur Volljährigkeit
$J + M = 52 \Rightarrow J = 52 - M$
$J + A = 18 \Rightarrow 52 - M + A = 18 \Leftrightarrow A = M - 34$
$M + A = \frac{1}{2}(100) = 50 \Rightarrow M + M - 34 = 50 \Leftrightarrow 2M = 84 \Leftrightarrow M = 42$
Aus der 1. Zeile: $J = 52 - 42 = \mathbf{10}$
Jonas ist 10 Jahre alt, seine Mutter 42.

10. $4V = P + 2L$ und $L = 2 + P$
a) wahre Aussage, da: $L = 10$ und $P = 8 \Rightarrow V = 7$
b) falsche Aussage, da: $L = 12$ und $P = 10 \Rightarrow V = 8{,}50$

11.

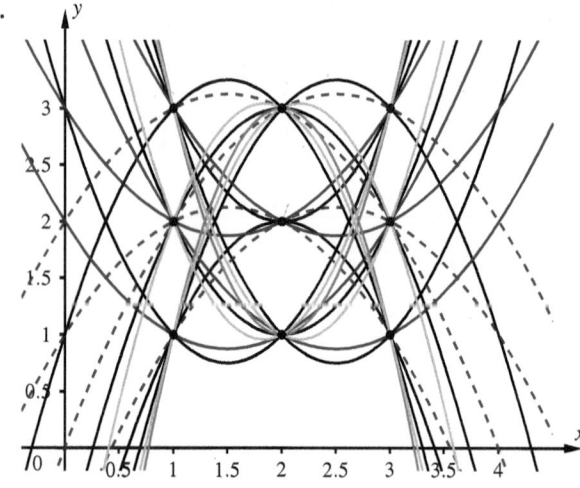

Parabelgleichungen:
1. $y = x^2 - 3x + 3$
2. $y = x^2 - 5x + 7$
3. $y = x^2 - 4x + 6$
4. $y = x^2 - 4x + 5$
5. $y = -x^2 + 4x - 2$
6. $y = -x^2 + 4x - 1$
7. $y = -x^2 + 3x + 1$
8. $y = -x^2 + 5x - 3$
9. $y = 0{,}5x^2 - 2{,}5x + 4$
10. $y = 0{,}5x^2 - 2{,}5x + 5$
11. $y = 0{,}5x^2 - 1{,}5x + 2$
12. $y = 0{,}5x^2 - 1{,}5x + 3$
13. $y = -0{,}5x^2 + 1{,}5x + 1$
14. $y = -0{,}5x^2 + 1{,}5x + 2$
15. $y = -0{,}5x^2 + 2{,}5x$
16. $y = -0{,}5x^2 + 2{,}5x - 1$
17. $y = 2x^2 + 8x + 9$
18. $y = -2x^2 + 8x - 5$
19. $y = 1{,}5x^2 - 6{,}5x + 8$
20. $y = 1{,}5x^2 - 5{,}5x + 6$
21. $y = -1{,}5x^2 + 6{,}5x - 4$
22. $y = -1{,}5x^2 + 5{,}5x - 2$

3.1.2 Lösbarkeit von linearen Gleichungssystemen

1. Umformung ergibt z.B.:

1	3	1	1
0	1	1	2
0	0	0	1

    Aus der 3. Zeile ergibt sich eine falsche Aussage.

2. Umformung ergibt z.B.:

1	3	1	1
0	1	1	2
0	0	0	0

    Die 3. Zeile ist eine Nullzeile.

3. $L = \{(0; 0; 0)\}$ Die Lösungsmenge ergibt sich unmittelbar aus der Dreiecksform.

4. Enya hat 2 Filzplatten und 2 Perlen gekauft.

5. Individuelle Lösungen, z.B.
    - **a)** (I) $a - b + c = -3$
      (II) $a + b = 0$
      (III) $a + b + c = -1$
    - **b)** $2a = 4$; $2b = 10$; $2c = 2$
    - **c)** $a = 0$; $b = 0$; $a + b + c = 7$

6. Individuelle Lösungen, z.B.
    - **a)** (I) $x + y = 3$
      (II) $x + z = 4$
      (III) $x + y + z = 6$
    - **b)** $x + y = 1$; $x + y = 2$; $z = 3$
    - **c)** $x + y = 2$; $2x + 2y = 4$; $z = 22$

7. **a)** (II) $+ 2 \cdot$ (III) $= 0$
    $L = \left\{ \left(-\frac{26}{5} + \frac{7}{5}r; -\frac{22}{5} + \frac{4}{5}r; r \right) \mid r \in \mathbb{R} \right\}$
    b) unterbestimmtes LGS mit 4 Variablen und 3 Gleichungen
    $L = \left\{ \left(6; 5; \frac{3}{2} - \frac{1}{2}r; r \right) \mid r \in \mathbb{R} \right\}$

8. **a)** Unendlich viele Lösungen; $L = \{(2 + z; 4 - 2z; z) \mid z \in \mathbb{R}\}$
    b) Unendlich viele Lösungen; $L = \{(5 - 9y + 2z; y; z) \mid y, z \in \mathbb{R}\}$
    c) Unendlich viele Lösungen; $L = \left\{ \left(2 + 4z; -\frac{3}{4} - \frac{5}{4}z; z \right) \mid z \in \mathbb{R} \right\}$
    d) Keine Lösung; $L = \{\}$

9. **a)** unterbestimmtes LGS; $L = \{(2 - z \mid z - 1 \mid z) \mid z \in \mathbb{R}\}$
    b) unterbestimmtes LGS; $L = \{(d \mid d \mid d \mid d) \mid d \in \mathbb{R}\}$
    c) überbestimmtes LGS; $L = \{\}$
    d) überbestimmtes LGS; $L = \{(0 \mid 0)\}$

10. a) $x \;\hat{=}\;$ Wasser, $y \;\hat{=}\;$ Apfelschorle, $z \;\hat{=}\;$ Fanta

（I）: $\qquad x+y+z = 100$

（II）: $\qquad x+2y+2{,}5z = 200$

in (II): $\qquad y+1{,}5z = 100$

$\qquad\qquad y = 100-1{,}5z$

in (I): $x+(100-1{,}5z)+z = 100$

$\qquad\quad x+100-0{,}5z = 100$

$\qquad\qquad\qquad x = 0{,}5z$

$L = \{(0{,}5z;\; 100-1{,}5z;\; z)|z \in \mathbb{N}\}$

Weitere Bedingungen der Definitionsmenge:
$100-1{,}5z \geq 0 \;\Rightarrow\; 0 \leq z \leq 66$

z muss eine gerade Zahl sein (nur ganze Flaschen). Es gibt also 34 Möglichkeiten die 100 Flaschen auf die drei Erfrischungsgetränke zu verteilen.

b) Konkreter Vorschlag:
Für $z = 30$ erhält man z.B. die Lösung (15; 55; 30).
Nach diesem Vorschlag wird Wasser am wenigsten und Apfelschorle am häufigsten benötigt.

3.1.3 Lineare Gleichungssysteme mit Parameter

1. a) $L = \{(-16;\; -5;\; 7)\}$

b) $L = \left\{\left(-30+\tfrac{56}{2+s};\; -12+\tfrac{28}{2+s};\; \tfrac{28}{2+s}\right)\,\middle|\, s \in \mathbb{R}\setminus\{-2\}\right\}$
Für $s = -2$ ist $L = \{\;\}$.

2. a) Nicht lösbar für $a \in \{-3;\; -2;\; 0\}$; mehrdeutig lösbar für $a = 2$; eindeutig lösbar für $a \in \mathbb{R}\setminus\{-3;\; -2;\; 0;\; 2\}$.

b) Nicht lösbar für $a = 2$; eindeutig lösbar für $a \in \mathbb{R}\setminus\{2\}$.

c) Nicht lösbar für $a = -2$; eindeutig lösbar für $a \in \mathbb{R}\setminus\{-2\}$.

d) Nicht lösbar für $a \in \mathbb{R}\setminus\{-1;\; 0;\; 4\}$; eindeutig lösbar für $a \in \{-1;\; 0;\; 4\}$.

3. $L = \{(2-r;\; 1;\; 10;\; r)|\, r \in \mathbb{R}\}$

4. a) Für $c = 0$ hat das Gleichungssystem keine Lösung.

b) Für $c = -1$ und $c = 10$ hat das Gleichungssystem keine Lösung.

5. Vorgegebene Lösungen für x_1, x_2 und x_3 in Gleichungssystem einsetzen und gesuchte Variablen berechnen:
$a = -2;\, b = 1;\, c = 1$

3.1 Lineare Gleichungssysteme

Übungen zu 3.1

1. a) Genau eine Lösung $\quad L = \{(-15; -9; 5)\}$
   b) Genau eine Lösung $\quad L = \{(-39; -21; 17)\}$
   c) Unendlich viele Lösungen $\quad L = \{(0; b; 2b+3) | b \in \mathbb{R}\}$
   d) Genau eine Lösung $\quad L = \{(7; -4; 1)\}$
   e) Genau eine Lösung $\quad L = \{(-\frac{23}{11}; -\frac{10}{11}; -\frac{28}{11})\}$
   f) Keine Lösung $\quad L = \{\}$
   g) Genau eine Lösung $\quad L = \{(-1; 2; -4)\}$
   h) Unendlich viele Lösungen $\quad L = \{(\frac{4}{5} - \frac{2}{5}z; -\frac{19}{5} - \frac{11}{10}z; z) | z \in \mathbb{R}\}$
   i) Genau eine Lösung $\quad L = \{(2; 2; 2)\}$

2. a) $a = 0$: unendlich viele Lösungen. $a \neq 0$: genau eine Lösung.
   b) $a = 0$: unendlich viele Lösungen. $a = 2$: keine Lösung. $a \in \mathbb{R}\setminus\{0; 2\}$: genau eine Lösung.

3. a: Nudeln; b: Kiste Limonade; c: Milch
   (I) $\quad 4a + b + 2c = 18,30$
   (II) $\quad 3a + 2b + 4c = 32,65$
   (III) $\quad 7a + 0,5b + 3c = 14,90$
   $a = 0,79; \ b = 13,34; \ c = 0,9$
   Eine Packung Nudeln kostet 0,79 €, eine Kiste Limonade 13,34 € und ein Liter Milch 0,90 €.

4. Es gelten $x_1 = 3x_3$; $3x_2 = 2x_4$; $x_2 = 2x_3$ und $4x_2 = 8x_3$.
   Somit ist die kleinste ganzzahlige Lösung mit $x_1 = 3$; $x_2 = 2$; $x_3 = 1$ und $x_4 = 3$ gegeben.

5. $x_1 = 4$; $\quad x_2 = 11$; $\quad x_3 = 2$; $\quad x_4 = 8$

6. a) $x \,\widehat{=}\,$ Rind, $y \,\widehat{=}\,$ Nudeln, $z \,\widehat{=}\,$ Zuckermais
   (I): $\quad 0,02x + 0,2y + 0,02z = 70$
   (II): $\quad 0,3x + \quad\quad\quad\quad 0,01z = 80$
   (III): $\quad\quad\quad\quad\ 0,7y + 0,1z = 240$

   $$\begin{pmatrix} 0,02 & 0,2 & 0,02 & | & 70 \\ 0,3 & 0 & 0,01 & | & 80 \\ 0 & 0,7 & 0,1 & | & 240 \end{pmatrix} \Rightarrow \begin{pmatrix} 1 & 0 & \frac{1}{30} & | & \frac{80}{3} \\ 0 & 1 & \frac{29}{300} & | & \frac{970}{3} \\ 0 & 0 & \frac{97}{3000} & | & \frac{41}{3} \end{pmatrix}$$

   $x = \frac{24\,500}{97} \approx 252,577$; $y = \frac{27\,400}{97} \approx 282,474$; $z = \frac{41\,000}{97} \approx 422,68$

   Das Gericht für Notfälle besteht aus 253 g Rindfleisch, 282 g Nudeln und 423 g Zuckermais.

   b) Die empfohlene tägliche Zufuhr beträgt für Erwachsene ab 19 Jahren bis unter 65 Jahre 0,8 g **Protein** pro kg Körpergewicht, 1,0 g **Fett** pro kg Körpergewicht und 4 g **Kohlenhydrate** pro kg Körpergewicht. Der Kohlenhydratanteil an dem Gericht scheint etwas gering.

   Neues LGS mit 320 g Kohlenhydraten
   $$\begin{pmatrix} 0,02 & 0,2 & 0,02 & | & 70 \\ 0,3 & 0 & 0,01 & | & 80 \\ 0 & 0,7 & 0,1 & | & 320 \end{pmatrix}$$

   $x = \frac{16\,500}{97} \approx 170,103$; $y = \frac{4200}{97} \approx 43,299$; $z = \frac{281\,000}{97} \approx 2896,907$

   Es sollte eventuell ein anderes Gemüse als Zuckermais verwendet werden.

7. a) Es bezeichne K die ME Kirschsaft und B die ME Bananensaft (gemessen in 100 ml).
Die 1. Zeile des LGS bezieht sich auf den Vitamin-C-Bedarf von 60 mg und lautet $19K + 8B = 60$.
Die 2. Zeile des LGS bezieht sich auf die Menge von 200 ml und lautet $K + B = 2$.

b) $\begin{array}{cc|c} 19 & 8 & 60 \\ 1 & 1 & 2 \end{array} \Rightarrow L = \{(4; -2)\}$

$\begin{array}{cc|c} 19 & 8 & 60 \\ 1 & 1 & 4 \end{array} \Rightarrow L = \{(\frac{28}{11}; \frac{16}{11})\}$

c) $L = \{(4; -2)\}$: Für den KiBa benötigt Merle 4 ME Kirschsaft und -2 ME Bananensaft. Diese (mathematische) Lösung ist nicht realisierbar.
$L = \{(\frac{28}{11}; \frac{16}{11})\}$: Für den KiBa benötigt Merle ca. 2,5 ME Kirschsaft und ca. 1,5 ME Bananensaft.

d) $\begin{array}{ccc|c} 30 & 19 & 8 & 100 \\ 1 & 1 & 1 & 2 \end{array} \Rightarrow$ besitzt unendlich viele Lösungen. $L = \{(\frac{24}{11} + B; \frac{20}{11} - 2B; B) | B \in \mathbb{R}\}$

8. (I) $\quad x + y + z = 6$
(II) $\quad 2x = y + z$
(III) $\quad x + y = z$
$L = \{(2; 1; 3)\}$

9. $\begin{array}{ccc|c} 2 & 4 & 6 & 20 \\ 2 & 5 & 7 & 23 \\ 0 & 5 & 3 & 11 \end{array} \Rightarrow L = \{(2; 1; 2)\}$

10. $\begin{array}{ccc|c} 2 & 3 & 4 & 1627 \\ 4 & 2 & 1 & 1018 \\ 2 & 0 & 1 & 508 \end{array} \Rightarrow L = \{(130; 125; 248)\}$

11. a) $y = 2x + 1$
$y = -x + 4$
Die zu den Gleichungen gehörenden Geraden schneiden sich genau in einem Punkt. Das Gleichungssystem hat genau eine Lösung: $L = \{(1; 3)\}$

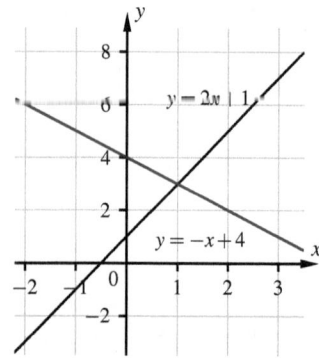

3.1 Lineare Gleichungssysteme

b) $y = 2x+1$
$y = 2x + \frac{3}{2}$
$y = 2x+2$
Die drei Geraden verlaufen parallel zueinander, haben also keinen Punkt gemeinsam. Das Gleichungssystem hat keine Lösung.
$L = \{\ \}$

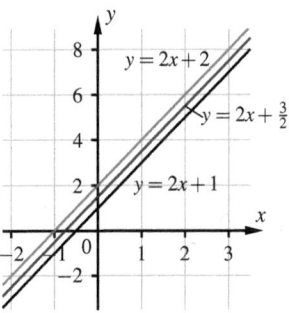

c) $y = -\frac{1}{2}x - \frac{1}{2}$
$y = -\frac{1}{2}x - \frac{1}{2}$
Die beiden Geraden sind identisch und haben somit unendlich viele gemeinsame Punkte. Das Gleichungssystem hat demzufolge unendlich viele Lösungen: $L = \{(x;\ -\frac{1}{2}x - \frac{1}{2})\ |\ x \in \mathbb{R}\}$

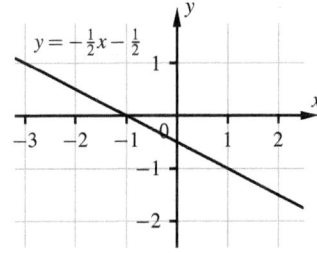

12. Ampelabfrage
 a) Richtig ist Grün.
 b) Richtig ist Rot.
 c) Richtig ist Rot.

Test A zu 3.1

1. a) $L = \{(3;\ 2)\}$ **b)** $L = \{(1;\ -1;\ 2)\}$ **c)** $L = \{(1;\ 2;\ -3)\}$

2. a) Unendlich viele Lösungen $\quad L = \{(8;\ \frac{1}{3} - \frac{1}{3}z;\ z)\ |\ z \in \mathbb{R}\}$
 b) Keine Lösung $\quad L = \{\ \}$
 c) Genau eine Lösungen $\quad L = \{(0;\ -0{,}5;\ 1)\}$
 d) Unendlich viele Lösungen $\quad L = \{(7 + 7y - 8z;\ y;\ z)\ |\ y \in \mathbb{R},\ z \in \mathbb{R}\}$

3. $\begin{array}{cccc|c} 3 & 1 & 3 & 1 & 52{,}5 \\ 3 & 1 & 2 & 1 & 47{,}5 \\ 2 & 1 & 2 & 2 & 44 \\ 5 & 1 & 1 & 1 & 61{,}5 \end{array} \Rightarrow L = \{(9{,}5;\ 3;\ 5;\ 6)\}$

Test B zu 3.1

1. a) Unendlich viele Lösungen $\quad L = \{(-\frac{3}{5}-d;\ \frac{2}{5}-2d;\ \frac{1}{5}+2d;\ d) \mid d \in \mathbb{R}\}$
b) Keine Lösung $\quad L = \{\ \}$

2. a) $f(x) = ax^2 + bx + c$
$\quad P(1|0): f(1) = 0 \quad$ (I) $\quad a+b+c = 0$
$\quad Q(0|5): f(0) = 5 \quad$ (II) $\quad c = 5$
$\quad R(7|3): f(7) = 3 \quad$ (III) $\quad 49a+7b+c = 3$
$\quad a = \frac{11}{14};\ b = -\frac{81}{14};\ c = 5$
$\quad f(x) = \frac{11}{14}x^2 - \frac{81}{14}x + 5$

b) $f(x) = ax^2 + bx + c$
$\quad P(-2|6): f(-2) = 6 \quad$ (I) $\quad 4a - 2b + c = 6$
$\quad Q(2|6): f(2) = 6 \quad$ (II) $\quad 4a + 2b + c = 6$
$\quad R(0|-2): f(0) = -2 \quad$ (III) $\quad c = -2$
$\quad a = 2;\ b = 0;\ c = -2$
$\quad f(x) = 2x^2 - 2$

c) $f(x) = ax^2 + bx + c;\quad f'(x) = 2ax + b$
$\quad S(-4|8): f(-4) = 8 \quad$ (I) $\quad 16a - 4b + c = 8$
$\quad \ f'(-4) = 0 \quad$ (II) $\quad -8a + b = 0$
$\quad P(0|16): f(0) = 16 \quad$ (III) $\quad c = 16$
$\quad a = 0{,}5;\ b = 4;\ c = 16$
$\quad f(x) = 0{,}5x^2 + 4x + 16$

3. $\begin{array}{ccc|c} 1 & 3 & 2 & 560 \\ 2 & 2 & 3 & 590 \\ 4 & 3 & 1 & 810 \end{array} \Rightarrow L = \{(100;\ 120;\ 50)\}$

3.2 Vektoren und einfache Vektoroperationen

3.2.1 Punkte im Raum

1. a) $C(20|25|0);\ D(0|20|20);\ E(0|25|0)$
   b) $d(A;B) = \sqrt{(10-30)^2+(25-20)^2+(15-20)^2}$
      $= \sqrt{450} \approx 21{,}21$
      $d(C;E) = \sqrt{(0-20)^2+(25-25)^2+(0-0)^2}$
      $= 20$
      $d(A;D) = \sqrt{(0-30)^2+(20-20)^2+(20-20)^2}$
      $= 30$

2. a) $A(2|0|0);\ B(0|2|0);\ C(-2|0|0);\ D(0|-2|0);\ S(0|0|3)$
   $d(A;B) = d(B;C) = d(C;D) = d(D;A) = \sqrt{8} \approx 2{,}83$
   $d(A;S) = d(B;S) = d(C;S) = d(D;S) = \sqrt{13} \approx 3{,}61$
   b)

$A'(4|0|0);\ B'(0|4|0);\ C'(-4|0|0);\ D'(0|-4|0);$
$S'(0|0|6)$

3.2.2 Vektoren in der Ebene und im Raum

1. a) $|\overrightarrow{AB}| = |\overrightarrow{IJ}|;\ |\overrightarrow{GH}| = |\overrightarrow{LK}| = |\overrightarrow{CD}|$ b) $\overrightarrow{EF}, \overrightarrow{AB}$ c) $\overrightarrow{EF}, \overrightarrow{AB}, \overrightarrow{IJ}$ sowie $\overrightarrow{GH}, \overrightarrow{LK}$

2. a) 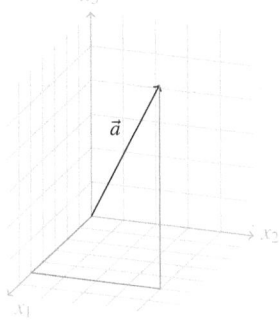   b) 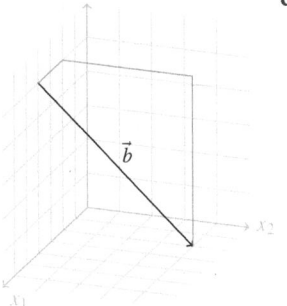   c)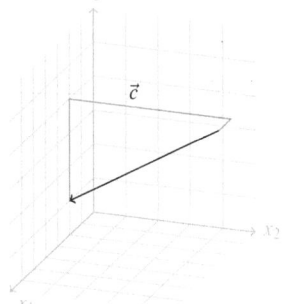

$|\vec{a}| = \sqrt{25+16+36}$ $|\vec{b}| = \sqrt{4+16+25}$ $|\vec{c}| = \sqrt{1+25+9}$
$= \sqrt{77} \approx 8{,}77$ $= \sqrt{45} \approx 6{,}71$ $= \sqrt{35} \approx 5{,}92$

3. a) $\overrightarrow{OP} = \begin{pmatrix} 5 \\ 7 \\ 1 \end{pmatrix}$ b) $\overrightarrow{OQ} = \begin{pmatrix} -3 \\ 4 \\ 2 \end{pmatrix}$ c) $\overrightarrow{OR} = \begin{pmatrix} 0 \\ -3 \\ 3 \end{pmatrix}$

4. $\overrightarrow{AB} = \begin{pmatrix} 0-4 \\ 2-(-2) \\ 2-2 \end{pmatrix} = \begin{pmatrix} -4 \\ 4 \\ 0 \end{pmatrix}$; $\overrightarrow{BC} = \begin{pmatrix} 2-0 \\ -1-2 \\ 4-2 \end{pmatrix} = \begin{pmatrix} 2 \\ -3 \\ 2 \end{pmatrix}$; $\overrightarrow{AC} = \begin{pmatrix} 2-4 \\ -1-(-2) \\ 4-2 \end{pmatrix} = \begin{pmatrix} -2 \\ 1 \\ 2 \end{pmatrix}$

$|\overrightarrow{AB}| = \sqrt{32}$; $|\overrightarrow{BC}| = \sqrt{17}$; $|\overrightarrow{AC}| = 3$; $u = \sqrt{32} + \sqrt{17} + 3 \approx 12{,}78$

5. $\overrightarrow{AB} = \begin{pmatrix} 2 \\ -2 \end{pmatrix}$; $\overrightarrow{BC} = \begin{pmatrix} 3 \\ 3 \end{pmatrix}$; $\overrightarrow{CD} = \begin{pmatrix} -6 \\ 2 \end{pmatrix}$; $\overrightarrow{DA} = \begin{pmatrix} 1 \\ -3 \end{pmatrix}$

$|\overrightarrow{AB}| = 2\sqrt{2}$; $|\overrightarrow{BC}| = 3\sqrt{2}$; $|\overrightarrow{CD}| = 2\sqrt{10}$; $|\overrightarrow{DA}| = \sqrt{10}$. Es liegt also kein Parallelogramm vor.

6. $\sqrt{(3-2)^2 + (a-1)^2 + (10-2)^2} = 9 \Leftrightarrow \sqrt{66 + a^2 - 2a} = 9 \Leftrightarrow a^2 - 2a - 15 = 0$
$\Rightarrow a_1 = -3;\ a_2 = 5$

7. a) $\overrightarrow{AB} = \begin{pmatrix} 8 \\ -11 \end{pmatrix}$; $\overrightarrow{CD} = \begin{pmatrix} 8 \\ 11 \end{pmatrix} - \begin{pmatrix} x \\ y \end{pmatrix} = \begin{pmatrix} 8 \\ -11 \end{pmatrix} \Rightarrow \begin{pmatrix} x \\ y \end{pmatrix} = \begin{pmatrix} 0 \\ 22 \end{pmatrix} \Rightarrow C(0|22)$

b) $\overrightarrow{AB} = \begin{pmatrix} -1 \\ -8 \\ -7 \end{pmatrix}$; $\overrightarrow{CD} = \begin{pmatrix} 3 \\ 3 \\ 7 \end{pmatrix} - \begin{pmatrix} x \\ y \\ z \end{pmatrix} = \begin{pmatrix} -1 \\ -8 \\ -7 \end{pmatrix} \Rightarrow \begin{pmatrix} x \\ y \\ z \end{pmatrix} = \begin{pmatrix} 4 \\ 11 \\ 14 \end{pmatrix} \Rightarrow C(4|11|14)$

8. $\vec{a} = \begin{pmatrix} 2{,}5 - 5 \\ 2{,}5 - 0 \\ 0 - 0 \end{pmatrix} = \begin{pmatrix} -2{,}5 \\ 2{,}5 \\ 0 \end{pmatrix}$; $\vec{b} = \begin{pmatrix} 2{,}5 - 5 \\ 2{,}5 - 0 \\ 5 - 0 \end{pmatrix} = \begin{pmatrix} -2{,}5 \\ 2{,}5 \\ 5 \end{pmatrix}$;

$\vec{c} = \begin{pmatrix} 0 - 2{,}5 \\ 5 - 2{,}5 \\ 0 - 5 \end{pmatrix} = \begin{pmatrix} -2{,}5 \\ 2{,}5 \\ -5 \end{pmatrix}$; $\vec{h} = \begin{pmatrix} 2{,}5 - 2{,}5 \\ 2{,}5 - 2{,}5 \\ 5 - 0 \end{pmatrix} = \begin{pmatrix} 0 \\ 0 \\ 5 \end{pmatrix}$

3.2.3 Einfache Vektoroperationen

1. $\vec{a} = \begin{pmatrix} 3 \\ 0 \end{pmatrix}$; $\vec{b} = \begin{pmatrix} 0 \\ 2 \end{pmatrix}$; $\vec{c} = \begin{pmatrix} -2 \\ 1 \end{pmatrix}$

   a) $\vec{a} + \vec{b} = \begin{pmatrix} 3 \\ 2 \end{pmatrix}$ d) $\vec{a} - \vec{b} - \vec{c} = \begin{pmatrix} 5 \\ -3 \end{pmatrix}$

   b) $\vec{a} + \vec{b} + \vec{c} = \begin{pmatrix} 1 \\ 3 \end{pmatrix}$ e) $-\vec{b} + \vec{c} + \vec{a} = \begin{pmatrix} 1 \\ -1 \end{pmatrix}$

   c) $\vec{a} - \vec{c} = \begin{pmatrix} 5 \\ -1 \end{pmatrix}$ f) $2\vec{a} + \vec{b} = \begin{pmatrix} 6 \\ 2 \end{pmatrix}$

   g) $\vec{a} - 0{,}5\vec{b} + 3\vec{c} = \begin{pmatrix} -3 \\ 2 \end{pmatrix}$

   h) $2\vec{a} - 3\vec{b} + 0{,}5\vec{c} = \begin{pmatrix} 5 \\ -5{,}5 \end{pmatrix}$

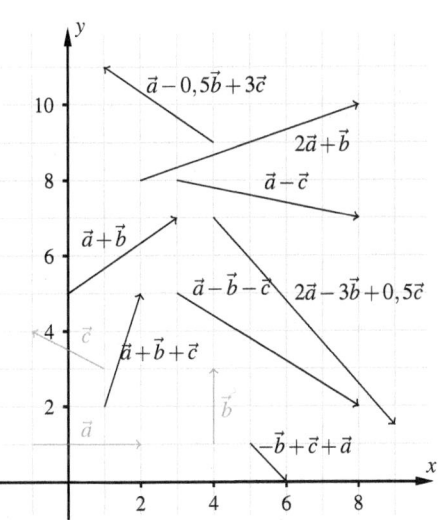

2. a) $\begin{pmatrix} -0{,}25 \\ 10{,}5 \\ 6 \end{pmatrix}$ c) $\begin{pmatrix} 4 \\ -2 \\ -24 \end{pmatrix}$ e) $\begin{pmatrix} -1{,}5 \\ -4{,}25 \\ -4 \end{pmatrix}$ g) $\begin{pmatrix} 2{,}5 \\ 24{,}5 \\ 7 \end{pmatrix}$

   b) $\begin{pmatrix} 1 \\ 4{,}5 \\ 7 \end{pmatrix}$ d) $\begin{pmatrix} 1{,}25 \\ 30{,}5 \\ 6 \end{pmatrix}$ f) $\begin{pmatrix} -\frac{25}{12} \\ -\frac{38}{3} \\ -\frac{2}{3} \end{pmatrix}$ h) $\begin{pmatrix} -3{,}5 \\ 2{,}5 \\ -22 \end{pmatrix}$

3. a) – d)

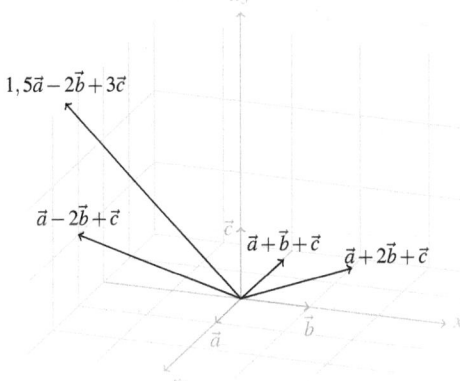

4. $M_{\overrightarrow{PQ}}(\frac{3+7}{2} | \frac{6+2}{2} | \frac{7+5}{2}) = M_{\overrightarrow{PQ}}(5|4|6)$

5. a)

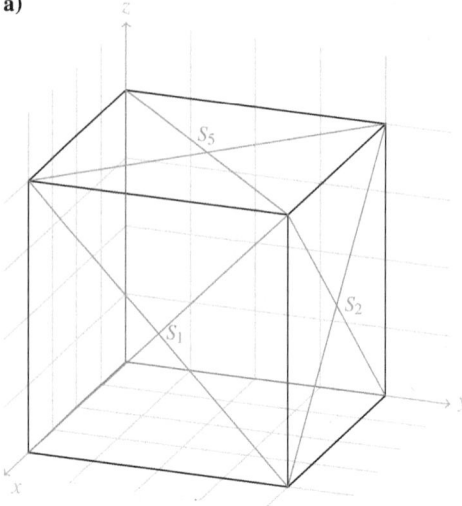

Der Übersichtlichkeit halber sind in der Skizze lediglich sechs der zwölf Diagonalen eingezeichnet.

b) $S_1(4|2|2)$
$S_2(2|4|2)$
$S_3(0|2|2)$
$S_4(2|0|2)$
$S_5(2|2|4)$
$S_6(2|2|0)$

6. $\overrightarrow{AB} = \begin{pmatrix} 1-2 \\ 2-3 \\ 3-4 \end{pmatrix} = \begin{pmatrix} -1 \\ -1 \\ -1 \end{pmatrix}$; $\overrightarrow{BC} = \begin{pmatrix} 5-1 \\ 6-2 \\ 7-3 \end{pmatrix} = \begin{pmatrix} 4 \\ 4 \\ 4 \end{pmatrix}$; $\overrightarrow{CD} = \begin{pmatrix} 4-5 \\ 6-6 \\ 7-7 \end{pmatrix} = \begin{pmatrix} -1 \\ 0 \\ 0 \end{pmatrix}$;

$\overrightarrow{DA} = \begin{pmatrix} 2-4 \\ 3-6 \\ 4-7 \end{pmatrix} = \begin{pmatrix} -2 \\ -3 \\ -3 \end{pmatrix}$

Die gegenüberliegenden Vektoren sind nicht parallel und nicht gleich lang. Es liegt daher kein Parallelogramm vor.

7. a) $\overrightarrow{AC} = \vec{a} + \vec{b}$; $\overrightarrow{AG} = \vec{a} + \vec{b} + \vec{c}$; $\overrightarrow{AH} = \vec{b} + \vec{c}$; $\overrightarrow{HA} = -\vec{c} - \vec{b}$; $\overrightarrow{DF} = \vec{a} - \vec{b} + \vec{c}$
b) $\overrightarrow{AM} = \vec{a} + 0{,}5\vec{b}$; $\overrightarrow{AS} = \vec{b} + 0{,}5\vec{a} + 0{,}5\vec{c}$; $\overrightarrow{SE} = 0{,}5\vec{c} - 0{,}5\vec{a} - \vec{b}$
c) $\overrightarrow{MS} = 0{,}5\vec{b} - 0{,}5\vec{a} + 0{,}5\vec{c}$

8. a) $3x = 1 - 7 \Rightarrow x = -2$
$5x = 2 - 12 \Rightarrow x = -2$
$x = 1 - (-1) \Rightarrow x = 2 \Rightarrow L = \{\}$
b) $20 = 12x - 2x \Rightarrow x = 2$
$4 = 4x - 2x \Rightarrow x = 2$
$-14 = 4x - 6x \Rightarrow x = 7 \Rightarrow L = \{\}$
c) $4 + 2 = x \Rightarrow x = 6$
$x + 4 = 10 \Rightarrow x = 6$
$2 + 6 = x + 2 \Rightarrow x = 6 \Rightarrow L = \{6\}$
d) $\quad 2 - 4 + x = 2 \Rightarrow x = 4$
$\quad x - 0 + 2 = 6 \Rightarrow x = 4$
$1 + 1 + 2x = x + 4 \Rightarrow x = 2 \Rightarrow L = \{\}$

3.2 Vektoren und einfache Vektoroperationen

9. $11 = |\vec{PQ} - \vec{RS}| = \left|\begin{pmatrix} 5-2 \\ 10-2 \\ 25-1 \end{pmatrix} - \begin{pmatrix} 4-3 \\ 6-a \\ 5-0 \end{pmatrix}\right| = \left|\begin{pmatrix} 2 \\ 2+a \\ 19 \end{pmatrix}\right| = \sqrt{2^2 + (2+a)^2 + 19^2}$

$\Leftrightarrow \ 121 = 4 + 4 + 2a + a^2 + 361 \ \Leftrightarrow \ 0 = a^2 + 2a + 248 \ \Rightarrow \ L = \{\}$

10. Ampelabfrage: Richtig ist Gelb.

Übungen zu 3.2

1. a) $\vec{a} = \begin{pmatrix} 28 \\ -5 \\ 13 \end{pmatrix}$ b) $\vec{b} = \begin{pmatrix} -10,9 \\ -9,3 \\ -9,2 \end{pmatrix}$

2. Seien $\vec{a}$ und $\vec{c}$ die beiden gleich langen und parallelen Seiten. Es gilt also $\vec{a} = \vec{c}$, d. h. $\vec{a} - \vec{c} = \vec{0}$.
Wir müssen zeigen, dass die Vektoren $\vec{b}$ und $\vec{d}$ identisch sind. Dann sind auch diese Seiten gleich lang und parallel.

$\vec{a} + \vec{d} = \vec{b} + \vec{c} \ \Rightarrow \ \vec{a} - \vec{c} + \vec{d} = \vec{b} \ \Rightarrow \ \vec{0} + \vec{d} = \vec{b} \ \Rightarrow \ \vec{d} = \vec{b}$

▶ Beachte die Anordnung der Pfeilspitzen.

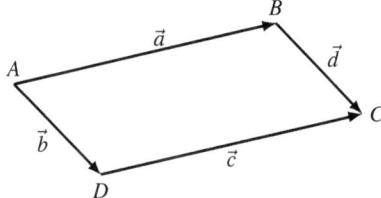

3. Es ist zu zeigen: $\overrightarrow{M_aM_d} = -\overrightarrow{M_cM_b}$.

$\begin{aligned} & \vec{a} + \vec{d} = (-\vec{b}) + (-\vec{c}) \\ \Leftrightarrow \quad & \vec{a} + \vec{d} = -(\vec{b} + \vec{c}) \\ \Leftrightarrow \quad & \tfrac{1}{2}\vec{a} + \tfrac{1}{2}\vec{d} = -(\tfrac{1}{2}\vec{c} + \tfrac{1}{2}\vec{b}) \\ \Leftrightarrow \quad & \overrightarrow{M_aM_d} = -\overrightarrow{M_cM_b} \end{aligned}$

▶ Beachte die Anordnung der Pfeilspitzen.

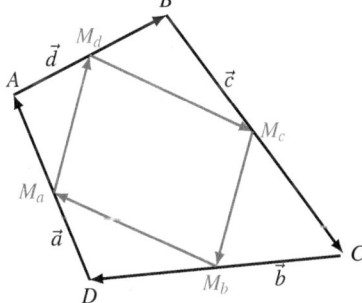

4. Die drei Seiten des Dreiecks sind eine geschlossene Vektorkette. Also ergibt ihre Summe den Nullvektor:
$\vec{a} + \vec{b} + \vec{c} = \vec{0}$

$\begin{aligned} \vec{m_1} + \vec{m_2} + \vec{m_3} &= (\vec{c} + \tfrac{1}{2}\vec{a}) + (\vec{a} + \tfrac{1}{2}\vec{b}) + (\vec{b} + \tfrac{1}{2}\vec{c}) \\ &= \tfrac{3}{2}(\vec{a} + \vec{b} + \vec{c}) \\ &= \tfrac{3}{2}\vec{0} = \vec{0} \end{aligned}$

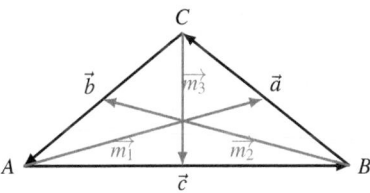

5.

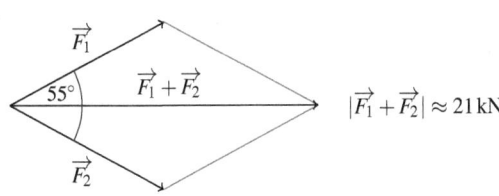

$|\vec{F_1} + \vec{F_2}| \approx 21\,\text{kN}$

6.

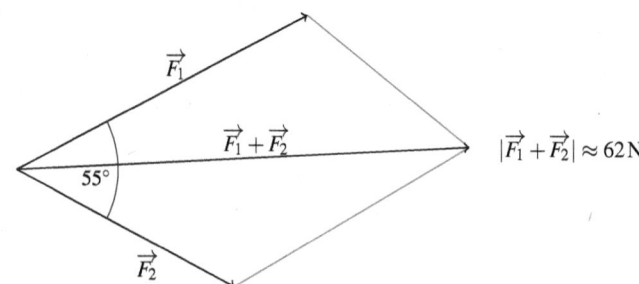

$|\vec{F_1} + \vec{F_2}| \approx 62\,\text{N}$

7. a)

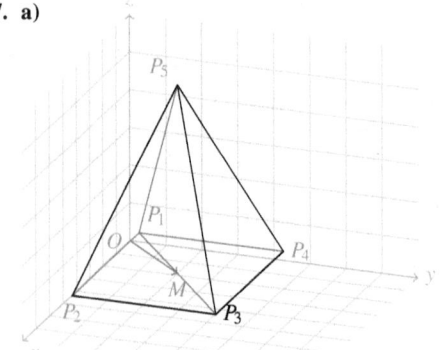

b) $\overrightarrow{P_1P_2} = \begin{pmatrix} 7-2 \\ 1-1 \\ 1-1 \end{pmatrix} = \begin{pmatrix} 5 \\ 0 \\ 0 \end{pmatrix}$

$\overrightarrow{P_2P_3} = \begin{pmatrix} 7-7 \\ 5-1 \\ 1-1 \end{pmatrix} = \begin{pmatrix} 0 \\ 4 \\ 0 \end{pmatrix}$

$\overrightarrow{P_3P_4} = \begin{pmatrix} 2-7 \\ 5-5 \\ 1-1 \end{pmatrix} = \begin{pmatrix} -5 \\ 0 \\ 0 \end{pmatrix}$

$\overrightarrow{P_4P_5} = \begin{pmatrix} 4{,}5-2 \\ 3-5 \\ 6-1 \end{pmatrix} = \begin{pmatrix} 2{,}5 \\ -2 \\ 5 \end{pmatrix}$

$\overrightarrow{P_1P_3} = \begin{pmatrix} 5 \\ 4 \\ 0 \end{pmatrix} \quad \overrightarrow{P_4P_2} = \begin{pmatrix} 5 \\ -4 \\ 0 \end{pmatrix}$

c) $\overrightarrow{P_1P_3}$ ist eine Diagonale der rechteckigen Grundfläche.
$\overrightarrow{P_4P_5}$ und $\overrightarrow{P_2P_5}$ sind Seitenkanten der Pyramide.

d) Länge einer Seitenkante: $|\overrightarrow{P_2P_5}| = \sqrt{(-2{,}5)^2 + 2^2 + 5^2} \approx 5{,}94$

e) $\overrightarrow{OM} = \overrightarrow{OP_1} + 0{,}5 \cdot \overrightarrow{P_1P_2} + 0{,}5 \cdot \overrightarrow{P_2P_3} = \begin{pmatrix} 4{,}5 \\ 3 \\ 1 \end{pmatrix}$

f) $h = 5$

g) $A = |\overrightarrow{P_1P_2}| \cdot |\overrightarrow{P_2P_3}| = 20$

8. a) Die Linien unterscheiden sich in ihrer Farbe, der Form des Linienendes, ihrer Länge sowie ihrer Lage im Raum. Durch die Angabe dieser Attribute können die markierten Linien eindeutig beschrieben werden. ▶ Linienstil und Linienbreite sind bei allen gleich.
b) Wir modellieren die markierten Linien als vierdimensionale Zeilenvektoren in der Form („Anfangspunkt"; „Endpunkt"; „Farbe"; „Linienende"):
((6|1); (7|1); blau; Quadrat);   ((4|4); (6|4); grün; Kreis);
((6|8); (7|8); gelb; ohne);   ((7|6); (10|8); violett; Pfeilspitze)

3.2 Vektoren und einfache Vektoroperationen

9. Das Ausgangssymbol wird durch folgende Vektoren beschrieben, wobei die Ortsvektoren für die Eckpunkte stehen:

$$\vec{OP}=\begin{pmatrix}4\\1\\2\end{pmatrix};\ \vec{OQ}=\begin{pmatrix}4\\2\\1\end{pmatrix};\ \vec{OR}=\begin{pmatrix}2,5\\1\\2\end{pmatrix};\ \vec{PQ}=\begin{pmatrix}4-4\\2-1\\1-2\end{pmatrix}=\begin{pmatrix}0\\1\\-1\end{pmatrix};\ \vec{PR}=\begin{pmatrix}2,5-4\\1-1\\2-2\end{pmatrix}=\begin{pmatrix}-1,5\\0\\0\end{pmatrix}$$

$$\vec{OT}=\vec{OP}+2\cdot\vec{PR}=\begin{pmatrix}4\\1\\2\end{pmatrix}+\begin{pmatrix}-3\\0\\0\end{pmatrix}=\begin{pmatrix}1\\1\\2\end{pmatrix};\ \vec{OU}=\vec{OT}+\vec{PQ}=\begin{pmatrix}1\\1\\2\end{pmatrix}+\begin{pmatrix}0\\1\\-1\end{pmatrix}=\begin{pmatrix}1\\2\\1\end{pmatrix}$$

$$\vec{OS}=\vec{OR}+0,5\cdot\vec{PQ}=\begin{pmatrix}2,5\\1\\2\end{pmatrix}+\begin{pmatrix}0\\0,5\\-0,5\end{pmatrix}=\begin{pmatrix}2,5\\1,5\\1,5\end{pmatrix}$$

$$\vec{RS}=\begin{pmatrix}2,5-2,5\\1,5-1\\1,5-2\end{pmatrix}=\begin{pmatrix}0\\0,5\\-0,5\end{pmatrix};\ \vec{RT}=\begin{pmatrix}1-2,5\\1-1\\2-2\end{pmatrix}=\begin{pmatrix}-1,5\\0\\0\end{pmatrix};\ \vec{TU}=\begin{pmatrix}1-1\\2-1\\1-2\end{pmatrix}=\begin{pmatrix}0\\1\\-1\end{pmatrix}$$

Bei einer zentrischen Streckung mit dem Faktor 3 zum Zentrum $(0|0|0)$ ergeben sich die neuen Koordinaten durch Multiplikation der alten Koordinaten mit dem Faktor 3. Die Ortsvektoren der neuen Eckpunkte sowie die Vektoren der neuen Kanten haben folgende Koordinaten:

$$\vec{OP'}=\begin{pmatrix}12\\3\\6\end{pmatrix};\ \vec{OQ'}=\begin{pmatrix}12\\6\\3\end{pmatrix};\ \vec{OR'}=\begin{pmatrix}7,5\\3\\6\end{pmatrix};\ \vec{OS'}=\begin{pmatrix}7,5\\4,5\\4,5\end{pmatrix};\ \vec{OT'}=\begin{pmatrix}3\\3\\6\end{pmatrix};\ \vec{OU'}=\begin{pmatrix}3\\6\\3\end{pmatrix}$$

$$\vec{P'Q'}=\begin{pmatrix}0\\3\\-3\end{pmatrix};\ \vec{P'R'}=\begin{pmatrix}-4,5\\0\\0\end{pmatrix};\ \vec{R'S'}=\begin{pmatrix}0\\1,5\\-1,5\end{pmatrix};\ \vec{R'T'}=\begin{pmatrix}-4,5\\0\\0\end{pmatrix};\ \vec{T'U'}=\begin{pmatrix}0\\3\\-3\end{pmatrix}$$

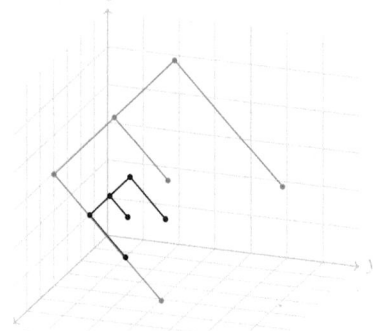

10. a) Hochspannungsmasten haben eine Höhe von ca. 20 Metern. Da sich das Ziel 10 Meter über dem Startpunkt befindet, sollte die Drohne mindestens 35 Meter hoch steigen. Unter der Annahme, dass sich keine Erhebung zwischen Start- und Landepunkt befindet.

b) Steigen: 35 Meter, Flug in 35 Meter Höhe: $\sqrt{300^2+200^2}=360,6$ Meter,
Sinken: 25 Meter. Summe: 420,5 Meter.
$O(0|0|0) \Rightarrow Q(0|0|35) \Rightarrow R(300|200|35) \Rightarrow P(300|200|10)$

c) *Lösung 1:* Annahme einer konstanten Geschwindigkeit von ca. $6\,\frac{m}{s}$: $t = \frac{420,5\,m}{6\,\frac{m}{s}} = 70$ s

Lösung 2: Steigen und Sinken mit ca. $5\,\frac{m}{s}$: $t_1 = \frac{60\,m}{5\,\frac{m}{s}} = 12$ s

Querflug mit ca. $10\,\frac{m}{s}$: $t_2 = \frac{361\,m}{10\,\frac{m}{s}} = 36$ s. $\quad t = t_1 + t_2 = 48$ s

Nach ca. einer Minute ist die Drohne an ihrem Ziel.

d) *Technische Einschränkungen:* Reichweite, Akku, maximale Transportkapazität schnell erreicht, Ladezeit für leeren Akku.

Umgebung: Nur bei schwachem Wind und ohne Niederschlag einsetzbar, Flugrouten evtl. durch Hindernisse (Anhöhen, Bäume, Antennen, Schornsteine) nur sehr aufwändig kalkulierbar.

Rechtliche Aspekte: Haftungspflicht bei Absturz / Kollision kann durch Sach- oder Personenschaden hohe Kosten verursachen, weitere Einschränkung der Flugrouten durch Überflugverbot von Krankenhäusern, Naturschutzgebieten, Menschenansammlungen oder auch Kasernen, minimaler Abstand zu einem Flughafen sind 5 km, maximale Flughöhe von Drohnen zwischen 5 und 25 kg Masse sind 50 Meter.

11. a) Der Wettkampf endet unentschieden. Die Kugel bewegt sich entlang der Mittellinie nach unten.

b) Das vermeintlich schwächere Team besteht aus Sven und Christian, denn die Summe der roten Pfeillängen ist kürzer als die Summe der blauen Pfeillängen.

Wenn Christian seine Position wie dargestellt ändert, dann gewinnt sogar das rote Team, da die resultierende Kraft $\vec{F_R}$ in die Richtung des roten Teams zeigt.

Man beachte: Das schwächere Team hat jedoch keine Chance zu gewinnen, wenn sich das stärkere Team geschickt aufstellt. (Wann ist das der Fall?)

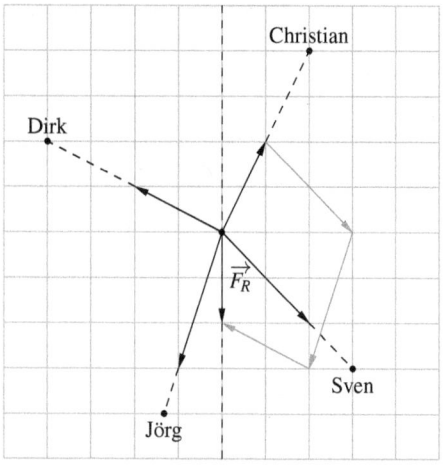

12. Seien $\vec{a} = \overrightarrow{CB}$, $\vec{b} = \overrightarrow{AC}$ und $\vec{c} = \overrightarrow{AB}$. Nun ist $\overrightarrow{M_b M_a} = \frac{1}{2}\vec{b} + \frac{1}{2}\vec{a} = \frac{1}{2}(\vec{b} + \vec{a}) = \frac{1}{2}\vec{c}$, also $|\overrightarrow{M_b M_a}| = \frac{1}{2}c$.

13.* Ansatz: z.B. Spiegelung des Punktes $C(7|6|9)$ an der x_1-Achse

- Punkt auf x_1-Achse mit der kürzesten Entfernung zu C: $P_x \begin{pmatrix} 7 \\ 0 \\ 0 \end{pmatrix}$

- Spiegeln des Punktes C an P_x als Vektorkette:

$$\overrightarrow{OC_x} = \overrightarrow{OC} + 2 \cdot \overrightarrow{CP_x} = \begin{pmatrix} 7 \\ 6 \\ 9 \end{pmatrix} + 2 \cdot \begin{pmatrix} 7-7 \\ 0-6 \\ 0-9 \end{pmatrix} = \begin{pmatrix} 7 \\ -6 \\ -9 \end{pmatrix}$$

$C_x(7|-6|-9); \quad C_y(-7|6|-9); \quad C_z(-7|-6|9)$

3.2 Vektoren und einfache Vektoroperationen

Test A zu 3.2

1. a) $D(0|2|-1)$

b)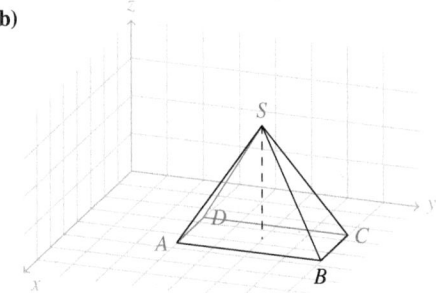

c) $\vec{AB} = \begin{pmatrix} 2-2 \\ 6-2 \\ -1-(-1) \end{pmatrix} = \begin{pmatrix} 0 \\ 4 \\ 0 \end{pmatrix}$

$\vec{BC} = \begin{pmatrix} 0-2 \\ 6-6 \\ -1-(-1) \end{pmatrix} = \begin{pmatrix} -2 \\ 0 \\ 0 \end{pmatrix}$

$\vec{CD} = \begin{pmatrix} 0-0 \\ 2-6 \\ -1-(-1) \end{pmatrix} = \begin{pmatrix} 0 \\ -4 \\ 0 \end{pmatrix}$

d) $F(1|4|-1)$

e) $h = 3$

$\vec{DA} = \begin{pmatrix} 2-0 \\ 2-2 \\ -1-(-1) \end{pmatrix} = \begin{pmatrix} 2 \\ 0 \\ 0 \end{pmatrix}$

$|\vec{AB}| = |\vec{CD}| = 4; \quad |\vec{BC}| = |\vec{DA}| = 2;$
$u = 2 \cdot 4 + 2 \cdot 2 = 12$

2. a)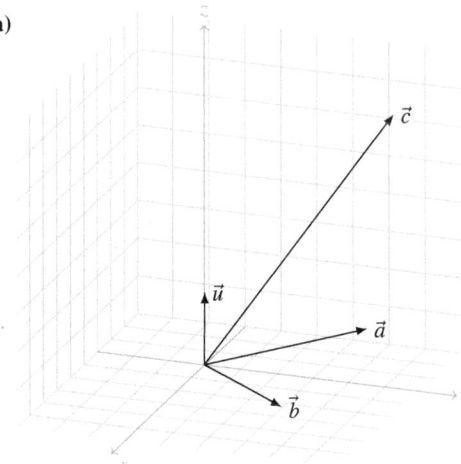

b) $\vec{u} = 2 \begin{pmatrix} 4 \\ 6 \\ 3 \end{pmatrix} - 3 \begin{pmatrix} -3 \\ 1 \\ -2 \end{pmatrix} - 0,5 \begin{pmatrix} 2 \\ 6 \\ 8 \end{pmatrix} = \begin{pmatrix} 16 \\ 6 \\ 8 \end{pmatrix}$

Test B zu 3.2

1. a) $C(0|10|0); F(8|10|4); G(0|10|4); H(0|0|4)$

b) Der Erdaushub entspricht der Hälfte des Volumens des Quaders mit der Grundfläche 8 m × 10 m und der Höhe 3 m.
$V = \frac{1}{2} \cdot 3\,\text{m} \cdot 8\,\text{m} \cdot 10\,\text{m} = 120\,\text{m}^3$
Es müssen 120 m³ Erde ausgehoben werden.

2. $C(7|6|9)$, Länge der Strecke $\overline{AB}$: 6 LE

3.3 Lineare Abhängigkeit und Unabhängigkeit von Vektoren

3.3.1 Linearkombination von Vektoren

1. a) $-2r+s=4 \Rightarrow s=4+2r$
   $r+s=1 \Rightarrow r+4+2r=1 \Rightarrow r=-1$ und $s=2$
   b) $9-s=3r \Rightarrow s=9-3r$
   $-8+4s=2r \Rightarrow -8+4(9-3r)=2r \Rightarrow r=2$ und $s=3$

2. a) $\begin{pmatrix} 6 \\ 22 \\ 5 \end{pmatrix} = r \cdot \begin{pmatrix} 3 \\ 4 \\ -2 \end{pmatrix} + s \cdot \begin{pmatrix} 2 \\ -2 \\ 1 \end{pmatrix} \Leftrightarrow \begin{array}{l} 6 = 3r+2s \\ 22 = 4r-2s \\ 5 = -2r+s \end{array} \Rightarrow$ nicht lösbar

   Der Vektor lässt sich aus $\vec{a}$ und $\vec{b}$ nicht linear kombinieren.

   b) $\begin{pmatrix} 9,5 \\ 1 \\ -0,5 \end{pmatrix} = r \cdot \begin{pmatrix} 3 \\ 4 \\ -2 \end{pmatrix} + s \cdot \begin{pmatrix} 2 \\ -2 \\ 1 \end{pmatrix} \Leftrightarrow \begin{array}{l} 9,5 = 3r+2s \\ 1 = 4r-2s \\ -0,5 = -2r+s \end{array} \Rightarrow r=1,5$ und $s=2,5$

   Der Vektor lässt sich aus $\vec{a}$ und $\vec{b}$ linear kombinieren.

   c) $\begin{pmatrix} 4 \\ -2 \\ 3 \end{pmatrix} = r \cdot \begin{pmatrix} 3 \\ 4 \\ -2 \end{pmatrix} + s \cdot \begin{pmatrix} 2 \\ -2 \\ 1 \end{pmatrix} \Leftrightarrow \begin{array}{l} 4 = 3r+2s \\ -2 = 4r-2s \\ 3 = -2r+s \end{array} \Rightarrow$ nicht lösbar

   Der Vektor lässt sich aus $\vec{a}$ und $\vec{b}$ nicht linear kombinieren.

   d) $\begin{pmatrix} 6 \\ 2,5 \\ 3 \end{pmatrix} = r \cdot \begin{pmatrix} 3 \\ 4 \\ -2 \end{pmatrix} + s \cdot \begin{pmatrix} 2 \\ -2 \\ 1 \end{pmatrix} \Leftrightarrow \begin{array}{l} 6 = 3r+2s \\ 2,5 = 4r-2s \\ 3 = -2r+s \end{array} \Rightarrow$ nicht lösbar

   Der Vektor lässt sich aus $\vec{a}$ und $\vec{b}$ nicht linear kombinieren.

   e) $\begin{pmatrix} -2 \\ -12 \\ 6 \end{pmatrix} = r \cdot \begin{pmatrix} 3 \\ 4 \\ -2 \end{pmatrix} + s \cdot \begin{pmatrix} 2 \\ -2 \\ 1 \end{pmatrix} \Leftrightarrow \begin{array}{l} -2 = 3r+2s \\ -12 = 4r-2s \\ 6 = -2r+s \end{array} \Rightarrow r=-2$ und $s=2$

   Der Vektor lässt sich aus $\vec{a}$ und $\vec{b}$ linear kombinieren.

3. a) $\underbrace{\begin{pmatrix} 3 \\ 0 \\ 4 \end{pmatrix}}_{\vec{a}} = r \cdot \underbrace{\begin{pmatrix} 2 \\ 1 \\ 0 \end{pmatrix}}_{\vec{b}} + s \cdot \underbrace{\begin{pmatrix} 0 \\ 4 \\ -2 \end{pmatrix}}_{\vec{c}} \Leftrightarrow \begin{array}{l} 3 = 2r \\ 0 = 1r + 4s \\ 4 = -2s \end{array} \Rightarrow$ nicht lösbar

   $\vec{a} = r\vec{b}, \vec{a} = r\vec{c}, \vec{b} = r\vec{c}$ alle nicht lösbar
   Die Vektoren sind weder komplanar noch paarweise kollinear.

   b) $\underbrace{\begin{pmatrix} -2 \\ 1 \\ 0 \end{pmatrix}}_{\vec{a}} = r \cdot \underbrace{\begin{pmatrix} 3 \\ 3 \\ 0 \end{pmatrix}}_{\vec{b}} + s \cdot \underbrace{\begin{pmatrix} 8 \\ 14 \\ 0 \end{pmatrix}}_{\vec{c}} \Leftrightarrow \begin{array}{l} -2 = 3r + 8s \\ 1 = 3r + 14s \\ 0 = 0 \end{array} \Rightarrow$ nicht lösbar

   $\vec{a} = r\vec{b}, \vec{a} = r\vec{c}, \vec{b} = r\vec{c}$ alle nicht lösbar
   Die Vektoren sind weder komplanar noch paarweise kollinear.

3.3 Lineare Abhängigkeit und Unabhängigkeit von Vektoren 113

c) $\underbrace{\begin{pmatrix} 2 \\ 1 \\ -1 \end{pmatrix}}_{\vec{a}} = r \cdot \underbrace{\begin{pmatrix} 6 \\ 4 \\ 1 \end{pmatrix}}_{\vec{b}} + s \cdot \underbrace{\begin{pmatrix} 2 \\ 2 \\ 3 \end{pmatrix}}_{\vec{c}} \Leftrightarrow \begin{aligned} 2 &= 6r + 2s \\ 1 &= 4r + 2s \\ -1 &= r + 3s \end{aligned} \Rightarrow r = \tfrac{1}{2}; s = -\tfrac{1}{2}$

$\vec{a} = r\vec{b},\ \vec{a} = r\vec{c},\ \vec{b} = r\vec{c}$ alle nicht lösbar
Die Vektoren sind komplanar, aber nicht paarweise kollinear.

d) $\underbrace{\begin{pmatrix} 1 \\ 0 \\ 1 \end{pmatrix}}_{\vec{a}} = r \cdot \underbrace{\begin{pmatrix} 0 \\ 1 \\ 0 \end{pmatrix}}_{\vec{b}} + s \cdot \underbrace{\begin{pmatrix} 2 \\ 1 \\ 2 \end{pmatrix}}_{\vec{c}} \Leftrightarrow \begin{aligned} 1 &= 2s \\ 0 &= r + s \\ 1 &= 2s \end{aligned} \Rightarrow r = -\tfrac{1}{2}; s = \tfrac{1}{2}$

$\vec{a} = r\vec{b},\ \vec{a} = r\vec{c},\ \vec{b} = r\vec{c}$ alle nicht lösbar
Die Vektoren sind komplanar, aber nicht paarweise kollinear.

4. $r \cdot \begin{pmatrix} 1 \\ 2 \\ 0 \end{pmatrix} + s \cdot \begin{pmatrix} 3 \\ 8 \\ 2 \end{pmatrix} + t \cdot \begin{pmatrix} 1 \\ 4 \\ 2 \end{pmatrix} = \begin{pmatrix} 1 \\ 6 \\ 4 \end{pmatrix}$

$\left.\begin{aligned} r + 3s + t &= 1 \\ 2r + 8s + 4t &= 6 \\ 2s + 2t &= 4 \end{aligned}\right\}$ (II) $- 2 \cdot$ (I) $\Rightarrow$ $\left.\begin{aligned} r + 3s + t &= 1 \\ 2s + 2t &= 4 \\ 2s + 2t &= 4 \end{aligned}\right\}$ (III) $-$ (II) $\Rightarrow$ $\begin{aligned} r + 3s + t &= 1 \\ 2s + 2t &= 4 \\ 0 &= 0 \end{aligned}$

In der untersten Zeile entsteht die wahre Aussage $0 = 0$, somit ist das LGS unterbestimmt und es hat unendlich viele Lösungen, z. B:

$k \cdot \begin{pmatrix} 1 \\ 2 \\ 0 \end{pmatrix} + (\tfrac{k}{2} - \tfrac{1}{2}) \cdot \begin{pmatrix} 3 \\ 8 \\ 2 \end{pmatrix} + (\tfrac{k}{2} + \tfrac{5}{2}) \cdot \begin{pmatrix} 1 \\ 4 \\ 2 \end{pmatrix} = \begin{pmatrix} 1 \\ 6 \\ 4 \end{pmatrix};\ k \in \mathbb{R}$

5. a) $r \cdot \begin{pmatrix} 1 \\ 0 \\ 0 \end{pmatrix} = \begin{pmatrix} 2 \\ a \\ 0 \end{pmatrix}$

(II): $r \cdot 0 = a \Rightarrow a = 0$. Linearkombination: $2 \cdot \begin{pmatrix} 1 \\ 0 \\ 0 \end{pmatrix} = \begin{pmatrix} 2 \\ 0 \\ 0 \end{pmatrix}$

b) $r \cdot \begin{pmatrix} 1 \\ 1 \\ a \end{pmatrix} + s \cdot \begin{pmatrix} 1 \\ a \\ -1 \end{pmatrix} = \begin{pmatrix} 2a \\ 2 \\ -1 \end{pmatrix}$

(I) $-$ (II): $sa - s = 2 - 2a \Rightarrow a = \tfrac{2+s}{2+s} = 1$. Linearkombination: $0{,}5 \cdot \begin{pmatrix} 1 \\ 1 \\ 1 \end{pmatrix} + 1{,}5 \cdot \begin{pmatrix} 1 \\ 1 \\ -1 \end{pmatrix} = \begin{pmatrix} 2 \\ 2 \\ -1 \end{pmatrix}$

c) $r \cdot \begin{pmatrix} 0 \\ 1 \\ 0 \end{pmatrix} + s \cdot \begin{pmatrix} 0 \\ 1 \\ a \end{pmatrix} = \begin{pmatrix} a \\ 0 \\ 1 \end{pmatrix}$

Keine Lösung, da nicht zugleich $a = 0$ (I) und $s \cdot a = 1$ (III) gelten.

6. $\begin{pmatrix} 6 \\ 3 \\ -9 \end{pmatrix} = r \cdot \begin{pmatrix} 3 \\ 6 \\ 12 \end{pmatrix} + s \cdot \begin{pmatrix} 15 \\ 12 \\ 3 \end{pmatrix} \Leftrightarrow \left.\begin{aligned} 6 &= 3r + 15s \\ 3 &= 6r + 12s \end{aligned}\right\} \Rightarrow r = -\tfrac{1}{2}; s = \tfrac{1}{2}$
$-9 = 12r + 3s \Rightarrow$ nicht lösbar $\Rightarrow$ nicht linear kombinierbar

7. **a)** kollineare Vektoren:
   i) $\vec{AB}, \vec{DC}, \vec{EF}, \vec{GH}$ ii) $\vec{AD}, \vec{BC}, \vec{FG}, \vec{EH}$ iii) $\vec{AE}, \vec{BF}, \vec{CG}, \vec{DH}$
   b) komplanare Vektoren:
   i) $\vec{AB}, \vec{BC}$ ii) $\vec{AB}, \vec{BC}, \vec{CD}$ iii) $\vec{AB}, \vec{BC}, \vec{CD}, \vec{AD}$ iv) $\vec{AB}, \vec{AE}$
   v) $\vec{AB}, \vec{AE}, \vec{BF}$ vi) $\vec{AB}, \vec{AE}, \vec{BF}, \vec{EF}$ usw.

8. Zu zeigen ist, dass drei Vektoren $\vec{a}, \vec{b}, \vec{c}$, die paarweise kollinear sind, auch komplanar sind.
   Da $\vec{a}$ und $\vec{b}$ kollinear sind, gibt es eine reelle Zahl r, sodass gilt: $\vec{a} = r \cdot \vec{b}$.
   Da auch $\vec{a}$ und $\vec{c}$ kollinear sind, gibt es eine reelle Zahl s, sodass gilt: $\vec{a} = s \cdot \vec{c}$.
   Addieren wir beide Gleichungen, erhalten wir: $2 \cdot \vec{a} = r \cdot \vec{b} + s \cdot \vec{c} \Leftrightarrow \vec{a} = \frac{r}{2} \cdot \vec{b} + \frac{s}{2} \cdot \vec{c}$.
   Der Vektor $\vec{a}$ lässt sich also als Linearkombination der anderen beiden Vektoren darstellen, d. h., $\vec{a}, \vec{b}, \vec{c}$ sind tatsächlich komplanar.

9.
$$\begin{array}{cccc|c|c}
1 & 3 & 1 & 1 & 1 & \\
2 & 8 & 4 & 6 & 6 & (II) - 2 \cdot (I) \\
0 & 2 & 4 & -2 & -2 & \\
3 & 9 & -2 & 18 & 19 & (IV) - 3 \cdot (I)
\end{array}
\quad
\begin{array}{cccc|c|c}
1 & 3 & 1 & 1 & 1 & \\
0 & 2 & 2 & 4 & 4 & \\
0 & 2 & 4 & -2 & -2 & (III) - (II) \\
0 & 0 & -5 & 15 & 16 &
\end{array}$$

$$\begin{array}{cccc|c|c}
1 & 3 & 1 & 1 & 1 & \\
0 & 2 & 2 & 4 & 4 & | : 2 \\
0 & 0 & 2 & -6 & -6 & \\
0 & 0 & -5 & 15 & 16 & 5 \cdot (III) + 2 \cdot (IV)
\end{array}
\quad
\begin{array}{cccc|c|c}
1 & 3 & 1 & 1 & 1 \\
0 & 2 & 2 & 4 & 4 \\
0 & 0 & 2 & -6 & -6 \\
0 & 0 & 0 & 0 & 2
\end{array}$$

Für den ersten Vektor entsteht in der untersten Zeile die wahre Aussage $0 = 0$, also ist er linear kombinierbar.
Für den zweiten Vektor erhält man in der untersten Zeile die falsche Aussage $0 = 1$, also ist er nicht als Linearkombination darstellbar.

10. **a)** Wahr, da zwei parallele Vektoren immer in einer Ebene liegen.
    b) Falsch, da Vektoren, die in einer Ebene liegen nicht notwendigerweise parallel zueinander sein müssen.
    c) Wahr, da für kollineare Vektoren gilt: $\vec{a} = r \cdot \vec{b}$

11. Geschlossene Vektorketten
    $\vec{AB} + \vec{BC} + \vec{CA} = \vec{0} \Rightarrow \vec{CA} = -\vec{AB} - \vec{BC}$
    $\vec{BC} + \vec{CD} + \vec{DB} = \vec{0} \Rightarrow \vec{DB} = -\vec{BC} - \vec{CD}$

12. Geschlossene Vektorketten
    $\vec{AB} + \vec{BS} - \vec{AS} = \vec{0} \Rightarrow \vec{BS} = -\vec{AB} + \vec{AS}$
    $\vec{AB} + \vec{BC} + \vec{CS} - \vec{AS} = \vec{0} \Rightarrow \vec{CS} = -\vec{AB} - \vec{BC} + \vec{AS} \Rightarrow \vec{CS} = -\vec{AB} - \vec{AD} + \vec{AS}$ ▶ $\vec{BC} = \vec{AD}$
    $\vec{AD} + \vec{DS} - \vec{AS} = \vec{0} \Rightarrow \vec{DS} = -\vec{AD} + \vec{AS}$
    $\vec{AB} + \vec{BC} + \vec{CA} = \vec{0} \Rightarrow \vec{CA} = -\vec{AB} - \vec{AD}$
    $\vec{AD} + \vec{DB} - \vec{AB} = \vec{0} \Rightarrow \vec{DB} = \vec{AB} - \vec{AD}$

3.3 Lineare Abhängigkeit und Unabhängigkeit von Vektoren

13. Alle Rechnungen werden ohne Einheiten ausgeführt.
  a) $C(0|10|5)$

  b) elementargeometrisch:

  Länge der Vektoren: $|\vec{AB}| = \left|\begin{pmatrix} 4-4 \\ 10-0 \\ 8-8 \end{pmatrix}\right| = \left|\begin{pmatrix} 0 \\ 10 \\ 0 \end{pmatrix}\right| = 10$

  $|\vec{AD}| = \left|\begin{pmatrix} 0-4 \\ 0-0 \\ 5-8 \end{pmatrix}\right| = \left|\begin{pmatrix} -4 \\ 0 \\ -3 \end{pmatrix}\right| = \sqrt{(-4)^2 + 0^2 + (-3)^2} = 5$

  $A = |\vec{AB}| \cdot |\vec{AD}| = 10 \cdot 5 = 50$

  analytische Geometrie: ▶ Vektorprodukt: Abschnitt 4.2 im Schulbuch

  $A = |\vec{AB} \times \vec{AD}| = \left|\begin{pmatrix} 4-4 \\ 10-0 \\ 8-8 \end{pmatrix} \times \begin{pmatrix} 0-4 \\ 0-0 \\ 5-8 \end{pmatrix}\right| = \left|\begin{pmatrix} 0 \\ 10 \\ 0 \end{pmatrix} \times \begin{pmatrix} -4 \\ 0 \\ -3 \end{pmatrix}\right| = \left|\begin{pmatrix} -30 \\ 0 \\ -40 \end{pmatrix}\right| = 50$

  c) $\vec{OM} = \vec{OD} + 0{,}5 \cdot \vec{DB} = \begin{pmatrix} 0 \\ 0 \\ 5 \end{pmatrix} + 0{,}5 \cdot \begin{pmatrix} 4-0 \\ 10-0 \\ 8-5 \end{pmatrix} = \begin{pmatrix} 0 \\ 0 \\ 5 \end{pmatrix} + \begin{pmatrix} 2 \\ 5 \\ 1{,}5 \end{pmatrix} = \begin{pmatrix} 2 \\ 5 \\ 6{,}5 \end{pmatrix}$; $M(2|5|6{,}5)$

  d) $S_1(0|0|10)$; $S_2(0|10|10)$

  e) $\vec{F_G} = \vec{F_S} + \vec{F_D}$

  $\vec{F_G} = r \cdot \vec{S_1A} + s \cdot \vec{AD}$

  $\begin{pmatrix} 0 \\ 0 \\ -10000 \end{pmatrix} = r \cdot \begin{pmatrix} 4 \\ 0 \\ -2 \end{pmatrix} + s \cdot \begin{pmatrix} -4 \\ 0 \\ -3 \end{pmatrix}$

  (I) $0 = 4r - 4s \qquad \Rightarrow r = s$
  (II) $0 = 0 + 0$
  (III) $-10000 = -2r - 3s \quad \Rightarrow -10000 = -5s \quad s = 2000 = r$

  also: $\begin{pmatrix} 0 \\ 0 \\ -10000 \end{pmatrix} = 2000 \cdot \begin{pmatrix} 4 \\ 0 \\ -2 \end{pmatrix} + 2000 \cdot \begin{pmatrix} -4 \\ 0 \\ -3 \end{pmatrix}$

  $|\vec{F_S}| = \left|\begin{pmatrix} 8000 \\ 0 \\ 4000 \end{pmatrix}\right| \approx 8944{,}27$; $|\vec{F_D}| = \left|\begin{pmatrix} -8000 \\ 0 \\ -6000 \end{pmatrix}\right| = 10000$

14. Es ist zu zeigen: $\vec{M_aM_d} = -\vec{M_cM_b}$.

  $\vec{a} + \vec{d} = (-\vec{b}) + (-\vec{c}) = -(\vec{b} + \vec{c})$
  $\frac{1}{2}\vec{a} + \frac{1}{2}\vec{d} = -\left(\frac{1}{2}\vec{c} + \frac{1}{2}\vec{b}\right)$
  $\vec{M_aM_d} = -\vec{M_cM_b}$

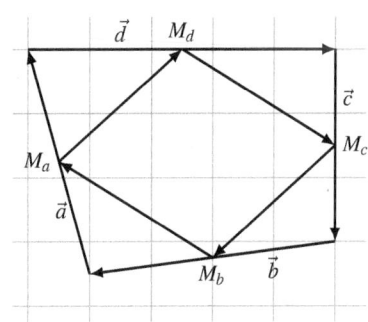

15. F ist der Schnittpunkt der Diagonalen des Drachenvierecks. Mit der geschlossenen Vektorkette $\overrightarrow{OD} = \overrightarrow{OB} + 2 \cdot \overrightarrow{BF}$ können die Koordinaten von D berechnet werden.

16.* **a)** Die Verbindungsvektoren sind kollinear: $\overrightarrow{AB} = \begin{pmatrix} 2 \\ 1 \\ -3 \end{pmatrix} = \overrightarrow{CA}$. Folglich liegen die drei Punkte auf einer gemeinsamen Geraden.

b) Siehe a): da gleicher Verbindungsvektor, ist auch der Abstand von A zu B und von A zu C gleich.
Skizze: $--B------A------C--$

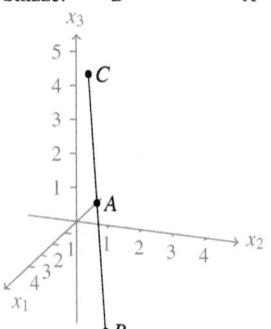

c) $D(2|1,5|-0,5)$

d) Individuelle Lösung. Beispiel: Drei Punkte A, B und C liegen auf einer gemeinsamen Geraden, wenn ihre Verbindungsvektoren $\overrightarrow{AB}$ und $\overrightarrow{AC}$ kollinear sind.

17. a) $\overrightarrow{OS} = \tfrac{1}{3} \cdot (\overrightarrow{OA} + \overrightarrow{OB} + \overrightarrow{OC}) = \tfrac{1}{3} \cdot \left(\begin{pmatrix} 3 \\ 1 \\ -1 \end{pmatrix} + \begin{pmatrix} 2 \\ 0 \\ 7 \end{pmatrix} + \begin{pmatrix} -3 \\ 3 \\ 1 \end{pmatrix} \right) = \tfrac{1}{3} \cdot \begin{pmatrix} 2 \\ 4 \\ 7 \end{pmatrix}$, also ist $S(\tfrac{2}{3}|\tfrac{4}{3}|\tfrac{7}{3})$

b) $\overrightarrow{OM_c} = \begin{pmatrix} \tfrac{5}{2} \\ \tfrac{1}{2} \\ 3 \end{pmatrix}$; Verhältnis der Längen der Abschnitte: $\dfrac{|\overrightarrow{CS}|}{|\overrightarrow{M_cS}|} = \dfrac{\left| \begin{pmatrix} \tfrac{11}{3} \\ -\tfrac{5}{3} \\ \tfrac{4}{3} \end{pmatrix} \right|}{\left| \begin{pmatrix} -\tfrac{11}{6} \\ \tfrac{5}{6} \\ -\tfrac{2}{3} \end{pmatrix} \right|} = \dfrac{3\sqrt{2}}{1,5\sqrt{2}} = \dfrac{2}{1}$

Dies war nachzuweisen.

3.3 Lineare Abhängigkeit und Unabhängigkeit von Vektoren

3.3.2 Lineare Abhängigkeit und Unabhängigkeit

142

1. Ansatz: $r \cdot \vec{a} + s \cdot \vec{b} + t \cdot \vec{c} = \vec{0}$

$$r \cdot \begin{pmatrix} 1 \\ 1 \\ -1 \end{pmatrix} + s \cdot \begin{pmatrix} 5 \\ -1 \\ 1 \end{pmatrix} + t \cdot \begin{pmatrix} 1 \\ -1 \\ 1 \end{pmatrix} = \vec{0}$$

(I) $r + 5s + t = 0$
(II) $r - s - t = 0$
(III) $-r + s + t = 0$

$$\begin{pmatrix} 1 & 5 & 1 & | & 0 \\ 1 & -1 & -1 & | & 0 \\ -1 & 1 & 1 & | & 0 \end{pmatrix} \Rightarrow \begin{pmatrix} 1 & 5 & 1 & | & 0 \\ 0 & -6 & -2 & | & 0 \\ 0 & 6 & 2 & | & 0 \end{pmatrix} \Rightarrow t = k;\ k \in \mathbb{R}$$

$\vec{a}, \vec{b}$ und $\vec{c}$ sind linear abhängig, da $2 \cdot \vec{a} + 3 \cdot \vec{c} = \vec{b}$ gilt (für $k = 3$).

2. **a)** Ansatz: $r \cdot \vec{a} + s \cdot \vec{b} = \vec{0}$

   linear unabhängig $\Rightarrow$ komplanar

   b) Ansatz: $r \cdot \vec{a} + s \cdot \vec{b} + t \cdot \vec{c} = \vec{0}$

   linear abhängig $\Rightarrow$ komplanar, aber nicht kollinear, da $\vec{a}$ und $\vec{b}$ nicht kollinear sind (siehe Aufg. a).

   c) Ansatz: $r \cdot \vec{a} + s \cdot \vec{b} + t \cdot \vec{c} + u \cdot \vec{d} = \vec{0}$

   linear abhängig $\Rightarrow$ weder komplanar noch kollinear

3. Ansatz: $r \cdot \vec{a} + s \cdot \vec{b} + u \cdot \vec{c} = \vec{0}$

   (I) $3r + s = 0 \quad \Rightarrow s = -3r$
   (II) $4r - 4s + (1 + t)u = 0$
   (III) $-r + s + (4 + t)u = 0$

   (I) $3r + s = 0$
   (II') $16r + u + tu = 0$
   (III') $-4r + 4u + tu = 0 \quad |\cdot 4| + $(II')
   (III'') $17u = -5tu$

   Für $t = -\frac{17}{5}$ linear abhängig, sonst linear unabhängig

4. **a)** linear unabhängig   **b)** linear abhängig

5. **a)** $\vec{c} + \overrightarrow{EG} - 0{,}5 \cdot \vec{a} = \vec{0} \Rightarrow \overrightarrow{EG} = 0{,}5 \cdot \vec{a} - \vec{c}$

   $\vec{a} + \overrightarrow{BM} + \overrightarrow{MS} + \overrightarrow{SE} - \vec{c} = \vec{0}$

   $\overrightarrow{MS} = -\vec{a} - \overrightarrow{BM} - \overrightarrow{SE} + \vec{c}$

   Nebenrechnung: $\overrightarrow{SE} = \frac{2}{3}\overrightarrow{HE} = \frac{2}{3}(-\vec{a} - 0{,}5 \cdot \vec{b} + \vec{c})$
   $\phantom{\text{Nebenrechnung: } \overrightarrow{SE}} = -\frac{2}{3}\vec{a} - \frac{1}{3}\vec{b} + \frac{2}{3}\vec{c}$

   $\overrightarrow{MS} = -\vec{a} - 0{,}5 \cdot (\vec{b} - \vec{a}) - (-\frac{2}{3}\vec{a} - \frac{1}{3}\vec{b} + \frac{2}{3}\vec{c}) + \vec{c}$

   $\overrightarrow{MS} = -\vec{a} - \frac{1}{2}\vec{b} + \frac{1}{2}\vec{a} + \frac{2}{3}\vec{a} + \frac{1}{3}\vec{b} - \frac{2}{3}\vec{c} + \vec{c}$

   $\overrightarrow{MS} = \frac{1}{6}\vec{a} - \frac{1}{6}\vec{b} + \frac{1}{3}\vec{c}$

142 b) $\lambda \cdot \overrightarrow{EG} + \mu \cdot \overrightarrow{MS} = \vec{0}$

$\lambda(\frac{1}{2}\vec{a} - \vec{c}) + \mu(\frac{1}{6}\vec{a} - \frac{1}{6}\vec{b} + \frac{1}{3}\vec{c}) = \vec{0}$

$\frac{1}{2}\lambda\vec{a} - \lambda\vec{c} + \frac{1}{6}\mu\vec{a} - \frac{1}{6}\mu\vec{b} + \frac{1}{3}\mu\vec{c} = \vec{0}$

$\frac{1}{2}\lambda\vec{a} + \frac{1}{6}\mu\vec{a} - \frac{1}{6}\mu\vec{b} - \lambda\vec{c} + \frac{1}{3}\mu\vec{c} = \vec{0}$

$\vec{a}(\frac{1}{2}\lambda + \frac{1}{6}\mu) + \vec{b}(-\frac{1}{6}\mu) + \vec{c}(-\lambda + \frac{1}{3}\mu) = \vec{0}$

(I) $\quad \frac{1}{2}\lambda + \frac{1}{6}\mu = 0$
(II) $\quad -\frac{1}{6}\mu = 0 \quad \Rightarrow \mu = 0$
(III) $\quad -\lambda + \frac{1}{3}\mu = 0$

$\mu = 0$ in (I) $\frac{1}{2}\lambda + \frac{1}{6} \cdot 0 \Rightarrow \lambda = 0$

$\lambda = \mu = 0$ in (III) $-0 + \frac{1}{3} \cdot 0 = 0$ (wahr)

Die Vektoren $\overrightarrow{EG}$ und $\overrightarrow{MS}$ sind linear unabhängig.

6. Ampelabfrage

   a) Richtig ist Rot.

   b) Richtig ist Grün.

   c) Richtig ist Gelb.

3.3.3 Basis und Dimension eines Vektorraums

145 1. a) Die Linearkombination von $\vec{a}$ aus den drei Vektoren aus der Menge B ist nicht eindeutig, sondern ist auf unendlich viele Arten möglich.

   b) Aus a) folgt, dass B keine Basis des $\mathbb{R}^3$ bildet. $\vec{a}$ und die Vektoren aus B liegen in einer gemeinsamen Ebene.

2. Ansatz: $\vec{a}_B = \begin{pmatrix} 2 \\ 1 \\ -1 \end{pmatrix} \Rightarrow 2 \cdot \vec{b_1} + 1 \cdot \vec{b_2} + (-1) \cdot \vec{b_3} = \vec{a}$

   $\vec{a} = \begin{pmatrix} -1 \\ 1 \\ 9 \end{pmatrix}$

3. a) B ist keine Basis, wenn $k = 0$ oder $k = -0,5$ gilt.

   b) $\vec{u}_B = \begin{pmatrix} 4,5 \\ -3 \\ -6 \end{pmatrix}$

4. Madison Square Garden und National Museum of Mathematics.

   Die rechtwinklig angelegten Straßenzüge werden in Streets und Avenues abhängig von ihrer Richtung unterteilt. Auf diese Art entsteht im weiteren Sinn eine zweidimensionale Basis mit zwei zueinander senkrechten, aber nicht gleich langen Basisvektoren, die in Richtung der Straßenzüge zeigen. Der Broadway verläuft z.T. quer zu beiden Richtungen und nimmt somit eine Sonderstellung ein, da er als Linearkombination der beiden Basisvektoren darstellbar ist.

3.3 Lineare Abhängigkeit und Unabhängigkeit von Vektoren   119

Übungen zu 3.3

1. Die Vektoren unter **b)** und **e)** sind komplanar zu $\vec{a}$ und $\vec{b}$, lassen sich also aus den beiden Vektoren linear kombinieren.

2. **a)** linear unabhängig   **b)** linear abhängig   **c)** linear abhängig

3. Siehe Aufgabe 9 von Seite 138. Beachte, dass $\begin{pmatrix} 0 \\ 2 \\ 4 \\ -5 \end{pmatrix} = \begin{pmatrix} 1 \\ 4 \\ 4 \\ -2 \end{pmatrix} - \begin{pmatrix} 1 \\ 2 \\ 0 \\ 3 \end{pmatrix}$ gilt.

4. **a)** $a = 0$; $4 \cdot \begin{pmatrix} 0 \\ 1 \\ 0 \end{pmatrix} = \begin{pmatrix} 0 \\ 4 \\ 0 \end{pmatrix}$

   b) Für alle Werte von a ist $\begin{pmatrix} 2a \\ -3 \\ 3a \end{pmatrix} = 2 \cdot \begin{pmatrix} a \\ 0 \\ 0 \end{pmatrix} + 3 \cdot \begin{pmatrix} 0 \\ -1 \\ a \end{pmatrix}$.

   c) Die Umformung III−II−I liefert die wahre Aussage $0 = 0$. Das LGS ist also unterbestimmt und besitzt unendlich viele Lösungen, unabhängig von a. Also gibt es für alle $a \in \mathbb{R}$ eine Möglichkeit, um den letzten Vektor durch die beiden vorherigen darzustellen.

5. **a)** B ist keine Basis, wenn $k = 1{,}5$ gilt.   **b)** $\vec{b}_B = \begin{pmatrix} -\frac{48}{7} \\ \frac{36}{7} \\ -\frac{1}{7} \end{pmatrix}$

6. **a)** Wahr: Drei linear unabhängige Vektoren bilden eine Basis des $\mathbb{R}^3$.

   b) Falsch: Alle vier Vektoren könnten auch in einer Ebene liegen.

   c) Wahr: Im $\mathbb{R}^3$ sind maximal 3 Vektoren linear unabhängig.

   d) Wahr: Bilden drei Vektoren des $\mathbb{R}^3$ eine geschlossene Vektorkette, so liegen diese Vektoren in einer Ebene. Sie sind also komplanar und somit linear abhängig.

   e) Falsch: Alle drei Vektoren könnten auch in einer Ebene liegen.

   f) Wahr: Die triviale Lösung ($k = l = m = 0$) ist immer Lösung.

   g) Wahr: Da die Vektoren immer in einer Ebene liegen, sind diese komplanar und somit linear abhängig.

7. **a)** Die Dreiecksseiten des Dreiecks $D_1G_2D_3$ sind die Diagonalen dreier Würfelseiten. Das Dreieck $D_1G_2D_3$ ist folglich gleichseitig, also auch gleichschenklig.

   b) $\overrightarrow{D_1D_3} = \sqrt{3^2 + 3^2} = \sqrt{18} = 3\sqrt{2}$

   elementargeometrisch: $A = \frac{9 \cdot 2}{4}\sqrt{3} = \frac{9}{2}\sqrt{3}$

   analytische Geometrie: $A = \frac{1}{2}\left|\overrightarrow{D_3D_1} \times \overrightarrow{D_3G_2}\right|$ ▶ Vektorprodukt: Abschnitt 4.2 im Schulbuch

   $= \frac{1}{2}\left|\begin{pmatrix} 0-3 \\ 0-3 \\ 3-3 \end{pmatrix} \times \begin{pmatrix} 3-3 \\ 0-3 \\ 0-3 \end{pmatrix}\right| = \frac{1}{2}\left|\begin{pmatrix} -3 \\ -3 \\ 0 \end{pmatrix} \times \begin{pmatrix} 0 \\ -3 \\ -3 \end{pmatrix}\right| = \frac{1}{2}\left|\begin{pmatrix} 9 \\ -9 \\ 9 \end{pmatrix}\right|$

   $= \frac{1}{2}\sqrt{81 + 81 + 81} = \frac{9}{2}\sqrt{3}$

146

c) elementargeometrisch: Für die Pyramide $D_1D_2G_2D_3$ ist das Dreieck $G_2D_3D_2$ eine mögliche Grundfläche und $|\overrightarrow{D_2D_1}|$ die zugehörige Höhe: $V_{D_1D_2G_2D_3} = \frac{1}{3} \cdot G \cdot h = \frac{1}{3} \cdot \frac{1}{2} \cdot 3^2 \cdot 3 = \frac{1}{6} \cdot 3^3 = \frac{9}{2}$

analytische Geometrie:
$$V_{D_1D_2G_2D_3} = \tfrac{1}{6}|\overrightarrow{D_1D_3} \circ (\overrightarrow{D_1D_3} \times \overrightarrow{D_1G_2})| \quad \blacktriangleright \text{Vektorprodukt: Abschnitt 4.2 im Schulbuch}$$

$$= \tfrac{1}{6}|\overrightarrow{D_3D_2} \circ (\overrightarrow{D_3D_1} \times \overrightarrow{D_3G_2})|$$

$$= \tfrac{1}{6}\left|\begin{pmatrix}0\\0\\-3\end{pmatrix} \circ \left[\begin{pmatrix}-3\\-3\\0\end{pmatrix} \times \begin{pmatrix}0\\-3\\-3\end{pmatrix}\right]\right|$$

$$= \tfrac{1}{6}\left|\begin{pmatrix}0\\0\\-3\end{pmatrix} \circ \begin{pmatrix}9\\-9\\9\end{pmatrix}\right|$$

$$= \tfrac{1}{6} \cdot 27 = \tfrac{9}{2}$$

$$\left.\begin{array}{l}V_{\text{Würfel}} = 3^3 = 27 \\ V_{D_1D_2G_2D_3} = \frac{9}{2}\end{array}\right\} \Rightarrow \frac{V_{D_1D_2G_2D_3}}{V_{\text{Würfel}}} = \frac{\frac{9}{2}}{\frac{9}{2} \cdot 27} = \tfrac{1}{6} \approx 16{,}7\,\%$$

d) $A(3|0|2);\ B(1|0|0);\ C(0|1|0);\ D(0|3|2);\ E(1|3|3);\ F(3|1|3)$

e) $\overrightarrow{AB} = \begin{pmatrix}1-3\\0-0\\0-2\end{pmatrix} = \begin{pmatrix}-2\\0\\-2\end{pmatrix};\quad \overrightarrow{DE} = \begin{pmatrix}1-0\\3-3\\3-2\end{pmatrix} = \begin{pmatrix}1\\0\\1\end{pmatrix}$

$\overrightarrow{AB} = k \cdot \overrightarrow{DE} \Rightarrow \begin{pmatrix}-2\\0\\-2\end{pmatrix} = k \cdot \begin{pmatrix}1\\0\\1\end{pmatrix} \Rightarrow k = -2 \Rightarrow$ Behauptung

f) $r \cdot \overrightarrow{BC} + s \cdot \overrightarrow{CD} + t \cdot \overrightarrow{DE} = \vec{0}$

$r \cdot \begin{pmatrix}0-1\\1-0\\0-0\end{pmatrix} + s \cdot \begin{pmatrix}0-0\\3-1\\2-0\end{pmatrix} + t \cdot \begin{pmatrix}1-0\\3-3\\3-2\end{pmatrix} = \vec{0} \Rightarrow r \cdot \begin{pmatrix}-1\\1\\0\end{pmatrix} + s \cdot \begin{pmatrix}0\\2\\2\end{pmatrix} + t \cdot \begin{pmatrix}1\\0\\1\end{pmatrix} = \vec{0}$

Gauß-Verfahren:
$$\begin{pmatrix}-1 & 0 & 1 & | & 0\\ 1 & 2 & 0 & | & 0\\ 0 & 2 & 1 & | & 0\end{pmatrix} \Rightarrow \begin{pmatrix}-1 & 0 & 1 & | & 0\\ 0 & 2 & 1 & | & 0\\ 0 & 2 & 1 & | & 0\end{pmatrix} \Rightarrow \begin{pmatrix}-1 & 0 & 1 & | & 0\\ 0 & 2 & 1 & | & 0\\ 0 & 0 & 0 & | & 0\end{pmatrix}$$

⇒ Das Gleichungssystem besitzt unendlich viele Lösungen.

⇒ Die Vektoren $\overrightarrow{BC}$, $\overrightarrow{CD}$ und $\overrightarrow{DE}$ sind linear abhängig, da beispielsweise

$1 \cdot \begin{pmatrix}-1\\1\\0\end{pmatrix} - 0{,}5 \cdot \begin{pmatrix}0\\2\\2\end{pmatrix} + 1 \cdot \begin{pmatrix}1\\0\\1\end{pmatrix} = \vec{0}$ gilt. Die drei Vektoren liegen in einer Ebene.

3.3 Lineare Abhängigkeit und Unabhängigkeit von Vektoren   121

146

g)

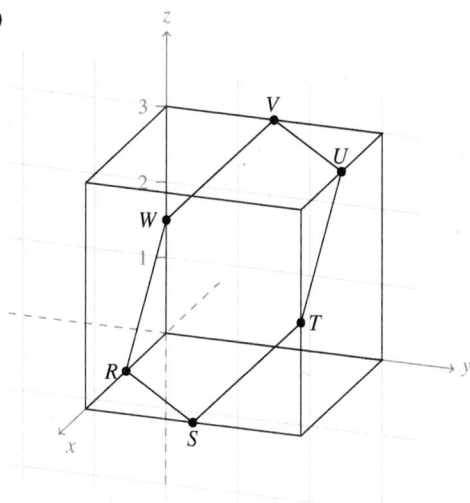

$U(1,5|3|3);\ V(0|1,5|3);\ W(0|0|1,5)$

h) Die Länge der Strecke einer Sechseckseite, zum Beispiel $\overline{RS}$, beträgt
$\overline{RS} = \sqrt{1,5^2 + 1,5^2} = \sqrt{4,5}$
Ein regelmäßiges Sechseck kann in 6 gleichseitige Dreiecke mit der Seitenlänge $\overline{RS}$ zerlegt werden.
Für die Fläche gilt (Merkhilfe!):
$A = 6 \cdot \frac{\overline{RS}^2}{4}\sqrt{3} = 6 \cdot \frac{4,5}{4}\sqrt{3} = 6 \cdot \frac{9}{8}\sqrt{3} = \frac{27}{4}\sqrt{3}$

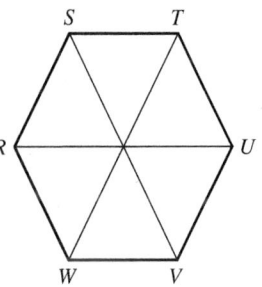

i) Eine mögliche Lösung:

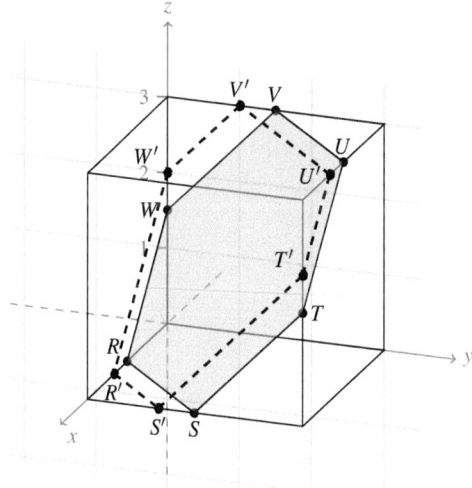

$R'(2|0|0);\ S'(3|1|0);$
$T'(3|3|2);\ U'(2|3|3);$
$V'(0|1|3);\ W'(0|0|2)$

j) $\overrightarrow{G_1D_3} = \begin{pmatrix} 3-0 \\ 3-0 \\ 3-0 \end{pmatrix} = \begin{pmatrix} 3 \\ 3 \\ 3 \end{pmatrix}$; $\overrightarrow{G_2D_4} = \begin{pmatrix} 0-3 \\ 3-0 \\ 3-0 \end{pmatrix} = \begin{pmatrix} -3 \\ 3 \\ 3 \end{pmatrix}$; $\overrightarrow{G_3D_1} = \begin{pmatrix} 0-3 \\ 0-3 \\ 3-0 \end{pmatrix} = \begin{pmatrix} -3 \\ -3 \\ 3 \end{pmatrix}$

$a \cdot \overrightarrow{G_1D_3} + b \cdot \overrightarrow{G_2D_4} + c \cdot \overrightarrow{G_3D_1} = \overrightarrow{BC}$

$a \cdot \begin{pmatrix} 3 \\ 3 \\ 3 \end{pmatrix} + b \cdot \begin{pmatrix} -3 \\ 3 \\ 3 \end{pmatrix} + c \cdot \begin{pmatrix} -3 \\ -3 \\ 3 \end{pmatrix} = \begin{pmatrix} -1 \\ 1 \\ 0 \end{pmatrix}$

Gauß-Verfahren

$\begin{pmatrix} 3 & -3 & -3 & | & -1 \\ 3 & 3 & -3 & | & 1 \\ 3 & 3 & 3 & | & 0 \end{pmatrix} \Rightarrow \begin{pmatrix} 3 & -3 & -3 & | & -1 \\ 0 & 6 & 0 & | & 2 \\ 0 & 6 & 6 & | & 1 \end{pmatrix} \Rightarrow b = \frac{1}{3};\ c = -\frac{1}{6};\ a = -\frac{1}{6}$

$\overrightarrow{BC} = -\frac{1}{6} \cdot \overrightarrow{G_1D_3} + \frac{1}{3} \cdot \overrightarrow{G_2D_4} - \frac{1}{6} \cdot \overrightarrow{G_3D_1}$

$d \cdot \overrightarrow{G_1D_3} + e \cdot \overrightarrow{G_2D_4} + f \cdot \overrightarrow{G_3D_1} = \overrightarrow{CD}$

$d \cdot \begin{pmatrix} 3 \\ 3 \\ 3 \end{pmatrix} + e \cdot \begin{pmatrix} -3 \\ 3 \\ 3 \end{pmatrix} + f \cdot \begin{pmatrix} -3 \\ -3 \\ 3 \end{pmatrix} = \begin{pmatrix} 0 \\ 2 \\ 2 \end{pmatrix}$

Gauß-Verfahren

$\begin{pmatrix} 3 & -3 & -3 & | & 0 \\ 3 & 3 & -3 & | & 2 \\ 3 & 3 & 3 & | & 2 \end{pmatrix} \Rightarrow \begin{pmatrix} 3 & -3 & -3 & | & 0 \\ 0 & 6 & 0 & | & 2 \\ 0 & 6 & 6 & | & 2 \end{pmatrix} \Rightarrow e = \frac{1}{3};\ f = 0;\ d = \frac{1}{3}$

$\overrightarrow{CD} = \frac{1}{3} \cdot \overrightarrow{G_1D_3} + \frac{1}{3} \cdot \overrightarrow{G_2D_4}$

$g \cdot \overrightarrow{G_1D_3} + h \cdot \overrightarrow{G_2D_4} + i \cdot \overrightarrow{G_3D_1} = \overrightarrow{DE}$

$g \cdot \begin{pmatrix} 3 \\ 3 \\ 3 \end{pmatrix} + h \cdot \begin{pmatrix} -3 \\ 3 \\ 3 \end{pmatrix} + i \cdot \begin{pmatrix} -3 \\ -3 \\ 3 \end{pmatrix} = \begin{pmatrix} 1 \\ 0 \\ 1 \end{pmatrix}$

Gauß-Verfahren

$\begin{pmatrix} 3 & -3 & -3 & | & 1 \\ 3 & 3 & -3 & | & 0 \\ 3 & 3 & 3 & | & 1 \end{pmatrix} \Rightarrow \begin{pmatrix} 3 & -3 & -3 & | & 0 \\ 0 & 6 & 0 & | & -1 \\ 0 & 6 & 6 & | & 0 \end{pmatrix} \Rightarrow h = -\frac{1}{6};\ i = \frac{1}{6};\ g = 0$

$\overrightarrow{DE} = -\frac{1}{6} \cdot \overrightarrow{G_2D_4} + \frac{1}{6} \cdot \overrightarrow{G_3D_1}$

3.3 Lineare Abhängigkeit und Unabhängigkeit von Vektoren

8. a) $\vec{AB} = \begin{pmatrix} -2 \\ 6 \\ -1 \end{pmatrix}$; $\vec{AC} = \begin{pmatrix} -1 \\ 10 \\ 2 \end{pmatrix}$; $\vec{BC} = \begin{pmatrix} 1 \\ 4 \\ 3 \end{pmatrix}$

$r_1 \vec{AB} + r_2 \vec{AC} + r_3 \vec{BC} = \vec{0}$

$r_1 \begin{pmatrix} -2 \\ 6 \\ -1 \end{pmatrix} + r_2 \begin{pmatrix} -1 \\ 10 \\ 2 \end{pmatrix} + r_3 \begin{pmatrix} 1 \\ 4 \\ 3 \end{pmatrix} = \begin{pmatrix} 0 \\ 0 \\ 0 \end{pmatrix}$

$\begin{pmatrix} -2 & -1 & 1 & | & 0 \\ 6 & 10 & 4 & | & 0 \\ -1 & 2 & 3 & | & 0 \end{pmatrix} \Rightarrow \begin{pmatrix} -2 & -1 & 1 & | & 0 \\ 0 & 7 & 7 & | & 0 \\ 0 & -5 & -5 & | & 0 \end{pmatrix} \Rightarrow \begin{pmatrix} -2 & -1 & 1 & | & 0 \\ 0 & 7 & 7 & | & 0 \\ 0 & 0 & 0 & | & 0 \end{pmatrix}$

$r_3 = t$; $r_2 = -t$; $r_1 = t$; $t \in \mathbb{R}$.

Die Vektoren $\vec{AB}$, $\vec{AC}$ und $\vec{BC}$ sind komplanar zueinander. ⇒ Das Sonnensegel ist eben.

b) $a \cdot \vec{s_A} + b \cdot \vec{s_B} + c \cdot \vec{s_C} = \vec{0}$

$a \cdot \begin{pmatrix} 0,18 \\ -1,26 \\ 6 \end{pmatrix} + b \cdot \begin{pmatrix} -1,7 \\ -0,2 \\ -2 \end{pmatrix} + c \cdot \begin{pmatrix} -3 \\ 1 \\ 1 \end{pmatrix} = \begin{pmatrix} 0 \\ 0 \\ 0 \end{pmatrix}$

Gauß-Verfahren

$\begin{pmatrix} 0,18 & -1,7 & -3 & | & 0 \\ -1,26 & -0,2 & 1 & | & 0 \\ 6 & -2 & 1 & | & 0 \end{pmatrix} \Rightarrow \begin{pmatrix} \frac{9}{50} & \frac{-17}{10} & -3 & | & 0 \\ 0 & \frac{-121}{10} & -20 & | & 0 \\ 0 & 0 & \frac{3836}{363} & | & 0 \end{pmatrix}$

$\Rightarrow c = b = a = 0$

Die Vektoren $\vec{s_A}, \vec{s_B}$ und $\vec{s_C}$ sind linear unabhängig und liegen somit nicht in einer Ebene.

c) $A_{ABC} = \frac{1}{2} |\vec{AB} \times \vec{AC}| = \frac{1}{2} \left| \begin{pmatrix} -2 \\ 6 \\ -1 \end{pmatrix} \times \begin{pmatrix} -1 \\ 10 \\ 2 \end{pmatrix} \right| = \frac{1}{2} \left| \begin{pmatrix} 22 \\ 5 \\ -14 \end{pmatrix} \right| \approx 13,28$

$U = |\vec{AB}| + |\vec{AC}| + |\vec{BC}| = \left| \begin{pmatrix} -2 \\ 6 \\ -1 \end{pmatrix} \right| + \left| \begin{pmatrix} -1 \\ 10 \\ 2 \end{pmatrix} \right| + \left| \begin{pmatrix} 1 \\ 4 \\ 3 \end{pmatrix} \right| = \sqrt{41} + \sqrt{105} + \sqrt{26} \approx 21,75$

d) $|1,8 \cdot \vec{s_a}| = \left| 1,8 \cdot \begin{pmatrix} 0,18 \\ -1,26 \\ 6 \end{pmatrix} \right| = \left| \begin{pmatrix} \frac{81}{250} \\ -\frac{567}{250} \\ \frac{54}{5} \end{pmatrix} \right| = \sqrt{\frac{8267589}{62500}} \approx 11,50$

$|2,3 \cdot \vec{s_b}| = \left| 2,3 \cdot \begin{pmatrix} -1,7 \\ -0,2 \\ -2 \end{pmatrix} \right| = \left| \begin{pmatrix} -\frac{391}{100} \\ -\frac{23}{50} \\ -\frac{23}{5} \end{pmatrix} \right| = \sqrt{\frac{366597}{10000}} \approx 6,05$

$|\frac{4}{3} \cdot \vec{s_c}| = \left| \frac{4}{3} \cdot \begin{pmatrix} -3 \\ 1 \\ 1 \end{pmatrix} \right| = \left| \begin{pmatrix} -4 \\ \frac{4}{3} \\ \frac{4}{3} \end{pmatrix} \right| = \sqrt{\frac{176}{9}} \approx 4,42$

$l = 11,50 + 6,05 + 4,42 = 21,97$

e) Schwerpunkt S: $\vec{s} = \frac{1}{3}(\overrightarrow{OA} + \overrightarrow{OB} + \overrightarrow{OC}) = \frac{1}{3}\left(\begin{pmatrix}2\\-2\\3\end{pmatrix} + \begin{pmatrix}0\\4\\2\end{pmatrix} + \begin{pmatrix}1\\8\\5\end{pmatrix}\right) = \begin{pmatrix}1\\\frac{10}{3}\\\frac{10}{3}\end{pmatrix}$

$S(1|3,33|3,33)$

$|\overrightarrow{SD}| = \left|\begin{pmatrix}0\\2\\3,5\end{pmatrix} - \begin{pmatrix}1\\\frac{10}{3}\\\frac{10}{3}\end{pmatrix}\right| = \left|\begin{pmatrix}-1\\-\frac{4}{3}\\\frac{1}{6}\end{pmatrix}\right| = 1{,}675$

Das Seil muss 1,675 m lang sein.

Test A zu 3.3

1. a) $\begin{pmatrix}2\\0\\2\end{pmatrix} = r \cdot \begin{pmatrix}6\\4\\2\end{pmatrix} + s \cdot \begin{pmatrix}-1\\-2\\1\end{pmatrix}$ $\Leftrightarrow$ $\begin{array}{l}2 = 6r - s\\0 = 4r - 2s\\2 = 2r + s\end{array}$ $\rightarrow r = 0{,}5;\ s = 1$

Die Vektoren sind komplanar.

b) $\vec{0} = r \cdot \begin{pmatrix}1\\-1\\1\end{pmatrix} + s \cdot \begin{pmatrix}2\\0\\2\end{pmatrix} + t \cdot \begin{pmatrix}6\\4\\2\end{pmatrix}$ $\Leftrightarrow$ $\begin{array}{l}0 = r + 2s + 6t\\0 = -r + 4t\\0 = r + 2s + 2t\end{array}$ $\rightarrow r = s = t = 0$

Die Vektoren sind linear unabhängig.

c) $\vec{0} = r \cdot \begin{pmatrix}1\\-1\\1\end{pmatrix} + s \cdot \begin{pmatrix}6\\4\\2\end{pmatrix} + t \cdot \begin{pmatrix}e_1\\e_2\\e_3\end{pmatrix}$ $\Leftrightarrow$ $\begin{array}{l}0 = r + 6s + te_1\\0 = -r + 4s + te_2\\0 = r + 2s + te_3\end{array}$

Lösungsbeispiele: $\vec{e} = k\begin{pmatrix}-1\\1\\0\end{pmatrix}$ oder $\vec{e} = k\begin{pmatrix}1\\0\\-1\end{pmatrix}$ oder $\vec{e} = k\begin{pmatrix}0\\-1\\1\end{pmatrix}$ mit $k \in \mathbb{R}$

2. a) Wahr, denn zwei Vektoren sind immer komplanar.

b) Falsch, denn dazu müsste die Darstellung eindeutig sein. Ist sie mehrdeutig (das zugehörige Lösungssystem hat unendlich viele Lösungen), so liegen die vier Vektoren in einer Ebene, insbesondere auch die drei Vektoren, die deshalb keine Basis bilden.

c) Mit Einschränkung wahr. Falls $\vec{a}$ und $\vec{b}$ kollinear sind, muss dies beim rechten Ansatz zusätzlich überprüft werden.

Test B zu 3.3

1. a) Ansatz: $r \cdot \vec{a} + s \cdot \vec{b} + t \cdot \vec{c} = \vec{0}$

Für $k \in \mathbb{R} \setminus \{-2;\ 0\}$ bilden die Vektoren eine Basis des $\mathbb{R}^3$, ansonsten sind sie keine Basis.

b) Ansatz: $u \cdot \vec{a} + v \cdot \vec{b} + w \cdot \vec{c} = \vec{d}$

Mehrere Lösungen. Beispiel: $-21\vec{a} + 9\vec{b} - \vec{c} = \vec{d}$

2. $m\vec{u} + n\vec{v} = \vec{0} \rightarrow (3m+n)\vec{a} + (m+3n)\vec{b} = \vec{0}$

$\Rightarrow$ da $\vec{a}$ und $\vec{b}$ linear unabhängig, sind $(3m+n) = 0$ und $(m+3n) = 0$

$\Rightarrow m = n = 0 \Rightarrow \vec{u}, \vec{v}$ linear unabhängig.

4 Produkte von Vektoren

4.1 Skalarprodukt und Orthogonalität

4.1.1 Definition des Skalarprodukts und Rechenregeln

1. a) $\vec{r} \circ \vec{s} = -12$ b) $\vec{r} \circ \vec{u} = -38$ c) $\vec{r} \circ \vec{u} + \vec{s} \circ \vec{u} = 14$

2. Die Spaltenvektoren $\vec{a}$ und $\vec{b}$ und die Formel $\vec{a} \circ \vec{b} = a_1 \cdot b_1 + a_2 \cdot b_2 + a_3 \cdot b_3$ sind gegeben.
Deutlich weniger Rechenarbeit bedeutet: $\vec{a} \circ \vec{b} = \begin{pmatrix} 6 \\ 0 \\ -8 \end{pmatrix} \circ \begin{pmatrix} 12 \\ 3 \\ 4 \end{pmatrix} = 6 \cdot 12 + 0 \cdot 3 - 8 \cdot 4 = 40$.
Die Beziehung $\vec{a} \circ \vec{b} = |\vec{a}| \cdot |\vec{b}| \cdot \cos(\alpha)$ ist ebenfalls möglich, aber umständlicher.

3. a) Vektor   b) nicht definiert   c) Zahl   d) Vektor   e) Zahl
Nur reelle Zahlen können gegeneinander gekürzt werden. Daher darf in c) ein Skalarprodukt gegen ein Skalarprodukt gekürzt werden. Ausdrücke der Form „Zahl : Vektor" wie in b) sind nicht definiert.

4. Die Vektoren $\vec{a}$ und $\vec{b}$ sind kollinear. Es gelte $\vec{b} = k \cdot \vec{a}$.
$|\vec{a} \circ \vec{b}| = |\vec{a} \circ (k \cdot \vec{a})| = |a_1 \cdot k \cdot a_1 + a_2 \cdot k \cdot a_2 + a_3 \cdot k \cdot a_3| = |k \cdot (a_1^2 + a_2^2 + a_3^2)| = |k| \cdot (a_1^2 + a_2^2 + a_3^2)$
$|\vec{a}| \cdot |\vec{b}| = |\vec{a}| \cdot |k \cdot \vec{a}| = \sqrt{a_1^2 + a_2^2 + a_3^2} \cdot \sqrt{(k \cdot a_1)^2 + (k \cdot a_2)^2 + (k \cdot a_3)^2}$
$= \sqrt{a_1^2 + a_2^2 + a_3^2} \cdot \sqrt{k^2 \cdot (a_1^2 + a_2^2 + a_3^2)} = |k| \cdot (a_1^2 + a_2^2 + a_3^2)$
Also gilt $|\vec{a} \circ \vec{b}| = |\vec{a}| \cdot |\vec{b}|$.

5. $\vec{a} \cdot (\vec{b} \circ \vec{c}) \neq (\vec{a} \circ \vec{b}) \cdot \vec{c}$

a) Gegenbeispiel: $\vec{a} = \begin{pmatrix} 1 \\ 2 \\ 3 \end{pmatrix}$; $\vec{b} = \begin{pmatrix} 3 \\ 4 \\ 5 \end{pmatrix}$; $\vec{c} = \begin{pmatrix} -2 \\ -1 \\ 3 \end{pmatrix}$

Ergebnis linke Seite: $\begin{pmatrix} 5 \\ 10 \\ 15 \end{pmatrix}$, Ergebnis rechte Seite: $\begin{pmatrix} -52 \\ -26 \\ 78 \end{pmatrix}$. Also ungleich.

b) Das Skalarprodukt zweier Vektoren projiziert (ohne Berücksichtigung des Vorzeichens, also für Winkel zwischen 0° und 90°) die Länge eines Vektors auf den anderen Vektor. Diese Zahl bildet nun per Multiplikation mit einem Skalar den Streckungsfaktor für den dritten Vektor. Ändert man die Reihenfolge der Rechenoperationen (Assoziativgesetz), so ist ein Zusammenhang zwischen projizierter Länge und Richtung des jeweils dritten Vektors höchstens zufällig, besteht also im Allgemeinen nicht. Ausnahme: ein System von drei zueinander senkrechten Vektoren, z.B. die kanonische Basis des $\mathbb{R}^3$. Hier ergeben beide Seiten den Nullvektor, es besteht also eine Gleichheit.

6. a) falsch   b) falsch   c) richtig   d) richtig

7. a) 1 LE   b) $\sqrt{2}$ LE   c) 5 LE   d) 5 LE   e) $5\sqrt{2}$ LE   f) $5\sqrt{2}$ LE

8. $\left|\begin{pmatrix} 4 \\ -2 \\ 4 \end{pmatrix}\right| = 6$ LE a) $\frac{1}{6}\begin{pmatrix} 4 \\ -2 \\ 4 \end{pmatrix}$ b) $\frac{1}{3}\begin{pmatrix} 4 \\ -2 \\ 4 \end{pmatrix}$ c) $\frac{1}{4}\begin{pmatrix} 4 \\ -2 \\ 4 \end{pmatrix}$

9. **a)** positiv **b)** positiv **c)** 0 **d)** negativ **e)** negativ

10. Es gilt: $|\overrightarrow{MK_1}| = |\overrightarrow{MK_2}| = |\overrightarrow{MK_3}| = |\overrightarrow{MK_4}|$

$|\overrightarrow{MK_1}| = \sqrt{(4-m_1)^2 + (-3-m_2)^2 + (0-m_3)^2} \Rightarrow |\overrightarrow{MK_1}|^2 = (4-m_1)^2 + (-3-m_2)^2 + (0-m_3)^2$

$|\overrightarrow{MK_2}| = \sqrt{(-1-m_1)^2 + (0-m_2)^2 + (-4-m_3)^2} \Rightarrow |\overrightarrow{MK_2}|^2 = (-1-m_1)^2 + (0-m_2)^2 + (-4-m_3)^2$

$|\overrightarrow{MK_3}| = \sqrt{(1-m_1)^2 + (-4-m_2)^2 + (2-m_3)^2} \Rightarrow |\overrightarrow{MK_3}|^2 = (1-m_1)^2 + (-4-m_2)^2 + (2-m_3)^2$

$|\overrightarrow{MK_4}| = \sqrt{(7-m_1)^2 + (5-m_2)^2 + (5-m_3)^2} \Rightarrow |\overrightarrow{MK_4}|^2 = (7-m_1)^2 + (5-m_2)^2 + (5-m_3)^2$

$|\overrightarrow{MK_1}|^2 = |\overrightarrow{MK_2}|^2 \Rightarrow (4-m_1)^2 + (-3-m_2)^2 + (0-m_3)^2 = (-1-m_1)^2 + (0-m_2)^2 + (-4-m_3)^2$

$\Rightarrow 16 - 8m_1 + m_1^2 + 9 + 6m_2 + m_2^2 + m_3^2 = 1 + 2m_1 + m_1^2 + m_2^2 + 16 + 8m_3 + m_3^2$

$\Rightarrow -10m_1 + 6m_2 - 8m_3 = -8$

$|\overrightarrow{MK_3}|^2 = |\overrightarrow{MK_4}|^2 \Rightarrow (1-m_1)^2 + (-4-m_2)^2 + (2-m_3)^2 = (7-m_1)^2 + (5-m_2)^2 + (5-m_3)^2$

$\Rightarrow 1 - 2m_1 + m_1^2 + 16 + 8m_2 + m_2^2 + 4 - 4m_3 + m_3^2 = 49 - 14m_1 + m_1^2 + 25 - 10m_2 + m_2^2 + 25 - 10m_3 + m_3^2$

$\Rightarrow 12m_1 + 18m_2 + 6m_3 = 78$

$|\overrightarrow{MK_4}|^2 = |\overrightarrow{MK_1}|^2 \Rightarrow (7-m_1)^2 + (5-m_2)^2 + (5-m_3)^2 = (4-m_1)^2 + (-3-m_2)^2 + (0-m_3)^2$

$\Rightarrow 49 - 14m_1 + m_1^2 + 25 - 10m_2 + m_2^2 + 25 - 10m_3 + m_3^2 = 16 - 8m_1 + m_1^2 + 9 + 6m_2 + m_2^2 + m_3^2$

$\Rightarrow -6m_1 - 16m_2 - 10m_3 = -74$

Es ergibt sich das lineare Gleichungssystem
$-10m_1 + 6m_2 - 8m_3 = -8$
$12m_1 + 18m_2 + 6m_3 = 78$
$-6m_1 - 16m_2 - 10m_3 = -74$

Gauß-Verfahren

$\begin{pmatrix} -10 & 6 & -8 & | & -8 \\ 12 & 18 & 6 & | & 78 \\ -6 & -16 & -10 & | & -74 \end{pmatrix} \to \begin{pmatrix} -5 & 3 & -4 & | & -4 \\ 2 & 3 & 1 & | & 13 \\ -3 & -8 & -5 & | & -37 \end{pmatrix} \Rightarrow \begin{pmatrix} -5 & 3 & -4 & | & -4 \\ 0 & 21 & -3 & | & 57 \\ 0 & -7 & -7 & | & -35 \end{pmatrix}$

$\Rightarrow \begin{pmatrix} -5 & 3 & -4 & | & -4 \\ 0 & 21 & -3 & | & 57 \\ 0 & 0 & -168 & | & -336 \end{pmatrix}$

$m_3 = 2;\ m_2 = 3;\ m_1 = 1$
Ergebnis: $M(1|3|2)$

11. a) $\vec{a} \circ \vec{b} = \begin{pmatrix} a_1 \\ a_2 \\ a_3 \\ a_4 \end{pmatrix} \circ \begin{pmatrix} b_1 \\ b_2 \\ b_3 \\ b_4 \end{pmatrix} = a_1 \cdot b_1 + a_2 \cdot b_2 + a_3 \cdot b_3 + a_4 \cdot b_4$

b) $\vec{a} \circ \vec{b} = \begin{pmatrix} a_1 \\ \cdot \\ \cdot \\ \cdot \\ a_n \end{pmatrix} \circ \begin{pmatrix} b_1 \\ \cdot \\ \cdot \\ \cdot \\ b_n \end{pmatrix} = a_1 \cdot b_1 + a_2 \cdot b_2 + \ldots + a_{n-1} \cdot b_{n-1} + a_n \cdot b_n$

4.1.2 Winkel zwischen zwei Vektoren

1. a) $\cos(\alpha) = \frac{-31}{\sqrt{13} \cdot \sqrt{74}} \approx -0{,}99948 \Rightarrow \alpha \approx 178{,}15°$ b) $\cos(\alpha) = \frac{67}{\sqrt{42 \cdot 11}} \approx 0{,}9399 \Rightarrow \alpha \approx 19{,}97°$

2. a) $\cos(\alpha) = \frac{2}{2\sqrt{5} \cdot \sqrt{10}} \approx 0{,}1414 \Rightarrow \alpha \approx 81{,}87°$
   $\cos(\beta) = \frac{18}{2\sqrt{5} \cdot \sqrt{26}} \approx 0{,}7894 \Rightarrow \beta \approx 37{,}88°$
   $\cos(\gamma) = \frac{8}{\sqrt{10} \cdot \sqrt{26}} \approx 0{,}4961 \Rightarrow \gamma \approx 60{,}26°$

   b) $\cos(\alpha) = \frac{-30}{\sqrt{50} \cdot \sqrt{29}} \approx -0{,}7878 \Rightarrow \alpha \approx 141{,}98°$
   $\cos(\beta) = \frac{80}{\sqrt{50} \cdot \sqrt{139}} \approx 0{,}9596 \Rightarrow \beta \approx 16{,}34°$
   $\cos(\gamma) = \frac{59}{\sqrt{29} \cdot \sqrt{139}} \approx 0{,}9293 \Rightarrow \gamma \approx 21{,}68°$

3. a) $4 \cdot (-2) + 3 \cdot 4 + 2 \cdot 2 \neq 0 \quad \Rightarrow \quad$ nicht orthogonal
   b) $-3 \cdot 6 + 5 \cdot 3 + 3 \cdot 1 = 0 \quad \Rightarrow \quad$ orthogonal
   c) $2 \cdot 4 + 4 \cdot (-2) + 3 \cdot 0 = 0 \quad \Rightarrow \quad$ orthogonal
   d) $2 \cdot 4 + 4 \cdot (-2) + 3 \cdot 1 \neq 0 \quad \Rightarrow \quad$ nicht orthogonal
   e) $1 \cdot 0 + 0 \cdot 1 + 0 \cdot 0 = 0 \quad \Rightarrow \quad$ orthogonal

4. $\vec{BA} = \begin{pmatrix} -2 \\ -2 \\ 2 \end{pmatrix}; \quad \vec{BC} = \begin{pmatrix} -2 \\ 1 \\ -1 \end{pmatrix}; \quad \vec{CA} = \begin{pmatrix} 0 \\ -3 \\ 3 \end{pmatrix}$

   Winkel zwischen $\vec{BA}$ und $\vec{BC}$: $\cos(\alpha) = \frac{0}{2\sqrt{3} \cdot \sqrt{6}} = 0 \Rightarrow \alpha = 90°$

5. $\vec{a_1} = \begin{pmatrix} 3 \\ 4 \\ 0 \end{pmatrix}; \vec{a_2} = \begin{pmatrix} 0 \\ 7 \\ 3 \end{pmatrix}; \vec{b_1} = \begin{pmatrix} 1 \\ -2 \\ 0 \end{pmatrix}; \vec{b_2} = \begin{pmatrix} 0 \\ 9 \\ 1 \end{pmatrix}; \vec{c_1} = \begin{pmatrix} 0 \\ 1 \\ 0 \end{pmatrix}; \vec{c_2} = \begin{pmatrix} 4 \\ 0 \\ 1 \end{pmatrix}$

   $\vec{d_1} = \begin{pmatrix} 1 \\ 0 \\ 0 \end{pmatrix}; \vec{d_2} = \begin{pmatrix} 0 \\ 0 \\ 1 \end{pmatrix}; \vec{e_1} = \begin{pmatrix} -8 \\ 8 \\ 0 \end{pmatrix}; \vec{e_2} = \begin{pmatrix} 0 \\ -8 \\ 8 \end{pmatrix}; \vec{f_1} = \begin{pmatrix} 0 \\ 1 \\ 0 \end{pmatrix}; \vec{f_2} = \begin{pmatrix} 1 \\ 0 \\ 0 \end{pmatrix}$

   Die Orthogonalität wird jeweils durch Bildung des Skalarprodukts nachgewiesen,

   z. B. $\vec{d} = \begin{pmatrix} 4 \\ -3 \\ 7 \end{pmatrix}, \vec{a_1} = \begin{pmatrix} 3 \\ 4 \\ 0 \end{pmatrix} \Rightarrow \vec{d} \circ \vec{a_1} = 0 \Rightarrow \vec{d} \perp \vec{a_1}$

156

6. z.B. $\begin{pmatrix} 1 \\ 0 \\ 0 \end{pmatrix}$ oder $\begin{pmatrix} 0 \\ 1 \\ 0 \end{pmatrix}$ oder $\begin{pmatrix} 1 \\ 1 \\ \sqrt{2} \end{pmatrix}$

7. $\vec{a} = \begin{pmatrix} 1 \\ 0 \\ 0 \end{pmatrix}$; $\vec{b} = \begin{pmatrix} 1 \\ 1 \\ 1 \end{pmatrix}$

$\vec{a} \circ \vec{b} = \begin{pmatrix} 1 \\ 0 \\ 0 \end{pmatrix} \circ \begin{pmatrix} 1 \\ 1 \\ 1 \end{pmatrix} = 1$; $|\vec{a}| = \left|\begin{pmatrix} 1 \\ 0 \\ 0 \end{pmatrix}\right| = 1$; $|\vec{b}| = \left|\begin{pmatrix} 1 \\ 1 \\ 1 \end{pmatrix}\right| = \sqrt{3}$

$\cos \varphi = \frac{\vec{a} \circ \vec{b}}{|\vec{a}| \cdot |\vec{b}|} = \frac{1}{\sqrt{1} \cdot \sqrt{3}} = \frac{1}{\sqrt{3}}$

$\Rightarrow \varphi = 54{,}74°$

Übungen zu 4.1

1.

	$\vec{a} \circ \vec{b}$	Winkel α
a)	6	60,11°
b)	65	21,04°
c)	−21	126,04°

2. Ampelabfrage
   a) Richtig ist Gelb.

   b) Richtig ist Rot.

3. Voraussetzung: $\vec{n} \circ \vec{a} = \vec{n} \circ \vec{b} = \vec{n} \circ \vec{c} = 0$, wobei $\vec{n} \neq \vec{0}$
   Annahme: $\vec{a}, \vec{b}, \vec{c}$ sind linear unabhängig.

   $\Rightarrow \vec{a}, \vec{b}, \vec{c}$ bilden eine Basis des $\mathbb{R}^3$.

   $\Rightarrow$ Es gibt Zahlen $k_1, k_2, k_3 \in \mathbb{R}$, sodass $\vec{n} = k_1 \cdot \vec{a} + k_2 \cdot \vec{b} + k_3 \cdot \vec{c}$.

   $\Rightarrow \vec{n} \circ \vec{n} = (k_1 \cdot \vec{a} + k_2 \cdot \vec{b} + k_3 \cdot \vec{c}) \circ \vec{n} = k_1 \cdot \underbrace{\vec{a} \circ \vec{n}}_{0} + k_2 \cdot \underbrace{\vec{b} \circ \vec{n}}_{0} + k_3 \cdot \underbrace{\vec{c} \circ \vec{n}}_{0} = 0$

   $\Rightarrow |\vec{n}| = 0 \Rightarrow \vec{n} = \vec{0}$, denn nur der Nullvektor hat die Länge null.

   Das ist aber ein Widerspruch zur Voraussetzung, dass $\vec{n} \neq \vec{0}$.
   Also muss die Annahme falsch sein, und somit müssen $\vec{a}, \vec{b}, \vec{c}$ linear abhängig sein.

4. Winkel an der Spitze zwischen zwei benachbarten Seitenkanten: 48,19°
   Winkel zwischen Seitenkanten und Grundkanten: 65,91°
   Neigungswinkel zwischen Seitenflächen und Grundflächen: 63,43°

4.1 Skalarprodukt und Orthogonalität

5.* Voraussetzung: M ist Umkreismittelpunkt des Dreiecks ABC und somit auch Mittelpunkt von $\overline{AB}$.
Es gilt: $|\vec{r}| = |\overrightarrow{AM}| = |\overrightarrow{MB}| = |\vec{z}|$

Behauptung: Die Vektoren $\vec{x}$ und $\vec{y}$ bilden einen rechten Winkel.
Es gilt also: $\vec{x} \circ \vec{y} = 0$

Beweis: $\vec{x} = \vec{z} + \vec{r}; \quad \vec{y} = \vec{z} - \vec{r}$
$\vec{x} \circ \vec{y} = (\vec{z} + \vec{r}) \circ (\vec{z} - \vec{r}) = \vec{z} \circ \vec{z} - \vec{z} \circ \vec{r} + \vec{r} \circ \vec{z} - \vec{r} \circ \vec{r}$
$= |\vec{z}| - \vec{z} \circ \vec{r} + \vec{z} \circ \vec{r} - |\vec{r}|$
$= |\vec{z}| - |\vec{r}| = |\vec{r}| - |\vec{r}| = 0$ q.e.d.   Bewiesen wurde hier der Satz des Thales.

6.

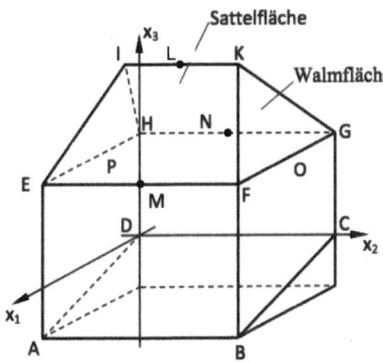

Die Grundfläche ist rechteckig, allerdings nur $8 \cdot 10 = 80 \, m^2$ groß.

Mithilfe der Punkte $L(4|5|8)$, $M(8|5|4)$ und $N(0|5|4)$ lässt sich die Dachneigung der Sattelfläche berechnen:

$$\cos(\alpha) = \frac{\overrightarrow{ML} \circ \overrightarrow{MN}}{|\overrightarrow{ML}| \cdot |\overrightarrow{MN}|} = \frac{\begin{pmatrix} 4-8 \\ 5-5 \\ 8-4 \end{pmatrix} \circ \begin{pmatrix} 0-8 \\ 5-5 \\ 4-4 \end{pmatrix}}{\left|\begin{pmatrix} 4-8 \\ 5-5 \\ 8-4 \end{pmatrix}\right| \cdot \left|\begin{pmatrix} 0-8 \\ 5-5 \\ 4-4 \end{pmatrix}\right|} = \frac{\begin{pmatrix} -4 \\ 0 \\ 4 \end{pmatrix} \circ \begin{pmatrix} -8 \\ 0 \\ 0 \end{pmatrix}}{\left|\begin{pmatrix} -4 \\ 0 \\ 4 \end{pmatrix}\right| \cdot \left|\begin{pmatrix} -8 \\ 0 \\ 0 \end{pmatrix}\right|} = \frac{32}{\sqrt{32} \cdot \sqrt{64}} \rightarrow \alpha = 45°$$

Mithilfe der Punkte $K(4|8|8)$, $O(4|10|4)$ und $P(4|0|4)$ lässt sich die Dachneigung der Walmfläche berechnen:

$$\cos(\beta) = \frac{\overrightarrow{OK} \circ \overrightarrow{OP}}{|\overrightarrow{OK}| \cdot |\overrightarrow{OP}|} = \frac{\begin{pmatrix} 4-4 \\ 8-10 \\ 8-4 \end{pmatrix} \circ \begin{pmatrix} 4-4 \\ 0-10 \\ 4-4 \end{pmatrix}}{\left|\begin{pmatrix} 4-4 \\ 8-10 \\ 8-4 \end{pmatrix}\right| \cdot \left|\begin{pmatrix} 4-4 \\ 0-10 \\ 4-4 \end{pmatrix}\right|} = \frac{\begin{pmatrix} 0 \\ -2 \\ 4 \end{pmatrix} \circ \begin{pmatrix} 0 \\ -10 \\ 0 \end{pmatrix}}{\left|\begin{pmatrix} 0 \\ -2 \\ 4 \end{pmatrix}\right| \cdot \left|\begin{pmatrix} 0 \\ -10 \\ 0 \end{pmatrix}\right|} = \frac{20}{\sqrt{20} \cdot \sqrt{100}} \Rightarrow \beta = 63{,}43°$$

Die Mindestdachneigung von 30° wird bei der Sattelfläche und der Walmfläche eingehalten.

Test A zu 4.1

1. a) $\vec{AB} = \begin{pmatrix} 3-2 \\ 4-3 \\ 5-(-2) \end{pmatrix} = \begin{pmatrix} 1 \\ 1 \\ 7 \end{pmatrix}$; $\vec{BC} = \begin{pmatrix} -3-3 \\ 1-4 \\ -1-5 \end{pmatrix} = \begin{pmatrix} -6 \\ -3 \\ -6 \end{pmatrix}$; $\vec{AC} = \begin{pmatrix} -3-2 \\ 1-3 \\ -1-(-2) \end{pmatrix} = \begin{pmatrix} -5 \\ -2 \\ 1 \end{pmatrix}$

b) $\cos(\alpha) = \frac{\vec{AB} \circ \vec{AC}}{|\vec{AB}| \cdot |\vec{AC}|} = 0 \Rightarrow \alpha = 90°$. Das Dreieck ist rechtwinklig.

c) $\vec{OD} = \vec{OA} + \vec{AB} + \vec{AC} = \begin{pmatrix} -2 \\ 2 \\ 6 \end{pmatrix} \Rightarrow D(-2|2|6)$

d) $\vec{BC} = \begin{pmatrix} -6 \\ -3 \\ -6 \end{pmatrix}$; $\vec{AD} = \begin{pmatrix} -4 \\ -1 \\ 8 \end{pmatrix}$

$\cos(\alpha) = \frac{-21}{9 \cdot 9} = -\frac{7}{27} = -0,259 \Rightarrow \alpha \approx 105,03° \Rightarrow \beta = 180° - 105,03° = 74,97°$

2. a) Die Vektoren $\vec{F_1}$ und $\vec{F_2}$ müssen folgende Form haben: $\vec{F_1} = \begin{pmatrix} 0 \\ a_2 \\ 0 \end{pmatrix}$ und $\vec{F_2} = \begin{pmatrix} 0 \\ 0 \\ a_3 \end{pmatrix}$.

Es gilt $|\vec{F_1}| = \sqrt{a_2^2} = a_2$ und $|\vec{F_2}| = \sqrt{a_3^2} = a_3$.

Im rechtwinkligen Dreieck gilt: $\cos(\alpha) = \frac{|\vec{F_1}|}{|\vec{F}|}$.

$|\vec{F_1}| = |\vec{F}| \cdot \cos(\alpha) = 50 \cdot \cos(25°) = 45,32 \Rightarrow \vec{F_1} = \begin{pmatrix} 0 \\ 45,32 \\ 0 \end{pmatrix}$

$\sin(\alpha) = \frac{|\vec{F_2}|}{|\vec{F}|}$ $|\vec{F_2}| = 50 \cdot \sin(25°) = 21,13 \Rightarrow \vec{F_2} = \begin{pmatrix} 0 \\ 0 \\ 21,13 \end{pmatrix}$

b) $W = 50 \cdot 100 = 5\,000$ [Nm]

Test B zu 4.1

1. a) Aus $\vec{AB} = \begin{pmatrix} 0 \\ 2 \\ 0 \end{pmatrix} = \vec{DC}$, $\vec{AD} = \begin{pmatrix} 0 \\ 0 \\ 2 \end{pmatrix} = \vec{BC}$ und $\vec{AB} \circ \vec{AD} = 0$, also rechtwinklig, folgt, dass es sich bei ABCD um ein Quadrat handelt, da auch die Seitenlängen jeweils gleich 2 LE sind.
Also beträgt der Flächeninhalt $2 \cdot 2 = 4$ (FE).

b) $\vec{n} = \begin{pmatrix} 1 \\ 0 \\ 0 \end{pmatrix}$

2. a) Vektoren sind parallel   **b)** Vektoren sind antiparallel

3. Ansatz: $\begin{pmatrix} a \\ b \\ 1 \end{pmatrix} \circ \begin{pmatrix} b \\ a-1 \\ 0 \end{pmatrix} = 0$

$ab + b(a-1) = 0 \Leftrightarrow b(2a-1) = 0$

4.2 Vektorprodukt

4.2.1 Definition des Vektorprodukts und Rechenregeln

1. a) $\vec{r} \times \vec{s} = \begin{pmatrix} -13 \\ -26 \\ 26 \end{pmatrix}$; $\vec{s} \times \vec{r} = \begin{pmatrix} 13 \\ 26 \\ -26 \end{pmatrix}$; $|\vec{r}| \approx 8{,}062$; $|\vec{s}| \approx 5{,}099$; $|\vec{r} \times \vec{s}| = |\vec{s} \times \vec{r}| = 39$

   b) $\vec{r} \times \vec{s} = \begin{pmatrix} 80 \\ 86 \\ 107 \end{pmatrix}$; $\vec{s} \times \vec{r} = \begin{pmatrix} -80 \\ -86 \\ -107 \end{pmatrix}$; $|\vec{r}| \approx 11{,}576$; $|\vec{s}| \approx 13{,}748$; $|\vec{r} \times \vec{s}| = |\vec{s} \times \vec{r}| \approx 158{,}887$

   c) $\vec{r} \times \vec{s} = \begin{pmatrix} 22 \\ -20 \\ -81 \end{pmatrix}$; $\vec{s} \times \vec{r} = \begin{pmatrix} -22 \\ 20 \\ 81 \end{pmatrix}$; $|\vec{r}| = 13$; $|\vec{s}| \approx 7{,}348$; $|\vec{r} \times \vec{s}| = |\vec{s} \times \vec{r}| \approx 86{,}284$

   d) $\vec{r} \times \vec{s} = \begin{pmatrix} 96 \\ -54 \\ 24 \end{pmatrix}$; $\vec{s} \times \vec{r} = \begin{pmatrix} -96 \\ 54 \\ -24 \end{pmatrix}$; $|\vec{r}| \approx 10{,}44$; $|\vec{s}| \approx 12{,}369$; $|\vec{r} \times \vec{s}| = |\vec{s} \times \vec{r}| \approx 112{,}73$

2. a)–d) Da die Vektoren zu sich selbst kollinear sind, sind alle Vektorprodukte gleich null und damit auch das gesamte Produkt.

3. a) Ansatz: $\vec{r} = k \cdot \vec{s}$ nicht kollinear b) Ansatz: $\vec{r} = k \cdot \vec{s}$ kollinear
   Das Vektorprodukt zweier kollinearer Vektoren ist gleich null.

4.* $\vec{a} = \begin{pmatrix} a_1 \\ a_2 \\ a_3 \end{pmatrix}$; $\vec{b} = \begin{pmatrix} b_1 \\ b_2 \\ b_3 \end{pmatrix}$; $\vec{c} = \begin{pmatrix} c_1 \\ c_2 \\ c_3 \end{pmatrix}$

$(\vec{a} \times \vec{b}) \times \vec{c} + (\vec{b} \times \vec{c}) \times \vec{a} + (\vec{c} \times \vec{a}) \times \vec{b}$

$= \begin{pmatrix} a_2 b_3 - a_3 b_2 \\ a_3 b_1 - a_1 b_3 \\ a_1 b_2 - a_2 b_1 \end{pmatrix} \times \begin{pmatrix} c_1 \\ c_2 \\ c_3 \end{pmatrix} + \begin{pmatrix} b_2 c_3 - b_3 c_2 \\ b_3 c_1 - b_1 c_3 \\ b_1 c_2 - b_2 c_1 \end{pmatrix} \times \begin{pmatrix} a_1 \\ a_2 \\ a_3 \end{pmatrix} + \begin{pmatrix} c_2 a_3 - c_3 a_2 \\ c_3 a_1 - c_1 a_3 \\ c_1 a_2 - c_2 a_1 \end{pmatrix} \times \begin{pmatrix} b_1 \\ b_2 \\ b_3 \end{pmatrix}$

$= \begin{pmatrix} a_3 b_1 c_1 - a_1 b_3 c_3 - a_1 b_2 c_2 + a_2 b_1 c_2 \\ a_1 b_2 c_1 - a_2 b_1 c_1 - a_2 b_3 c_3 + a_3 b_2 c_3 \\ a_2 b_3 c_2 - a_3 b_2 c_2 - a_3 b_1 c_1 + a_1 b_3 c_1 \end{pmatrix} + \begin{pmatrix} a_3 b_3 c_1 - a_3 b_1 c_3 - a_2 b_1 c_2 - a_2 b_1 c_2 + a_2 b_2 c_1 \\ a_1 b_1 c_2 - a_2 b_1 c_1 - a_3 b_2 c_3 + a_3 b_3 c_2 \\ a_2 b_2 c_3 - a_2 b_3 c_2 - a_1 b_3 c_1 + a_1 b_1 c_3 \end{pmatrix}$

$+ \begin{pmatrix} a_1 b_3 c_3 - a_3 b_3 c_1 - a_2 b_2 c_1 + a_1 b_2 c_2 \\ a_2 b_1 c_1 - a_1 b_1 c_2 - a_3 b_3 c_2 + a_2 b_3 c_3 \\ a_3 b_2 c_2 - a_2 b_2 c_3 - a_1 b_1 c_3 + a_3 b_1 c_1 \end{pmatrix} = \begin{pmatrix} 0 \\ 0 \\ 0 \end{pmatrix} = \vec{0}$

4.2.2 Flächeninhalts- und Volumenberechnung mithilfe des Vektorprodukts

167

1. $|\overrightarrow{AB}| = 5$; $|\overrightarrow{BC}| = \sqrt{41}$; $|\overrightarrow{CA}| = \sqrt{34}$; $A_{\triangle ABC} = \frac{1}{2}|\overrightarrow{AB} \times \overrightarrow{BC}| = \frac{1}{2} \cdot \left|\begin{pmatrix} 20 \\ 15 \\ 12 \end{pmatrix}\right| = \frac{1}{2}\sqrt{769} \approx 13,9$

$\Rightarrow h_{AB} = \dfrac{2 \cdot A_{\triangle ABC}}{|\overrightarrow{AB}|} \approx 5,6$; $\quad h_{BC} = \dfrac{2 \cdot A_{\triangle ABC}}{|\overrightarrow{BC}|} \approx 4,4$; $\quad h_{CA} = \dfrac{2 \cdot A_{\triangle ABC}}{|\overrightarrow{CA}|} \approx 4,8$

2. a) $V = \left(\begin{pmatrix} 3 \\ -4 \\ 1 \end{pmatrix} \times \begin{pmatrix} 4 \\ 3 \\ -1 \end{pmatrix}\right) \circ \begin{pmatrix} 1 \\ 2 \\ 4 \end{pmatrix} = \begin{pmatrix} 1 \\ 7 \\ 25 \end{pmatrix} \circ \begin{pmatrix} 1 \\ 2 \\ 4 \end{pmatrix} = 115$

   b)* $V = (a_1 b_2 - a_2 b_1) \cdot c_3$; also ist das Produkt unabhängig von c_1 und c_2.

   c)* Auf beiden Seiten der Gleichung steht das Spatvolumen; links wird die von $\vec{a} \times \vec{b}$ erzeugte Fläche betrachtet, rechts die von $\vec{b} \times \vec{c}$ erzeugte Fläche.

   d)* $\vec{a} = s \cdot \vec{b} + t \cdot \vec{c}$ mit $s, t \in \mathbb{R}$, da $\vec{a}, \vec{b}$ und $\vec{c}$ linear abhängig sind.
   $(\vec{a} \times \vec{b}) \circ \vec{c} = [(s \cdot \vec{b} + t \cdot \vec{c}) \times \vec{b}] \circ \vec{c}$
   $= [s \cdot (\vec{b} \times \vec{b}) + t \cdot (\vec{c} \times \vec{b})] \circ \vec{c}$
   $= [t \cdot (\vec{c} \times \vec{b})] \circ \vec{c} = 0$, da $\vec{b} \times \vec{b} = \vec{0}$ und da $\vec{c} \times \vec{b}$ orthogonal zu $\vec{c}$ und somit das Skalarprodukt 0 ergibt.

3. $V = \frac{1}{6} \cdot (\overrightarrow{AB} \times \overrightarrow{AC}) \circ \overrightarrow{AD} = \frac{1}{6} \cdot 3 = \frac{1}{2}$

   $S = A_{\triangle ABC} + A_{\triangle ABD} + A_{\triangle ADC} + A_{\triangle DBC} = \dfrac{1}{2} \cdot (\sqrt{354} + \sqrt{129} + \sqrt{270} + 9) \approx 27,8$

4. Vergleiche Lehrbuch Seite 166, Beispiel 8

5. $V = \frac{1}{3} G \cdot h = \frac{1}{3} \cdot 4 \cdot 3 = 4$ VE, denn A, B, C, D liegen in der Ebene $x = 3$ und bilden ein Quadrat mit der Seitenlänge 2. Die Höhe $h = 3$ der Pyramide ist aus den Koordinaten erschließbar.

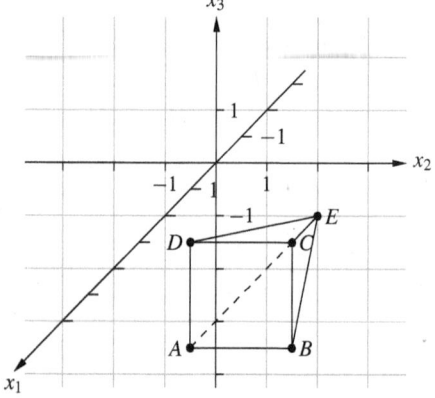

4.2 Vektorprodukt

6. $V_{\text{Tet}_1} = \frac{1}{6}\left|\left(\begin{pmatrix}1\\1\\1\end{pmatrix} \times \begin{pmatrix}1\\4\\4\end{pmatrix}\right) \circ \begin{pmatrix}0\\0\\8\end{pmatrix}\right| = 4;$ $\quad V_{\text{Tet}_2} = \frac{1}{6}\left|\left(\begin{pmatrix}1\\2\\2\end{pmatrix} \times \begin{pmatrix}0\\3\\3\end{pmatrix}\right) \circ \begin{pmatrix}0\\0\\8\end{pmatrix}\right| = 4;$

$V_{\text{Tet}_3} = \frac{1}{6}\left|\left(\begin{pmatrix}0\\2\\2\end{pmatrix} \times \begin{pmatrix}-1\\1\\1\end{pmatrix}\right) \circ \begin{pmatrix}0\\0\\8\end{pmatrix}\right| = \frac{8}{3}$

$V = \frac{32}{3}$ (3 Teilpyramiden)

7. $V_{\text{Spat}} = 6 \Rightarrow \left|(\vec{a} \times \vec{b}) \circ \vec{c}_k\right| = 6 \Rightarrow \left|\left(\begin{pmatrix}1\\1\\1\end{pmatrix} \times \begin{pmatrix}2\\0\\2\end{pmatrix}\right) \circ \begin{pmatrix}k\\-k\\-k\end{pmatrix}\right| = 6 \Rightarrow \left|\begin{pmatrix}2\\0\\-2\end{pmatrix} \circ \begin{pmatrix}k\\-k\\-k\end{pmatrix}\right| = 6$

$\Rightarrow |4k| = 6 \Rightarrow |k| = 1{,}5 \Rightarrow k = \pm 1{,}5$

8. a) Mithilfe von $P(8|0|0)$ und $C(8|10|5)$ lassen sich die Koordinaten von $B(8|0|5)$ bestimmen.

$A_{BCHG} = |\vec{CB} \times \vec{CH}|$

$= \left|\begin{pmatrix}8-8\\0-10\\5-5\end{pmatrix} \times \begin{pmatrix}4-8\\10-10\\8-5\end{pmatrix}\right| = \left|\begin{pmatrix}0\\-10\\0\end{pmatrix} \times \begin{pmatrix}-4\\0\\3\end{pmatrix}\right| = \left|\begin{pmatrix}-30\\0\\-40\end{pmatrix}\right|$

$= \sqrt{(-30)^2 + 0^2 + (-40)^2} = 50$

Mithilfe des Maßstabs ergibt sich ein Flächeninhalt von 50 m².

b) $V = A_{IKJ} \cdot h = \frac{1}{2}|\vec{KI} \times \vec{KJ}| \cdot |\vec{JM}|$

$= \frac{1}{2}\left|\begin{pmatrix}7{,}2-7{,}2\\6-6\\5{,}6-7\end{pmatrix} \times \begin{pmatrix}4{,}8-7{,}2\\6-6\\7{,}4-7\end{pmatrix}\right| \cdot \left|\begin{pmatrix}4{,}8-4{,}8\\8-6\\7{,}4-7{,}4\end{pmatrix}\right|$

$= \frac{1}{2}\left|\begin{pmatrix}0\\0\\-1{,}4\end{pmatrix} \times \begin{pmatrix}-2{,}4\\0\\0{,}4\end{pmatrix}\right| \cdot \left|\begin{pmatrix}0\\2\\0\end{pmatrix}\right| = \frac{1}{2}\left|\begin{pmatrix}0\\3{,}36\\0\end{pmatrix}\right| \cdot \left|\begin{pmatrix}0\\2\\0\end{pmatrix}\right|$

$= \frac{1}{2} \cdot 3{,}36 \cdot 2 = 3{,}36$

Mithilfe des Maßstabs ergibt sich ein Volumeninhalt von 3,36 m³.

9. a) falsch **b)** falsch **c)** wahr **d)** wahr

10. a) (I) $2 \cdot 6 - 3b = 1 \Rightarrow b = \frac{11}{3}$

(II) $3 \cdot 4 - 6a = 1 \Rightarrow a = \frac{11}{6}$

a, b in (III) $a \cdot b - 2 \cdot 4 = c \Rightarrow c = -\frac{23}{18}$

b) $a = -2;\ b = 2;\ c = -2$

Übungen zu 4.2

1. a) $\vec{u} \times \vec{v} = \vec{n}$ $\quad \vec{n} = \begin{pmatrix} 1 \\ -12 \\ -5 \end{pmatrix}$

b) Alle $\vec{n}$ liegen in einer Ebene, da $\vec{u}$ und $\vec{v}$ kollinear sind. Man wähle z.B. $\vec{n} = \begin{pmatrix} 0 \\ 4 \\ 3 \end{pmatrix}$, indem man eine Komponente 0 setzt und die anderen beiden unter Wechsel eines Vorzeichens miteinander vertauscht.

2. $\vec{n}^* = \begin{pmatrix} -10 \\ 4 \\ 12 \end{pmatrix}$; $|k \cdot \vec{n}^*| = 2 \Leftrightarrow \sqrt{100k^2 + 16k^2 + 144k^2} = 2 \Leftrightarrow \sqrt{260k^2} = 2 \Leftrightarrow k = \frac{1}{\sqrt{65}}$

$\vec{n} = k \cdot \vec{n}^* = \frac{1}{\sqrt{65}} \cdot \begin{pmatrix} -10 \\ 4 \\ 12 \end{pmatrix}$

3. Sind $\vec{a}$ und $\vec{b}$ parallel, so gibt es ein $k \in \mathbb{R}$, sodass $\vec{a} = k \cdot \vec{b}$, also $\begin{pmatrix} b_1 \\ b_2 \\ b_3 \end{pmatrix}$, $\vec{a} = \begin{pmatrix} k \cdot b_1 \\ k \cdot b_2 \\ k \cdot b_3 \end{pmatrix}$.

$\vec{a} \times \vec{b} = \begin{pmatrix} k \cdot b_1 \\ k \cdot b_2 \\ k \cdot b_3 \end{pmatrix} \times \begin{pmatrix} b_1 \\ b_2 \\ b_3 \end{pmatrix} = \begin{pmatrix} k \cdot b_2 \cdot b_3 - k \cdot b_3 \cdot b_2 \\ k \cdot b_1 \cdot b_3 - k \cdot b_3 \cdot b_1 \\ k \cdot b_1 \cdot b_2 - k \cdot b_2 \cdot b_1 \end{pmatrix} = \begin{pmatrix} 0 \\ 0 \\ 0 \end{pmatrix}$

4. a) Spatprodukt $= 0$, die Vektoren sind linear abhängig.

b) Spatprodukt $\neq 0$, die Vektoren sind linear unabhängig.
Merksatz: Gilt für drei Vektoren $\vec{a}, \vec{b}$ und $\vec{c}$ aus dem $\mathbb{R}^3$:
$\vec{a} \circ (\vec{b} \times \vec{c}) = 0$, so sind die drei Vektoren linear abhängig. Ansonsten sind sie linear unabhängig.

5. $V = \frac{1}{3} \left| (\vec{AB} \times \vec{AD}) \circ \vec{AS} \right|$

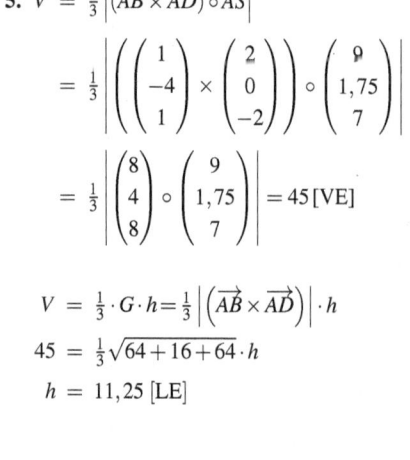

$= \frac{1}{3} \left| \left(\begin{pmatrix} 1 \\ -4 \\ 1 \end{pmatrix} \times \begin{pmatrix} 2 \\ 0 \\ -2 \end{pmatrix} \right) \circ \begin{pmatrix} 9 \\ 1{,}75 \\ 7 \end{pmatrix} \right|$

$= \frac{1}{3} \left| \begin{pmatrix} 8 \\ 4 \\ 8 \end{pmatrix} \circ \begin{pmatrix} 9 \\ 1{,}75 \\ 7 \end{pmatrix} \right| = 45\,[\text{VE}]$

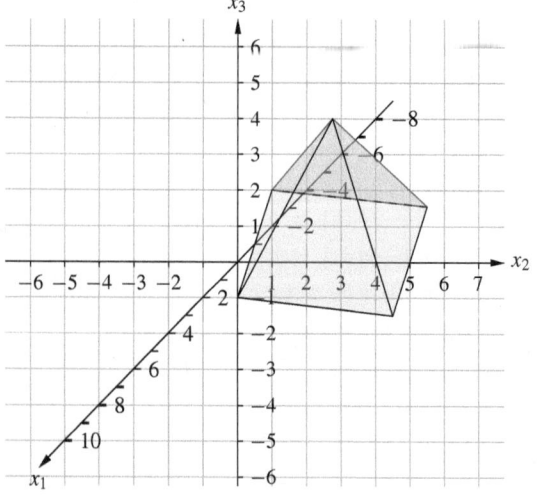

$V = \frac{1}{3} \cdot G \cdot h = \frac{1}{3} \left| (\vec{AB} \times \vec{AD}) \right| \cdot h$

$45 = \frac{1}{3} \sqrt{64 + 16 + 64} \cdot h$

$h = 11{,}25\,[\text{LE}]$

4.2 Vektorprodukt

6. Ansatz: $\overrightarrow{P_1P_2} = \begin{pmatrix} 6 \\ 4 \\ 1 \end{pmatrix}$; $\overrightarrow{P_2P_3} = \begin{pmatrix} 2 \\ 3 \\ 2 \end{pmatrix}$; $\overrightarrow{P_3P_4} = \begin{pmatrix} -6 \\ -4 \\ -1 \end{pmatrix}$; $\overrightarrow{P_1P_4} = \begin{pmatrix} 2 \\ 3 \\ 2 \end{pmatrix}$

Berechnen des Flächeninhaltes des Parallelogramms $A = |\overrightarrow{P_1P_2} \times \overrightarrow{P_1P_4}|$
Berechnen der Diagonalen: $|\overrightarrow{P_1P_2} + \overrightarrow{P_2P_3}| = d_1$; $|\overrightarrow{P_3P_4} + \overrightarrow{P_1P_4}| = d_2$
$A = 15\ \text{m}^2$; $d_1 \approx 11,05\ \text{m}$; $d_2 \approx 4,243\ \text{m}$

7. **a)** falsch **c)** wahr **e)** wahr
   b) falsch **d)** falsch

8. $A(16|0|-3)$; $B(16|10|-3)$; $C(0|10|0)$

$\overrightarrow{BA} \times \overrightarrow{BC} = \begin{pmatrix} 16-16 \\ 0-10 \\ -3-(-3) \end{pmatrix} \times \begin{pmatrix} 0-16 \\ 10-10 \\ 0-(-3) \end{pmatrix} = \begin{pmatrix} 0 \\ -10 \\ 0 \end{pmatrix} \times \begin{pmatrix} -16 \\ 0 \\ 3 \end{pmatrix} = \begin{pmatrix} -30 \\ 0 \\ -160 \end{pmatrix}$

$\begin{pmatrix} -30 \\ 0 \\ -160 \end{pmatrix}$ gibt die Richtung der Bohrung vor.

9. Flächeninhalt der Seitenflächen:

$\frac{1}{2} |\overrightarrow{AP} \times \overrightarrow{AS}| = \frac{1}{2} \left| \begin{pmatrix} 0 \\ 5 \\ 0 \end{pmatrix} \times \begin{pmatrix} -2,5 \\ 2,5 \\ 5 \end{pmatrix} \right| = \frac{1}{2} \left| \begin{pmatrix} 25 \\ 0 \\ 12,5 \end{pmatrix} \right| = \frac{1}{2} \sqrt{25^2 + 12,5^2} = \frac{25}{4}\sqrt{5}$ [FE]

Grundfläche: 25 [FE]
Volumen: $\frac{1}{3} \cdot 25 \cdot 5 = \frac{125}{3}$ [VE]

10. $\vec{a}, \vec{b}$ und $\vec{c}$ sind vom Nullvektor verschiedene Vektoren.
   a) $\vec{a} \times \vec{b} - \vec{b} \times \vec{a} = \vec{0}$ falsch!
   Es gilt: $\vec{b} \times \vec{a} = -\vec{a} \times \vec{b}$ also $\vec{a} \times \vec{b} - (-\vec{a} \times \vec{b}) = 2 \cdot \vec{a} \times \vec{b}$
   b) $\vec{a} \times (\vec{b} \circ \vec{c}) = (\vec{a} \times \vec{b}) \circ (\vec{a} \times \vec{b})$ falsch!
   $\vec{a} \times (\vec{b} \circ \vec{c})$ ist nicht definiert.
   c) $\vec{a} \times (\vec{b} - 2\vec{c}) = \vec{a} \times \vec{b} - 2\vec{c} \times \vec{a}$ falsch!
   Richtig: $\vec{a} \times (\vec{b} - 2\vec{c}) = \vec{a} \times \vec{b} - 2\vec{a} \times \vec{c}$
   d) $\vec{a} \times \vec{a} + \vec{b} \times \vec{b} = \vec{a} \circ \vec{a} + \vec{b} \circ \vec{b}$ falsch!
   Es gilt: $\vec{a} \times \vec{a} = \vec{0}$ und $\vec{b} \times \vec{b} = \vec{0}$ Somit: $\vec{0} = \vec{a} \circ \vec{a} + \vec{b} \circ \vec{b}$ Nur für Nullvektoren gültig.
   e) $\vec{a} \times \vec{b} + \vec{a} \times \vec{b} = \vec{a} \times (\vec{b} + \vec{a}) + \vec{b}$ falsch!
   Es gilt: $\vec{a} \times \vec{b} + \vec{a} \times \vec{b} = \vec{a} \times \vec{b} + \vec{a} \times \vec{a} + \vec{b} \Rightarrow \vec{a} \times \vec{b} = \vec{b}$ Nur für Nullvektoren gültig.
   f) $\vec{a} \times \vec{b} + \vec{c} \times \vec{a} = \vec{a} \times (\vec{b} + \vec{c})$ falsch!
   Richtig: $\vec{a} \times \vec{b} + \vec{a} \times \vec{c} = \vec{a} \times (\vec{b} + \vec{c})$

168 11. Der Vektor $\vec{v}$ kann zum Beispiel in die Ecke E verschoben werden.
Vektor $\vec{v}$, der die Richtung der Halterung vorgibt.

$$\vec{v} = \vec{IE} \times \vec{EF} = \begin{pmatrix} 4 \\ -2 \\ -4 \end{pmatrix} \times \begin{pmatrix} 0 \\ 10 \\ 0 \end{pmatrix} = \begin{pmatrix} 40 \\ 0 \\ 40 \end{pmatrix}$$

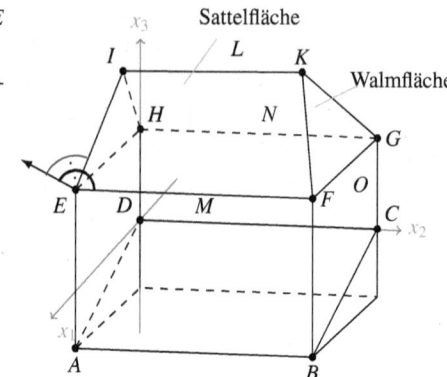

Test A zu 4.2

170 1. a) Ansatz: $A = \frac{1}{2}|\vec{AB} \times \vec{AC}|$

$$A = \frac{1}{2}\left|\begin{pmatrix} 2 \\ 3 \\ 6 \end{pmatrix} \times \begin{pmatrix} -4 \\ 6 \\ 12 \end{pmatrix}\right| = \frac{1}{2}\left|\begin{pmatrix} 0 \\ -48 \\ 24 \end{pmatrix}\right|$$

$A = 12\sqrt{5}$ [FE]

b) $\vec{OM_1} = \vec{OA} + \frac{1}{2}\vec{AB} = \begin{pmatrix} 7 \\ 4,5 \\ -1 \end{pmatrix}$ $\vec{OM_2} = \vec{OB} + \frac{1}{2}\vec{BC} = \begin{pmatrix} 5 \\ 7,5 \\ 5 \end{pmatrix}$ $\vec{OM_3} = \vec{OA} + \frac{1}{2}\vec{AC} = \begin{pmatrix} 4 \\ 6 \\ 2 \end{pmatrix}$

$A_\Delta = \frac{1}{2}\left|\vec{M_1M_2} \times \vec{M_1M_3}\right|$; $\vec{M_1M_2} = \begin{pmatrix} -2 \\ 3 \\ 6 \end{pmatrix}$; $\vec{M_1M_3} = \begin{pmatrix} -3 \\ 1,5 \\ 3 \end{pmatrix}$

$\vec{M_1M_2} \times \vec{M_1M_3} = \begin{pmatrix} 0 \\ -12 \\ 6 \end{pmatrix}$; $A_\Delta = \frac{1}{2}\sqrt{144+36} = 3\sqrt{5}$ [FE]

Verhältnis der Flächeninhalte: $\frac{12\sqrt{5}}{3\sqrt{5}} = \frac{4}{1}$

c) $V = \frac{1}{3}Gh \Rightarrow h = \frac{3V}{G} = \frac{3 \cdot 20}{12\sqrt{5}} = \sqrt{5}$ [LE]

2. $\vec{AB} = \begin{pmatrix} -3 \\ 4 \\ 0 \end{pmatrix}$; $\vec{AC} = \begin{pmatrix} -3 \\ 0 \\ 0 \end{pmatrix}$; $\vec{AD} = \begin{pmatrix} 0 \\ 0 \\ t \end{pmatrix}$; $\vec{AB} \times \vec{AC} = \begin{pmatrix} 0 \\ 0 \\ 12 \end{pmatrix}$; $(\vec{AB} \times \vec{AC}) \circ \vec{AD} = 12t$

$V(t) = \frac{1}{6}|12t| = 2|t|$

Test B zu 4.2

1. a) $E(4|0|2)$; $F(0|4|2)$

b) Volumen: $G \cdot h = \frac{1}{2} \cdot 4 \cdot 4 \cdot 2 = 16$ [VE]

c) $M(0|0|1)$; $P(2|2|0)$; $K(0|t|2)$ mit $t \in [0; 4]$

Flächeninhalt: $\frac{1}{2}|\vec{MP} \times \vec{MK}| = 3$

$\frac{1}{2}\sqrt{(5t^2 + 4t + 8)} = 3$

$t = 2$, da K für $t = -2,8$ nicht auf der Strecke $\overline{DF}$ liegt.

5 Geraden und Ebenen im Raum

5.1 Geraden- und Ebenengleichungen
5.1.1 Geradengleichungen

Hinweis: Beispiel 4 auf Seite 174 gibt Gelegenheit zum fächerübergreifender Unterricht (Physik), indem z.B. folgende Aufgaben diskutiert werden:
– Untersuchen Sie, ob die gegebenen Geschwindigkeiten und Abstände realistisch sind.
– Berechnen Sie anhand der Angaben, ob die angegebenen Zeiten korrekt sind.
– Interpretieren Sie das Ergebnis $s_1 = 5080$ im Sinne der vorliegenden Thematik.

1. Zum Aufstellen der Geraden verwenden wir jeweils als Stützvektor den Ortsvektor des Punktes P und als Richtungsvektor den Vektor $\overrightarrow{PQ}$.

   a) $g: \vec{x} = \begin{pmatrix} 4 \\ 2 \\ -3 \end{pmatrix} + s \cdot \begin{pmatrix} -4 \\ -1 \\ -2 \end{pmatrix}$; $s \in \mathbb{R}$

   b) $g: \vec{x} = \begin{pmatrix} -2 \\ 0 \\ 0 \end{pmatrix} + s \cdot \begin{pmatrix} 10 \\ 2 \\ 0 \end{pmatrix}$; $s \in \mathbb{R}$

   c) $g: \vec{x} = \begin{pmatrix} 4 \\ -2 \\ 3 \end{pmatrix} + s \cdot \begin{pmatrix} 0 \\ 0 \\ -3 \end{pmatrix}$; $s \in \mathbb{R}$

2. Ampelabfrage: Richtig ist Rot.

3. Ansatz: z.B. A und Gerade g aus a)

   $\begin{pmatrix} 7 \\ 2 \\ -5 \end{pmatrix} = \begin{pmatrix} 2 \\ 4 \\ -2 \end{pmatrix} + r \cdot \begin{pmatrix} 5 \\ -7 \\ 3 \end{pmatrix} \Leftrightarrow \begin{matrix} 7 = 2 + 5r \\ 2 = 4 - 7r \\ -5 = -2 + 3r \end{matrix} \Leftrightarrow \begin{matrix} r = 1 \\ r = \frac{2}{7} \\ r = -1 \end{matrix} \Rightarrow$ Das LGS ist nicht lösbar.

   $\Rightarrow$ A liegt nicht auf g.

   A liegt auf der Geraden aus c); B auf der Geraden aus a); C auf der Geraden aus c); D und E auf keiner Geraden; F auf der Geraden aus c); G auf keiner Geraden; H auf der Geraden aus a).

4. **a)** Falsch, da Stützvektor und Richtungsvektor nicht kollinear sind.

   b) Richtig, da der alte und der neue Richtungsvektor zueinander kollinear sind.

   c) Falsch, da der Punkt, den man dadurch erhält, nicht zur Geraden gehört.

   d) Richtig, da der Punkt, den man dadurch erhält, ebenfalls zur Geraden gehört.

   e) Falsch, da man dadurch eine andere Richtung erhält.

5. Falsch sind a), c), e).

   a) $\vec{x} = \begin{pmatrix} 1 \\ 0 \\ 1 \end{pmatrix} + s \cdot \begin{pmatrix} 2 \\ 0 \\ 2 \end{pmatrix}$; $s \in \mathbb{R}$

c) $\vec{x} = \begin{pmatrix} 0 \\ 3 \\ 1 \end{pmatrix} + s \cdot \begin{pmatrix} 0 \\ 6 \\ 2 \end{pmatrix}$; $s \in \mathbb{R}$

e) $\vec{x} = \begin{pmatrix} -2 \\ 0 \\ 0 \end{pmatrix} + s \cdot \begin{pmatrix} 1 \\ 0 \\ 0 \end{pmatrix}$; $s \in \mathbb{R}$

6. a) Man kann folgende Längen recherchieren:
Gesamtlänge: 244 m
Türme: Höhe 65 m, Entfernung zueinander 61 m
Fußgängerbrücke: 43 m über dem Wasser
Höhe der Fahrbahn: 9 m über dem Wasser
Breite der Brücke: 18 m

b) Den Ursprung des Koordinatensystems legen wir in den Schnittpunkt der Wasseroberfläche und des einen Turms (wir nennen ihn im Folgenden Turm 1). Als x_1-Richtung des Koordinatensystems wählen wir die Richtung der Fahrbahn vom Turm 1 zum anderen Turm. Als x_3-Richtung wählen wir die Höhe über der Wasseroberfläche und als x_2-Richtung die Breite der Straße, die senkrecht auf der x_1-Richtung stehen soll. Da wir die Straße sowie die Wege und Türme, die alle eine Ausbreitung in verschiedene Richtungen haben, als Geraden modellieren wollen, gibt es unterschiedliche Lösungen für die Schnittpunkte, je nachdem welchen Punkt auf der Fahrbahn wir z.B. nehmen, um die Straße zwischen den Türmen zu modellieren. Man erhält dann z.B. (wenn man bei den beiden Fußgängerwegen die äußersten Punkte nimmt und sonst die Mitte):

Schnittpunkt Turm 1, Straße: $S_1(0|0|9)$
Schnittpunkt Turm 1, Fußgängerweg 1: $S_2(0|-9|43)$
Schnittpunkt Turm 1, Fußgängerweg 2: $S_3(0|9|43)$
Schnittpunkt Turm 2, Straße: $S_4(61|0|9)$
Schnittpunkt Turm 2, Fußgängerweg 1: $S_5(61|-9|43)$
Schnittpunkt Turm 2, Fußgängerweg 2: $S_6(61|9|43)$

c) Von der Teilaufgabe b) sind von allen gesuchten Geraden Punkte und Richtungen bekannt. Man erhält:

Turm 1: $\vec{x} = \begin{pmatrix} 0 \\ 0 \\ 0 \end{pmatrix} + s \cdot \begin{pmatrix} 0 \\ 0 \\ 1 \end{pmatrix}$; $s \in \mathbb{R}$ (Der Turm enthält den Ursprung und geht nach oben.)

Turm 2: $\vec{x} = \begin{pmatrix} 61 \\ 0 \\ 0 \end{pmatrix} + s \cdot \begin{pmatrix} 0 \\ 0 \\ 1 \end{pmatrix}$; $s \in \mathbb{R}$ (Entfernung zum Turm 1 sind 61 Meter)

Straße: $\vec{x} = \begin{pmatrix} 0 \\ 0 \\ 9 \end{pmatrix} + s \cdot \begin{pmatrix} 1 \\ 0 \\ 0 \end{pmatrix}$; $s \in \mathbb{R}$ (Die Straße ist 9 m über der Wasseroberfläche.)

Fußgängerweg 1: $\vec{x} = \begin{pmatrix} 0 \\ -9 \\ 43 \end{pmatrix} + s \cdot \begin{pmatrix} 1 \\ 0 \\ 0 \end{pmatrix}$; $s \in \mathbb{R}$ (Breite 18m, Höhe 43m)

Fußgängerweg 2: $\vec{x} = \begin{pmatrix} 0 \\ 9 \\ 43 \end{pmatrix} + s \cdot \begin{pmatrix} 1 \\ 0 \\ 0 \end{pmatrix}$; $s \in \mathbb{R}$ (Breite 18m, Höhe 43m)

5.1 Geraden- und Ebenengleichungen

7. a) Wir nehmen Punkt A für den Stützvektor des Geradenabschnitts und den Vektor $\overrightarrow{AB}$ als Richtungsvektor. Es ergibt sich dann $\vec{x} = \begin{pmatrix} 60 \\ 10 \\ 60 \end{pmatrix} + s \cdot \begin{pmatrix} 400 \\ -80 \\ -40 \end{pmatrix}; 0 \leq s \leq 1$.

b) Es kommt beim Bau der Gaspipeline zu Problemen, wenn an der angegebenen Stelle der x_3-Wert 52 oder größer ist. Der gegebene Punkt hat die Koordinaten $C(260|-30|m)$. Betrachtet man die erste Zeile der Geraden, so muss diese also 260 ergeben. Wegen $260 = 60 + s \cdot 400$ ergibt sich für s der Wert $s = \frac{1}{2}$. Auch in der zweiten Zeile erhält man diesen Wert. Setzt man $s = \frac{1}{2}$ in die dritte Zeile ein, so erhält man $60 + \frac{1}{2} \cdot (-40) = 40$. Dies ist kleiner als 52. Es kommt an dieser Stelle also zu keinen Problemen beim Bau der Pipeline.

c) Betrachtet man die 2. Zeile der Geradengleichung, so muss gelten $-50 = 10 + s \cdot (-80)$. Es folgt $-60 = -80s$, also $s = \frac{3}{4}$. Setzt man diesen Wert in die dritte Zeile der Geradengleichung ein, so erhält man $60 + \frac{3}{4} \cdot (-40) = 30$. Es muss also 30 m unter der Autobahn gebohrt werden.

Hinweis: Eine genauere Untersuchung dieses Modells könnte man als Thema für ein Fachreferat wählen.

8.* Zum Testen setzen wir den Vektor $\overrightarrow{OA_m}$ mit der Geradengleichung gleich.

a) $\begin{pmatrix} 2m \\ 4 \\ m+3 \end{pmatrix} = \begin{pmatrix} 2 \\ 4 \\ -2 \end{pmatrix} + s \cdot \begin{pmatrix} 5 \\ -3 \\ -4 \end{pmatrix}$

Aus Zeile 2 folgt wegen $4 = 4 - 3s$, dass $s = 0$ sein muss. Setzt man diesen Wert in die Zeile 1 ein, so erhält man $2m = 2$, also $m = 1$. Setzt man beide Werte in Zeile 3 ein, so ergibt sich $1 + 3 = -2$. Ein Widerspruch. Folglich gibt es keinen Wert für m, sodass der Punkt A_m auf der Geraden liegt.

b) $\begin{pmatrix} 7 \\ m \\ m-7 \end{pmatrix} = \begin{pmatrix} 2 \\ 4 \\ -2 \end{pmatrix} + s \cdot \begin{pmatrix} 5 \\ -3 \\ -4 \end{pmatrix}$

Aus Zeile 1 folgt wegen $7 = 2 + 5s$, dass $s = 1$ ist. Setzt man dies in Zeile 2 ein, so ergibt sich $m = 4 - 3 = 1$. Setzt man beides in Zeile 3 ein, so erhält man $1 - 7 = -2 - 4$, also $-6 = -6$. Da die Aussage wahr ist, liegt der Punkt A_m für $m = 1$ auf der Geraden g.

9.* Zum Testen setzen wir den Vektor $\overrightarrow{OP}$ mit der Geradengleichung gleich.

a) $\begin{pmatrix} 9 \\ 5 \\ 19 \end{pmatrix} = \begin{pmatrix} 7 \\ m \\ 9 \end{pmatrix} + t \cdot \begin{pmatrix} m \\ 2 \\ 5 \end{pmatrix}$

Aus Zeile 3 folgt wegen $19 = 9 + 5t$, dass $t = 2$ sein muss. Setzt man dies in Zeile 2 ein, so erhält man $5 = m + 2 \cdot 2$, also $m = 1$. Setzt man beides in Zeile 1 ein, so ergibt sich $9 = 7 + 2 \cdot 1$, eine wahre Aussage. Folglich liegt der Punkt P für $m = 1$ auf der Geraden.

b) $\begin{pmatrix} 7 \\ 5 \\ -1 \end{pmatrix} = \begin{pmatrix} 7 \\ m \\ 9 \end{pmatrix} + t \cdot \begin{pmatrix} m \\ 2 \\ 5 \end{pmatrix}$

Aus Zeile 3 folgt wegen $-1 = 9 + 5t$, dass $t = -2$ sein muss. Setzt man dies in Zeile 2 ein, so erhält man $5 = m - 2 \cdot 2$, also $m = 9$. Setzt man beides in Zeile 1 ein, so ergibt sich der Widerspruch $7 = 7 - 2 \cdot 9$. Folglich liegt der Punkt P nicht auf der Geraden.

5.1.2 Parameterform der Ebenengleichung

180

1. Setzt man den Ortsvektor des Punktes mit der Ebenengleichung gleich, so erhält man drei Gleichungen mit den beiden Unbekannten s und t.

Für den Punkt P ergibt sich $\begin{pmatrix} 2 \\ 4 \\ 2 \end{pmatrix} = \begin{pmatrix} 3 \\ 3 \\ 4 \end{pmatrix} + s \cdot \begin{pmatrix} 1 \\ -2 \\ 2 \end{pmatrix} + t \cdot \begin{pmatrix} -4 \\ 3 \\ -2 \end{pmatrix}$. Aus den ersten beiden Zeilen erhält

man die Lösung $s = -\frac{1}{5}$ und $t = \frac{1}{5}$. Setzt man dies in die dritte Zeile ein, so ergibt sich der Widerspruch $2 = 4 - \frac{2}{5} - \frac{2}{5} = \frac{16}{5}$. Folglich liegt der Punkt P nicht in der Ebene.

Für den Punkt Q ergibt sich $\begin{pmatrix} -3 \\ 5 \\ 4 \end{pmatrix} = \begin{pmatrix} 3 \\ 3 \\ 4 \end{pmatrix} + s \cdot \begin{pmatrix} 1 \\ -2 \\ 2 \end{pmatrix} + t \cdot \begin{pmatrix} -4 \\ 3 \\ -2 \end{pmatrix}$. Für $s = 2$ und $t = 2$ ergibt sich eine

wahre Aussage, also liegt der Punkt Q in der Ebene.

Für den Punkt R ergibt sich $\begin{pmatrix} 6 \\ -3 \\ 10 \end{pmatrix} = \begin{pmatrix} 3 \\ 3 \\ 4 \end{pmatrix} + s \cdot \begin{pmatrix} 1 \\ -2 \\ 2 \end{pmatrix} + t \cdot \begin{pmatrix} -4 \\ 3 \\ -2 \end{pmatrix}$. Auch dieser liegt in der Ebene mit

den Werten $s = 3$ und $t = 0$.

2. Die Punkte spannen dann eindeutig eine Ebene auf, falls sie nicht auf einer Geraden liegen. Wir stellen zunächst die Parametergleichung $\vec{x} = \overrightarrow{OP} + s \cdot \overrightarrow{PQ} + t \cdot \overrightarrow{PR}$; $s, t \in \mathbb{R}$ auf und testen dann, ob die beiden Richtungsvektoren $\overrightarrow{PQ}$ und $\overrightarrow{PR}$ kollinear sind.

a) $\vec{x} = \begin{pmatrix} 3 \\ 2 \\ 4 \end{pmatrix} + s \cdot \begin{pmatrix} 2 \\ 3 \\ 2 \end{pmatrix} + t \cdot \begin{pmatrix} -7 \\ 1 \\ -10 \end{pmatrix}$; $s, t \in \mathbb{R}$. Da die Richtungsvektoren nicht kollinear sind, ist dies die Parameterform einer Ebene.

b) $\vec{x} = \begin{pmatrix} -5 \\ 2 \\ 2 \end{pmatrix} + s \cdot \begin{pmatrix} 5 \\ 1 \\ -1 \end{pmatrix} + t \cdot \begin{pmatrix} 14 \\ -6 \\ -7 \end{pmatrix}$; $s, t \in \mathbb{R}$. Da die Richtungsvektoren nicht kollinear sind, ist dies die Parameterform einer Ebene.

c) $\vec{x} = \begin{pmatrix} 3 \\ 4 \\ 2 \end{pmatrix} + s \cdot \begin{pmatrix} -2 \\ 2 \\ 2 \end{pmatrix} + t \cdot \begin{pmatrix} -6 \\ 6 \\ 6 \end{pmatrix}$; $s, t \in \mathbb{R}$. Da gilt: $3 \cdot \begin{pmatrix} -2 \\ 2 \\ 2 \end{pmatrix} = \begin{pmatrix} -6 \\ 6 \\ 6 \end{pmatrix}$, sind die Richtungsvektoren kollinear, die drei Punkte spannen keine Ebene auf, sondern liegen auf einer Geraden.

3. a) Es ist $E_1: \vec{x} = \begin{pmatrix} -7 \\ 3 \\ 5 \end{pmatrix} + s_1 \cdot \begin{pmatrix} 11 \\ -8 \\ -10 \end{pmatrix} + t_1 \cdot \begin{pmatrix} 16 \\ -1 \\ 3 \end{pmatrix}$; $s_1, t_1 \in \mathbb{R}$ und

$E_2: \vec{x} = \begin{pmatrix} 1 \\ 2{,}5 \\ 6{,}5 \end{pmatrix} + s_2 \cdot \begin{pmatrix} -13 \\ -6{,}5 \\ -14{,}5 \end{pmatrix} + t_2 \cdot \begin{pmatrix} 2 \\ 14{,}5 \\ 24{,}5 \end{pmatrix}$; $s_2, t_2 \in \mathbb{R}$.

b) Um zu prüfen, ob die Ebenen identisch sind, testen wir, ob die Punkte P, Q und R in der Ebene E_1 liegen. P liegt in der Ebene E_1 (mit $s_1 = 0$ und $t_1 = \frac{1}{2}$), der Punkt Q liegt in der Ebene E_1 (mit $s_1 = 1$ und $t_1 = -1$) und auch der Punkt R liegt in der Ebene E_1 (mit $s_1 = -2$ und $t_1 = 2$). Damit sind die beiden Ebenen identisch.

5.1 Geraden- und Ebenengleichungen

4. Um dies zu testen, stellen wir mit den Punkten A, B und C eine Ebenengleichung auf und testen, ob zu dieser Ebene der Punkt D gehört.

Als Ebenengleichung ergibt sich $E: \vec{x} = \begin{pmatrix} 0 \\ 7 \\ 3 \end{pmatrix} + s \cdot \begin{pmatrix} 5 \\ 2 \\ -5 \end{pmatrix} + t \cdot \begin{pmatrix} 2 \\ -3 \\ 6 \end{pmatrix}$; $s, t \in \mathbb{R}$. Beim Gleichsetzen erhält man die Gleichung $\begin{pmatrix} 7 \\ 6 \\ 4 \end{pmatrix} = \begin{pmatrix} 0 \\ 7 \\ 3 \end{pmatrix} + s \cdot \begin{pmatrix} 5 \\ 2 \\ -5 \end{pmatrix} + t \cdot \begin{pmatrix} 2 \\ -3 \\ 6 \end{pmatrix}$. Für $s = 1$ und $t = 1$ ergibt sich eine Lösung, also liegt auch der Punkt D in der Ebene. Folglich liegen alle vier Punkte in einer Ebene.

5. a) $M: \vec{x} = \begin{pmatrix} 2 \\ 2 \\ 4 \end{pmatrix} + s \cdot \begin{pmatrix} 0 \\ 0 \\ -4 \end{pmatrix} + t \cdot \begin{pmatrix} 0 \\ 2 \\ 0 \end{pmatrix}$

b) $\begin{pmatrix} 2 \\ 0 \\ 0 \end{pmatrix} = \begin{pmatrix} 2 \\ 2 \\ 4 \end{pmatrix} + s \cdot \begin{pmatrix} 0 \\ 0 \\ -4 \end{pmatrix} + t \cdot \begin{pmatrix} 0 \\ 2 \\ 0 \end{pmatrix} \Rightarrow s = 1; t = -1$

$\begin{pmatrix} 4 \\ 0 \\ 0 \end{pmatrix} = \begin{pmatrix} 2 \\ 2 \\ 4 \end{pmatrix} + s \cdot \begin{pmatrix} 0 \\ 0 \\ -4 \end{pmatrix} + t \cdot \begin{pmatrix} 0 \\ 2 \\ 0 \end{pmatrix} \Rightarrow$ keine Lösung

$\begin{pmatrix} 4 \\ 4 \\ 0 \end{pmatrix} = \begin{pmatrix} 2 \\ 2 \\ 4 \end{pmatrix} + s \cdot \begin{pmatrix} 0 \\ 0 \\ -4 \end{pmatrix} + t \cdot \begin{pmatrix} 0 \\ 2 \\ 0 \end{pmatrix} \Rightarrow$ keine Lösung

5.1.3 Koordinatenform der Ebenengleichung

1. Um dies zu testen, setzen wir die Koordinaten der Punkte in die Ebenengleichung ein. Ergibt sich eine wahre Aussage, so gehört der Punkt P zur Ebene E.
   a) Einsetzen ergibt $2 \cdot 1 + 4 \cdot 1 + 1 = 7$. Dies ist eine wahre Aussage, P liegt in E.
   b) Einsetzen ergibt $2 \cdot 4 + 4 \cdot 0 + (-1) = 7$. Dies ist eine wahre Aussage, P liegt in E.
   c) Einsetzen ergibt $2 \cdot (-3) + 4 \cdot 3 + 2 = 8 = 7$. Dies ist eine falsche Aussage, P liegt nicht in E.
   d) Einsetzen ergibt $2 \cdot (-2) + 4 \cdot 2 + 3 = 7$. Dies ist eine wahre Aussage, P liegt in E.

2. a) Subtrahiert man von beiden Seiten den Stützvektor und schreibt die einzelnen Koordinaten des Vektors $\vec{x}$ aus, so ergibt sich das LGS: $\begin{array}{cc|c} 5 & -2 & x_1 - 3 \\ 2 & 4 & x_2 - 1 \\ 3 & 1 & x_3 + 2 \end{array}$

Durch Umformungen bringt man es auf die Zeilenstufenform: $\begin{array}{cc|c} 5 & -2 & x_1 - 3 \\ 0 & -24 & 2x_1 - 5x_2 - 1 \\ 0 & 0 & 50x_1 + 55x_2 - 120x_3 - 445 \end{array}$

Schreibt man die letzte Zeile als Gleichung, so ergibt sich als Koordinatenform der Ebene E:
$E: 50x_1 + 55x_2 - 120x_3 = 445$

b) Subtrahiert man von beiden Seiten den Stützvektor und schreibt die einzelnen Koordinaten des Vektors $\vec{x}$ aus, so ergibt sich das LGS: $\begin{array}{cc|c} 3 & 7 & x_1 \\ -2 & 1 & x_2 - 1 \\ 5 & 2 & x_3 \end{array}$

Durch Umformungen bringt man es auf die Zeilenstufenform: $\begin{array}{cc|c} 3 & 7 & x_1 \\ 0 & 17 & 2x_1 + 3x_2 - 3 \\ 0 & 0 & -27x_1 + 87x_2 + 51x_3 - 87 \end{array}$

Die Koordinatenform der Ebene lautet also $E: -27x_1 + 87x_2 + 51x_3 = 87$.

c) Formt man wie bei a) und b) um, so ergibt sich hier das LGS: $\begin{array}{cc|c} 2 & 3 & x_1 + 4 \\ 2 & 5 & x_2 - 1 \\ 3 & 1 & x_3 - 2 \end{array}$

Formt man auf Zeilenstufenform um, so ergibt sich: $\begin{array}{cc|c} 2 & 3 & x_1 + 4 \\ 0 & -2 & x_1 - x_2 + 5 \\ 0 & 0 & 13x_1 - 7x_2 - 4x_3 + 67 \end{array}$

Somit lässt sich die Ebene darstellen als $E: 13x_1 - 7x_2 - 4x_3 = -67$.

d) Es ergibt sich das LGS: $\begin{array}{cc|c} -2 & 6 & x_1 - 1 \\ -3 & 5 & x_2 - 1 \\ -5 & 2 & x_3 \end{array}$

Dieses hat die Zeilenstufenform: $\begin{array}{cc|c} -2 & 6 & x_1 - 1 \\ 0 & 8 & 3x_1 - 2x_2 - 1 \\ 0 & 0 & 38x_1 - 52x_2 + 16x_3 + 14 \end{array}$

Somit lässt sich E darstellen als $E: 38x_1 - 52x_2 + 16x_3 = -14$.

3. Die Aufgaben a) bis d) werden analog zu Beispiel 13 auf Seite 183 gelöst, die Aufgaben e) bis g) analog zu Beispiel 12 auf Seite 182.

a) $\vec{x} = \begin{pmatrix} 2 \\ 0 \\ 0 \end{pmatrix} + s \cdot \begin{pmatrix} -1{,}5 \\ 1 \\ 0 \end{pmatrix} + t \cdot \begin{pmatrix} 1 \\ 0 \\ 1 \end{pmatrix}$; $s, t \in \mathbb{R}$

b) $\vec{x} = \begin{pmatrix} -1{,}2 \\ 0 \\ 0 \end{pmatrix} + s \cdot \begin{pmatrix} -2 \\ 1 \\ 0 \end{pmatrix} + t \cdot \begin{pmatrix} 2 \\ 0 \\ 1 \end{pmatrix}$; $s, t \in \mathbb{R}$

c) $\vec{x} = \begin{pmatrix} 2 \\ 0 \\ 0 \end{pmatrix} + s \cdot \begin{pmatrix} 1 \\ 1 \\ 0 \end{pmatrix} + t \cdot \begin{pmatrix} -1 \\ 0 \\ 1 \end{pmatrix}$; $s, t \in \mathbb{R}$

d) $\vec{x} = \begin{pmatrix} 0 \\ 0 \\ 0 \end{pmatrix} + s \cdot \begin{pmatrix} 1 \\ 0 \\ -5 \end{pmatrix} + t \cdot \begin{pmatrix} 0 \\ 1 \\ 2 \end{pmatrix}$; $s, t \in \mathbb{R}$

e) Drei Punkte der Ebene sind $A(0|2|-1)$, $B(3|2|-1)$, $C(0|8|1)$. Wir können sie durch Einsetzen von zwei der Koordinaten in die Ebenengleichung bestimmen. Die Drei-Punkte-Form von E ergibt sich damit zu:

$E: \vec{x} = \begin{pmatrix} 0 \\ 2 \\ -1 \end{pmatrix} + s \cdot \begin{pmatrix} 3 \\ 0 \\ 0 \end{pmatrix} + t \cdot \begin{pmatrix} 0 \\ 6 \\ 2 \end{pmatrix}$; $s, t \in \mathbb{R}$

f) Drei Punkte der Ebene sind $A(0|1|0)$, $B(0|1|2)$, $C(2|-6|0)$. Die Drei-Punkte-Form von E ergibt sich zu:

$E: \vec{x} = \begin{pmatrix} 0 \\ 1 \\ 0 \end{pmatrix} + s \cdot \begin{pmatrix} 0 \\ 0 \\ 1 \end{pmatrix} + t \cdot \begin{pmatrix} 2 \\ -7 \\ 0 \end{pmatrix}$; $s, t \in \mathbb{R}$

g) Drei Punkte der Ebene sind $A(0|5|0)$, $B(1|5|0)$, $C(0|5|1)$. Die Drei-Punkte-Form von E ergibt sich zu:

$E: \vec{x} = \begin{pmatrix} 0 \\ 5 \\ 0 \end{pmatrix} + s \cdot \begin{pmatrix} 1 \\ 0 \\ 0 \end{pmatrix} + t \cdot \begin{pmatrix} 0 \\ 0 \\ 1 \end{pmatrix}$; $s, t \in \mathbb{R}$

5.1 Geraden- und Ebenengleichungen

4. a) Setzt man den Punkt A in die angegebene allgemeine Gleichung ein, so ergibt sich $a \cdot 1 + b \cdot 0 + c \cdot 0 = d$, also $a = d$. Durch den Punkt B ergibt sich $b = d$ und durch den Punkt C die Gleichung $c = d$. Da uns eine Lösung genügt, setzen wir $d = 1$. Damit folgt $a = b = c = 1$. Also lautet eine gesuchte Ebenengleichung $E: x_1 + x_2 + x_3 = 1$.

b) Wie bei a) setzen wir die Punkte in die gegebene Gleichung ein. Man erhält aus A die Gleichung $-2a + 5b + 7c = d$, aus B ergibt sich $3a + 2b + 8c = d$ und aus C schließlich $-4a + 6b + 3c = d$.

Setzt man wie oben $d = 1$, so ist das LGS $\begin{array}{rrr|r} -2 & 5 & 7 & 1 \\ 3 & 2 & 8 & 1 \\ -4 & 6 & 3 & 1 \end{array}$ zu lösen. Man erhält $a = \frac{11}{61}$, $b = \frac{18}{61}$ und $c = -\frac{1}{61}$. Damit lautet die gesuchte Ebene $E: \frac{11}{61}x_1 + \frac{18}{61}x_2 - \frac{1}{61}x_3 = 1$.

c) Wir erhalten aus A die Gleichung $2a + 2b - 3c = d$, aus B ergibt sich $3b - 4c = d$ und aus C schließlich $2a + 5b + 1c = d$. Setzt man wie oben $d = 1$, so hat das LGS, welches dadurch entsteht, die Lösungen $a = \frac{7}{48}$, $b = \frac{1}{6}$ und $c = -\frac{1}{8}$. Eine Gleichung der gesuchten Ebene lautet somit $E: \frac{7}{48}x_1 + \frac{1}{6}x_2 - \frac{1}{8}x_3 = 1$.

Hinweis: In dem LGS $d = 1$ zu setzen, klappt immer, falls der Ursprung nicht in der Ebene enthalten ist. Gehört der Ursprung zur Ebene, so muss man $d = 0$ setzen.

5.* Wir setzen den Punkt P in die Ebenengleichung ein und untersuchen, für welchen Wert von a sich Lösungen ergeben.

a) Es ergibt sich $2a + 3 \cdot 2a - 3 \cdot 3 = 4 \Leftrightarrow 8a = 13 \Leftrightarrow a = \frac{13}{8}$. Der Punkt liegt für $a = \frac{13}{8}$ in der Ebene E.

b) Es ergibt sich $-3a + 7 \cdot 2a + 2 \cdot 3 = 8 \Leftrightarrow 11a = 2 \Leftrightarrow a = \frac{2}{11}$. Der Punkt liegt für $a = \frac{2}{11}$ in der Ebene E.

c) Es ergibt sich $2a - 2a + 6 = 6 \Leftrightarrow 0a = 0$. Der Punkt liegt für jeden Wert von a in der Ebene E.

d) Es ergibt sich $2 \cdot a - 2a = 0 \Leftrightarrow 0a = 0$. Der Punkt liegt für jeden Wert von a in der Ebene E.

6. a) Die Aussage ist wahr. Denn wir testen mit unserer Rechnung nur, ob der Punkt P in der Ebene E liegt. Die Oberfläche des Würfels macht aber nur einen kleinen Teil der Ebene aus. Es kann also sein, dass auf der richtigen Höhe gefräst wird, aber neben dem Würfel.

b) Um zu testen, ob bei der Punktsteuerung zum Punkt P auch die Oberfläche des Würfels getroffen wird, verwenden wir die Koordinaten der Eckpunkte der Oberfläche des Würfels. Sind diese mit A, B, C und D bezeichnet, wobei C dem Punkt A diagonal gegenüberliegt, so stellen wir die Ebene E folgendermaßen in Parameterform auf: Wir wählen als Stützvektor der Ebene E den Ortsvektor $\vec{a}$ des Punktes A. Als Richtungsvektoren wählen wir die beiden Vektoren $\overrightarrow{AB}$ und $\overrightarrow{AD}$. In Parameterform ergibt sich also $E: \vec{x} = \vec{a} + r \cdot \overrightarrow{AB} + s \cdot \overrightarrow{AD}$; $r, s \in \mathbb{R}$. Nun lösen wir die Gleichung $\vec{p} = \vec{a} + r \cdot \overrightarrow{AB} + s \cdot \overrightarrow{AD}$. Ergibt sich eine Lösung für r, s, für die $r, s \in\,]0;\, 1[$ ist, dann liegt der Punkt P in der Würfeloberfläche.

Hinweis: Für $r, s \in \{0;\, 1\}$ würde sich ein Punkt auf einer der Kanten des Würfels ergeben.

5.1.4 Normalenform der Ebenengleichung

186 1. a) Setzt man für $\vec{x}$ den Ortsvektor des Punktes P ein, so ergibt sich:

$$\begin{pmatrix} 2 \\ -4 \\ 5 \end{pmatrix} \circ \left(\begin{pmatrix} 2 \\ -4 \\ 6 \end{pmatrix} - \begin{pmatrix} 3 \\ 0 \\ 2 \end{pmatrix} \right) = 0 \Leftrightarrow \begin{pmatrix} 2 \\ -4 \\ 5 \end{pmatrix} \circ \begin{pmatrix} -1 \\ -4 \\ 4 \end{pmatrix} = 0$$

$\Leftrightarrow -2 + 16 + 20 = 0$
$\Leftrightarrow 34 = 0$

Dies ist eine falsche Aussage, daher liegt der Punkt P nicht in der Ebene E.

b) Es ergibt sich: $\begin{pmatrix} 2 \\ -4 \\ 5 \end{pmatrix} \circ \left(\begin{pmatrix} 3 \\ 0 \\ 2 \end{pmatrix} - \begin{pmatrix} 3 \\ 0 \\ 2 \end{pmatrix} \right) = 0 \Leftrightarrow \begin{pmatrix} 2 \\ -4 \\ 5 \end{pmatrix} \circ \begin{pmatrix} 0 \\ 0 \\ 0 \end{pmatrix} = 0 \Leftrightarrow 0 = 0$

Dies ist eine wahre Aussage, P gehört zu E.

c) Es ergibt sich: $\begin{pmatrix} 2 \\ -4 \\ 5 \end{pmatrix} \circ \left(\begin{pmatrix} 5 \\ 1 \\ 2 \end{pmatrix} - \begin{pmatrix} 3 \\ 0 \\ 2 \end{pmatrix} \right) = 0 \Leftrightarrow \begin{pmatrix} 2 \\ -4 \\ 5 \end{pmatrix} \circ \begin{pmatrix} 2 \\ 1 \\ 0 \end{pmatrix} = 0$

$\Leftrightarrow 4 - 4 + 0 = 0$
$\Leftrightarrow 0 = 0$

Also gehört P zu E.

d) Es ergibt sich: $\begin{pmatrix} 2 \\ -4 \\ 5 \end{pmatrix} \circ \left(\begin{pmatrix} -3 \\ 3 \\ 4 \end{pmatrix} - \begin{pmatrix} 3 \\ 0 \\ 2 \end{pmatrix} \right) = 0 \Leftrightarrow \begin{pmatrix} 2 \\ -4 \\ 5 \end{pmatrix} \circ \begin{pmatrix} -6 \\ 3 \\ 2 \end{pmatrix} = 0$

$\Leftrightarrow -12 - 12 + 10 = 0$
$\Leftrightarrow -14 = 0$

Eine falsche Aussage, P gehört nicht zu E.

e) Es ergibt sich: $\begin{pmatrix} 2 \\ -4 \\ 5 \end{pmatrix} \circ \left(\begin{pmatrix} -0{,}25 \\ -1 \\ 2{,}5 \end{pmatrix} - \begin{pmatrix} 3 \\ 0 \\ 2 \end{pmatrix} \right) = 0 \Leftrightarrow \begin{pmatrix} 2 \\ -4 \\ 5 \end{pmatrix} \circ \begin{pmatrix} -3{,}25 \\ -1 \\ 0{,}5 \end{pmatrix} = 0$

$\Leftrightarrow -6{,}5 + 4 + 2{,}5 = 0$
$\Leftrightarrow 0 = 0$

Der Punkt P liegt in E.

f) Es ergibt sich: $\begin{pmatrix} 2 \\ -4 \\ 5 \end{pmatrix} \circ \left(\begin{pmatrix} 1 \\ 1 \\ 3 \end{pmatrix} - \begin{pmatrix} 3 \\ 0 \\ 2 \end{pmatrix} \right) = 0 \Leftrightarrow \begin{pmatrix} 2 \\ -4 \\ 5 \end{pmatrix} \circ \begin{pmatrix} -2 \\ 1 \\ 1 \end{pmatrix} = 0$

$\Leftrightarrow -4 - 4 + 5 = 0$
$\Leftrightarrow -3 = 0$

Der Punkt P liegt also nicht in E.

5.1 Geraden- und Ebenengleichungen

2. a) Aus der Koordinatenform kann man den Normalenvektor $\begin{pmatrix} -1 \\ 6 \\ 5 \end{pmatrix}$ der Ebene E ablesen.

Wegen $-1 + 6 \cdot (-1) + 5 \cdot 0 = -7$ gehört auch der Punkt $P(1|-1|0)$ zur Ebene E. Damit lautet eine mögliche Normalenform der Ebene E: $\begin{pmatrix} -1 \\ 6 \\ 5 \end{pmatrix} \circ \left(\begin{pmatrix} x_1 \\ x_2 \\ x_3 \end{pmatrix} - \begin{pmatrix} 1 \\ -1 \\ 0 \end{pmatrix} \right) = 0$.

b) Weil gilt $8x_1 - 2 = -4x_2 \Leftrightarrow 8x_1 + 4x_2 = 2$, ist der Vektor $\begin{pmatrix} 8 \\ 4 \\ 0 \end{pmatrix}$ ein Normalenvektor der Ebene E.

Der Punkt $P(0|\frac{1}{2}|0)$ gehört wegen $8 \cdot 0 + 4 \cdot \frac{1}{2} = 2$ zur Ebene E. Damit lautet eine Normalenform der Ebene E: $\begin{pmatrix} 8 \\ 4 \\ 0 \end{pmatrix} \circ \left(\begin{pmatrix} x_1 \\ x_2 \\ x_3 \end{pmatrix} - \begin{pmatrix} 0 \\ \frac{1}{2} \\ 0 \end{pmatrix} \right) = 0$.

c) Um einen Normalenvektor von E zu erhalten, bilden wir das Vektorprodukt der Richtungsvektoren.

Es gilt $\begin{pmatrix} 4 \\ -2 \\ -3 \end{pmatrix} \times \begin{pmatrix} -3 \\ 1 \\ 1 \end{pmatrix} = \begin{pmatrix} 1 \\ 5 \\ -2 \end{pmatrix}$. Mit dem Stützvektor, den man aus der Parameterform ablesen kann, ergibt sich die Normalenform E: $\begin{pmatrix} 1 \\ 5 \\ -2 \end{pmatrix} \circ \left(\begin{pmatrix} x_1 \\ x_2 \\ x_3 \end{pmatrix} - \begin{pmatrix} -1 \\ 3 \\ 5 \end{pmatrix} \right) = 0$.

d) Um einen Normalenvektor von E zu erhalten, bilden wir das Vektorprodukt der Richtungsvektoren.

Es gilt $\begin{pmatrix} 1 \\ 5 \\ 2 \end{pmatrix} \times \begin{pmatrix} 3 \\ 7 \\ 4 \end{pmatrix} = \begin{pmatrix} 6 \\ 2 \\ -8 \end{pmatrix}$. Mit dem Stützvektor, den man aus der Parameterform ablesen kann, ergibt sich die Normalenform E: $\begin{pmatrix} 6 \\ 2 \\ -8 \end{pmatrix} \circ \left(\begin{pmatrix} x_1 \\ x_2 \\ x_3 \end{pmatrix} - \begin{pmatrix} 1 \\ 7 \\ 8 \end{pmatrix} \right) = 0$.

e) Zunächst stellen wir die Parameterform von E auf. Als zweiten Richtungsvektor der Ebene E nehmen wir den Richtungsvektor, der sich durch den gegebenen Punkt und den Stützvektor der Geraden ergibt. Es ergibt sich der Vektor $\begin{pmatrix} 4 \\ 7 \\ -1 \end{pmatrix}$. Mit diesem und dem Vektor $\begin{pmatrix} -4 \\ 2 \\ -3 \end{pmatrix}$ erhalten wir mit dem Vektorprodukt einen Normalenvektor von E. Es ergibt sich $\begin{pmatrix} 4 \\ 7 \\ -1 \end{pmatrix} \times \begin{pmatrix} -4 \\ 2 \\ -3 \end{pmatrix} = \begin{pmatrix} -19 \\ 16 \\ 36 \end{pmatrix}$. Somit lautet eine Normalenform von E: $\begin{pmatrix} -19 \\ 16 \\ 36 \end{pmatrix} \circ \left(\begin{pmatrix} x_1 \\ x_2 \\ x_3 \end{pmatrix} - \begin{pmatrix} 6 \\ 2 \\ 7 \end{pmatrix} \right) = 0$.

f) Es gilt $\vec{AB} = \begin{pmatrix} 6 \\ 5 \\ 0 \end{pmatrix}$ und $\vec{AC} = \begin{pmatrix} -5 \\ -5 \\ -5 \end{pmatrix}$. Dies sind zwei Richtungsvektoren der Ebene E.

Durch $\begin{pmatrix} 6 \\ 5 \\ 0 \end{pmatrix} \times \begin{pmatrix} -5 \\ -5 \\ -5 \end{pmatrix} = \begin{pmatrix} -25 \\ 30 \\ -5 \end{pmatrix}$ erhalten wir einen Normalenvektor von E. Mit dem Punkt A zusammen ergibt sich $E: \begin{pmatrix} -25 \\ 30 \\ -5 \end{pmatrix} \circ \left(\begin{pmatrix} x_1 \\ x_2 \\ x_3 \end{pmatrix} - \begin{pmatrix} 1 \\ -1 \\ -1 \end{pmatrix} \right) = 0$.

3. a) Durch Ausführen des Skalarprodukts ergibt sich:

$\begin{pmatrix} 3 \\ 4 \\ 6 \end{pmatrix} \circ \left(\begin{pmatrix} x_1 \\ x_2 \\ x_3 \end{pmatrix} - \begin{pmatrix} 2 \\ 4 \\ -4 \end{pmatrix} \right) = 0$

$\Leftrightarrow 3x_1 + 4x_2 + 6x_3 - (3 \cdot 2 + 4 \cdot 4 + 6 \cdot (-4)) = 0$
$\Leftrightarrow 3x_1 + 4x_2 + 6x_3 = -2$

Dies ist die gesuchte Koordinatenform der Ebene E.

b) Durch Ausführen des Skalarprodukts ergibt sich:

$\begin{pmatrix} 5 \\ -2 \\ 6 \end{pmatrix} \circ \begin{pmatrix} x_1 \\ x_2 \\ x_3 \end{pmatrix} = \begin{pmatrix} 5 \\ -2 \\ 6 \end{pmatrix} \circ \begin{pmatrix} 6 \\ 4 \\ -4 \end{pmatrix}$

$\Leftrightarrow 5x_1 - 2x_2 + 6x_3 = 5 \cdot 6 + (-2) \cdot 4 + 6 \cdot (-4)$
$\Leftrightarrow 5x_1 - 2x_2 + 6x_3 = -2$

Dies ist die gesuchte Koordinatenform der Ebene E.

4. a) Drei Punkte ergeben sich, indem wir zwei der Koordinaten beliebig wählen und dann die dritte Koordinate so wählen, dass sich aus der Gleichung eine wahre Aussage ergibt. Zum Beispiel können wir die drei Punkte $A(2|4|-4), B(0|-0,5|0)$ und $C(0|0|-\frac{1}{3})$ berechnen.

b$_1$) In der Drei-Punkte-Form der Ebene ergibt sich mit den drei Punkten aus a) die Ebenengleichung:

$E: \vec{x} = \begin{pmatrix} 2 \\ 4 \\ -4 \end{pmatrix} + s \cdot \begin{pmatrix} -2 \\ -4,5 \\ 4 \end{pmatrix} + t \cdot \begin{pmatrix} -2 \\ -4 \\ \frac{11}{3} \end{pmatrix}; s, t \in \mathbb{R}$

Hinweis: Wie auch sonst immer, ergibt sich aus obiger Parametergleichung keine Ebene, falls die drei Punkte auf einer Geraden liegen.

b$_2$) Wenn wir das Skalarprodukt berechnen, dann ergibt sich:

$E: 3x_1 + 4x_2 + 6x_3 - (6 + 16 - 24) = 0 \Leftrightarrow 3x_1 + 4x_2 + 6x_3 = -2$

Setzen wir nun die Parameter $x_2 = \lambda$ und $x_3 = \mu$, so ergibt sich für $3x_1 + 4\lambda + 6\mu = -2$
$\Leftrightarrow x_1 = -\frac{2}{3} - \frac{4}{3}\lambda - 2\mu$. Damit hat man die Parameterform:

$E: \vec{x} = \begin{pmatrix} -\frac{2}{3} \\ 0 \\ 0 \end{pmatrix} + \lambda \begin{pmatrix} -\frac{4}{3} \\ 1 \\ 0 \end{pmatrix} + \mu \begin{pmatrix} -2 \\ 0 \\ 1 \end{pmatrix}; \lambda, \mu \in \mathbb{R}$

5.1 Geraden- und Ebenengleichungen

b₃) Stehen Vektoren $\begin{pmatrix} a \\ b \\ c \end{pmatrix}$ senkrecht auf $\vec{n}$, so gilt $\begin{pmatrix} a \\ b \\ c \end{pmatrix} \circ \vec{n} = 0$. Finden wir zwei Vektoren, die die

Gleichung $\begin{pmatrix} a \\ b \\ c \end{pmatrix} \circ \begin{pmatrix} 3 \\ 4 \\ 6 \end{pmatrix} = 0 \Leftrightarrow 3a + 4b + 6c = 0$ erfüllen und nicht kollinear sind, so können wir

sie als Richtungsvektoren der Ebene E in der Parameterform verwenden (den Stützvektor $\begin{pmatrix} 2 \\ 4 \\ -4 \end{pmatrix}$ aus

der Normalenform können wir dabei übernehmen).

Setzen wir $b = 0$ und $c = 1$ in obiger Gleichung, so ergibt sich $3a + 4 \cdot 0 + 6 \cdot 1 \Leftrightarrow a = -2$, also

können wir den Vektor $\begin{pmatrix} -2 \\ 0 \\ 1 \end{pmatrix}$ als Richtungsvektor von E verwenden.

Setzen wir $a = 0$ und $b = 1$, so lautet obige Gleichung $3 \cdot 0 + 4 \cdot 1 + 6c = 0 \Leftrightarrow c = -\frac{2}{3}$, also

können wir den Vektor $\begin{pmatrix} 0 \\ 1 \\ -\frac{2}{3} \end{pmatrix}$ als Richtungsvektor von E verwenden. Damit ergibt sich für E die

Parameterform:

$$E: \vec{x} = \begin{pmatrix} 2 \\ 4 \\ -4 \end{pmatrix} + s \cdot \begin{pmatrix} -2 \\ 0 \\ 1 \end{pmatrix} + t \cdot \begin{pmatrix} 0 \\ 1 \\ -\frac{2}{3} \end{pmatrix} ; s, t \in \mathbb{R}$$

c) Zu b₁)

Vorteil: Wenn man die drei Punkte leicht finden kann, kann man die Ebene in der Drei-Punkte-Form direkt aufstellen.

Nachteil: Es kann schwierig sein, in der gegebenen Form Punkte der Ebene zu finden, unter Umständen sind diese auch auf einer Geraden.

Zu b₂)

Vorteil: Das Ausführen des Skalarprodukts und das Setzen der Parameter lässt sich beides leicht durchführen.

Nachteil: Man benötigt aufgrund des „Umwegs" über die Koordinatenform zwei Schritte. Durch das Setzen der Parameter können (erst einmal) bei den Richtungsvektoren Brüche entstehen.

Zu b₃)

Vorteil: Man erhält die Parameterform auf direktem Weg, nachdem man gleich die Richtungsvektoren berechnet.

Nachteil: Das Auffinden von nicht kollinearen Richtungsvektoren kann bei den Richtungsvektoren zu schiefen Koordinaten führen.

5. Ist $\vec{n}$ orthogonal zu $\vec{u}$ und zu $\vec{v}$, dann gilt $\vec{n} \circ \vec{u} = 0$ und $\vec{n} \circ \vec{v} = 0$. Es folgt damit und mit Ausklammern der reellen Zahlen (Seite 152): $\vec{n} \circ (s \cdot \vec{u} + t \cdot \vec{v}) = \vec{n} \circ (s \cdot \vec{u}) + \vec{n} \circ (t \cdot \vec{v}) = s \cdot (\vec{n} \circ \vec{u}) + t \cdot (\vec{n} \circ \vec{v}) = s \cdot 0 + t \cdot 0 = 0$
Dies war zu zeigen.

6.

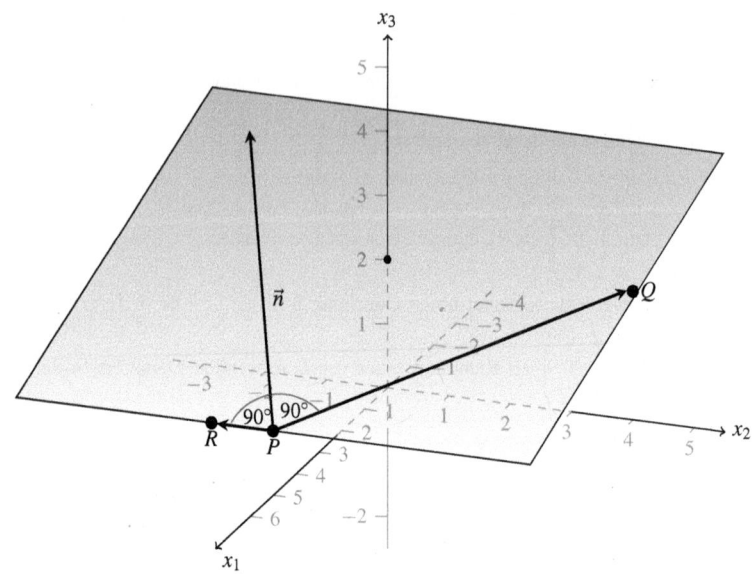

Ist $\vec{x}$ der Ortsvektor eines beliebigen Punktes Q der Ebene, so verbindet der Vektor $\vec{x} - \vec{p}$ den Punkt P der Ebene mit dem Punkt Q der Ebene. Dieser Vektor ist damit orthogonal zum Normalenvektor $\vec{n}$ der Ebene. Damit ist nach dem Orthogonalitätsprinzip aber das Skalarprodukt der beiden Vektoren 0.

5.1.5 Lage von Ebenen im Koordinatensystem und Achsenabschnittsform

1. In Parameterform lautet die Ebene E:

$$\vec{x} = \begin{pmatrix} 3 \\ -1 \\ 0{,}25 \end{pmatrix} + s \cdot \begin{pmatrix} -1 \\ 3 \\ 0{,}25 \end{pmatrix} + t \cdot \begin{pmatrix} 2 \\ -3 \\ 0{,}75 \end{pmatrix}; \; s, t \in \mathbb{R}. \text{ Wegen } \begin{pmatrix} -1 \\ 3 \\ 0{,}25 \end{pmatrix} \times \begin{pmatrix} 2 \\ -3 \\ 0{,}75 \end{pmatrix} = \begin{pmatrix} 3 \\ 1{,}25 \\ -3 \end{pmatrix}$$

lautet eine Normalenform der Ebene $\begin{pmatrix} 3 \\ 1{,}25 \\ -3 \end{pmatrix} \circ \left(\begin{pmatrix} x_1 \\ x_2 \\ x_3 \end{pmatrix} - \begin{pmatrix} 3 \\ -1 \\ 0{,}25 \end{pmatrix} \right) = 0$. Hieraus berechnet man die

Koordinatenform $3x_1 + 1{,}25 x_2 - 3x_3 = 7$. Diese kann man nun in die Achsenabschnittsform umformen:

$3x_1 + 1{,}25 x_2 - 3x_3 = 7$
$\Leftrightarrow \frac{3}{7}x_1 + \frac{5}{28}x_2 - \frac{3}{7}x_3 = 1$
$\Leftrightarrow \frac{1}{\frac{7}{3}}x_1 + \frac{1}{\frac{28}{5}}x_2 - \frac{1}{\frac{7}{3}}x_3 = 1$

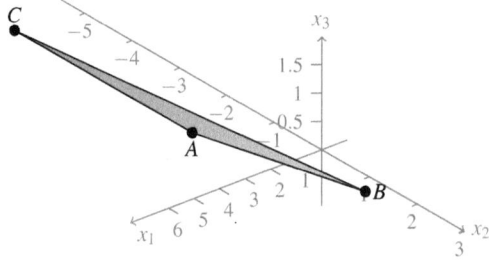

2. a) Spurpunkte: Mit x_1-Achse ($x_3 = 0$ setzen): $S_1(\frac{7}{2}|0|0)$; mit x_3-Achse ($x_1 = 0$ setzen): $S_2(0|0|\frac{7}{4})$.
   Die Ebene ist echt parallel zur x_2-Achse.

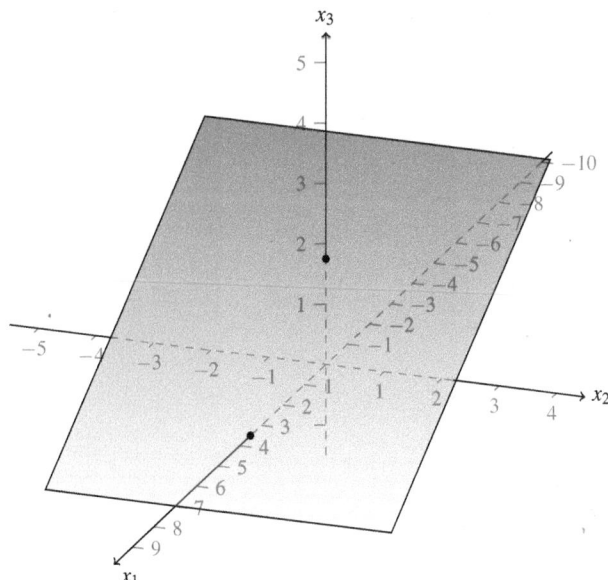

b) Spurpunkt: $S_1(0|0|0)$. Die Ebene geht durch den Ursprung.

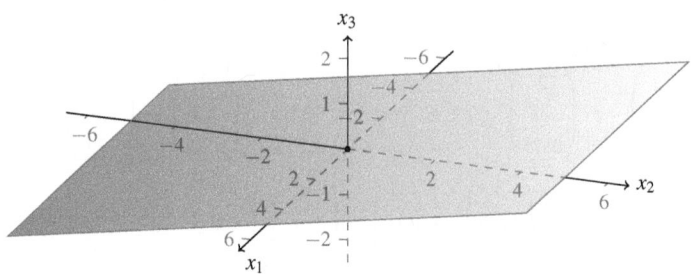

c) Spurpunkt: $S_2(0|\frac{5}{7}|0)$. Die Ebene ist echt parallel zur x_1x_3-Ebene.

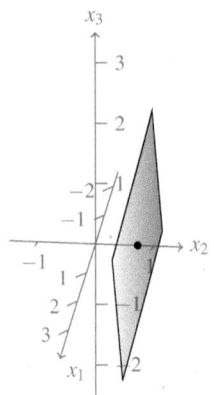

d) Wegen $2x_2 + 4x_3 - 4 = 0 \Leftrightarrow 2x_2 + 4x_3 = 4$ ergeben sich die Spurpunkte $S_2(0|2|0)$ sowie $S_3(0|0|1)$. Die Ebene ist echt parallel zur x_1-Achse.

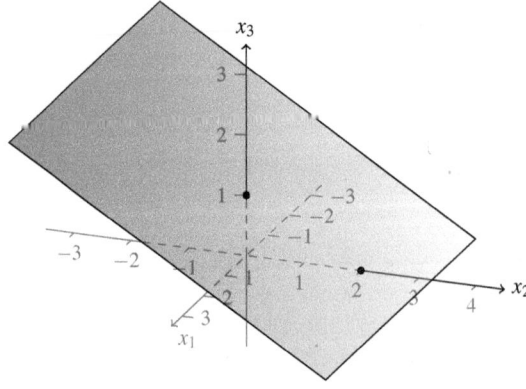

3. Ampelabfrage
   a) Richtig ist Grün.
   b) Richtig ist Rot.

5.1.6 Lage von Geraden im Koordinatensystem, Spurpunkte

1. a) x_2x_3-Koordinatenebene: Wir setzen die erste Zeile 0. Aus $2-2s=0$ folgt $s=1$. Setzen wir in der Geradengleichung $s=1$, so ergibt sich daraus der Punkt $S_3(0|6|10)$.
x_1x_3-Koordinatenebene: Wir setzen die zweite Zeile 0. Aus $3+3s=0$ folgt $s=-1$. Setzen wir in der Geradengleichung $s=-1$, so ergibt sich daraus der Punkt $S_2(4|0|0)$. Dies ist auch der Schnittpunkt mit der x_1x_2-Koordinatenebene.

b) x_2x_3-Koordinatenebene: Wir setzen die erste Zeile 0. Aus $4+3s=0$ folgt $s=-\frac{4}{3}$. Setzen wir in der Geradengleichung $s=-\frac{4}{3}$, so ergibt sich daraus der Punkt $S_3(0|\frac{13}{3}|\frac{7}{3})$.
x_1x_3-Koordinatenebene: Wir setzen die zweite Zeile 0. Aus $-1-4s=0$ folgt $s=-\frac{1}{4}$. Setzen wir in der Geradengleichung $s=-\frac{1}{4}$, so ergibt sich daraus der Punkt $S_2(\frac{13}{4}|0|-2)$.
x_1x_2-Koordinatenebene: Wir setzen die dritte Zeile 0. Aus $-3-4s=0$ folgt $s=-\frac{3}{4}$. Setzen wir in der Geradengleichung $s=-\frac{3}{4}$, so ergibt sich daraus der Punkt $S_1(\frac{7}{4}|2|0)$.

c) x_2x_3-Koordinatenebene: Wir setzen die erste Zeile 0. Aus $1-5s=0$ folgt $s=\frac{1}{5}$. Setzen wir dies in die Geradengleichung ein, so ergibt sich daraus der Punkt $S_3(0|\frac{6}{5}|-\frac{17}{5})$.
x_1x_3-Koordinatenebene: Wir setzen die zweite Zeile 0. Aus $1+s=0$ folgt $s=-1$. Setzen wir dies in die Geradengleichung ein, so ergibt sich daraus der Punkt $S_2(6|0|-7)$.
x_1x_2-Koordinatenebene: Wir setzen die dritte Zeile 0. Aus $-4+3s=0$ folgt $s=\frac{4}{3}$. Setzen wir dies in die Geradengleichung ein, so ergibt sich daraus der Punkt $S_1(-\frac{17}{3}|\frac{7}{3}|0)$.

d) x_2x_3-Koordinatenebene: Wir setzen die erste Zeile 0. Aus $-2+2s=0$ folgt $s=1$. Setzen wir dies in die Geradengleichung ein, so ergibt sich daraus der Punkt $S_3(0|-3|4)$.
x_1x_3-Koordinatenebene: Wir setzen die zweite Zeile 0. Aus $3-6s=0$ folgt $s=\frac{1}{2}$. Setzen wir dies in die Geradengleichung ein, so ergibt sich daraus der Punkt $S_2(-1|0|3)$.
x_1x_2-Koordinatenebene: Wir setzen die dritte Zeile 0. Aus $2+2s=0$ folgt $s=-1$. Setzen wir dies in die Geradengleichung ein, so ergibt sich daraus der Punkt $S_1(-4|9|0)$.

e) x_2x_3-Koordinatenebene: Wir setzen die erste Zeile 0. Aus $3-6s=0$ folgt $s=\frac{1}{2}$. Setzen wir dies in die Geradengleichung ein, so ergibt sich daraus der Punkt $S_3(0|0|8)$. Dies ist auch der Schnittpunkt von g mit der x_1x_3-Koordinatenebene.
x_1x_2-Koordinatenebene: Wir setzen die dritte Zeile 0. Aus $4+8s=0$ folgt $s=-\frac{1}{2}$. Setzen wir dies in die Geradengleichung ein, so ergibt sich daraus der Punkt $S_2(6|4|0)$.

2. a) $g: \vec{x} = \begin{pmatrix} 1 \\ 1 \\ 1 \end{pmatrix} + s \cdot \begin{pmatrix} 0 \\ 0 \\ 1 \end{pmatrix}; s \in \mathbb{R}$
   c) $g: \vec{x} = \begin{pmatrix} 1 \\ 0 \\ 1 \end{pmatrix} + s \cdot \begin{pmatrix} -1 \\ 1 \\ 0 \end{pmatrix}; s \in \mathbb{R}$

b) $g: \vec{x} = \begin{pmatrix} 1 \\ 0 \\ 0 \end{pmatrix} + s \cdot \begin{pmatrix} 1 \\ 1 \\ 1 \end{pmatrix}; s \in \mathbb{R}$
   d) $g: \vec{x} = \begin{pmatrix} 2 \\ 3 \\ 1 \end{pmatrix} + s \cdot \begin{pmatrix} 0 \\ 0 \\ 1 \end{pmatrix}; s \in \mathbb{R}$

3. a) Die Gerade g liegt in der x_2x_3-Koordinatenebene.

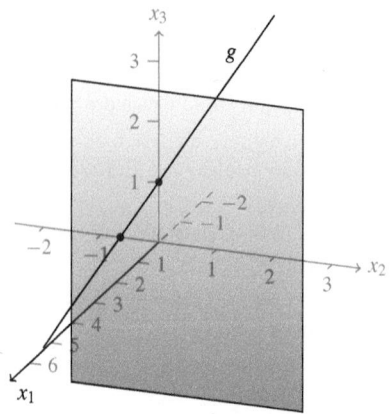

b) Die Gerade g liegt in der x_1x_3-Koordinatenebene und geht durch den Ursprung.

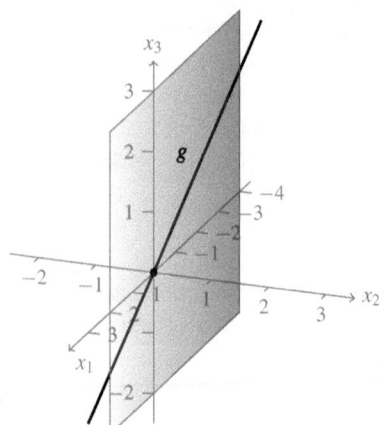

c) Die Gerade ist die x_3-Achse.

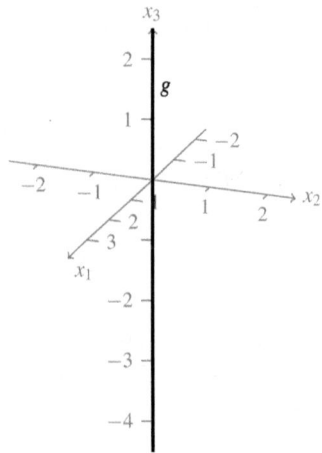

d) Die Gerade ist echt parallel zur x_2-Achse.

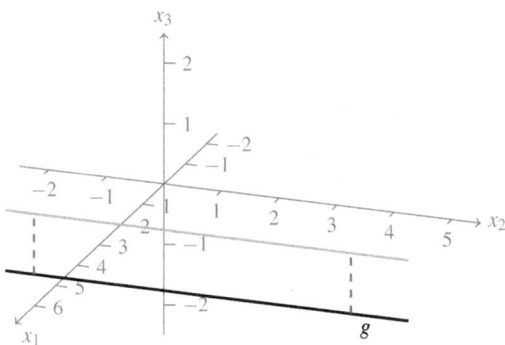

4. Ampelabfrage: Richtig ist Gelb.

Übungen zu 5.1

1. a) Der erste Punkt wird jeweils als Stützvektor genommen. Als Richtungsvektor wird der Vektor vom ersten zum zweiten Punkt gewählt.

Die Gerade durch A und B: $\vec{x} = \begin{pmatrix} -4 \\ 3 \\ 3 \end{pmatrix} + s \cdot \begin{pmatrix} 5 \\ -1 \\ 2 \end{pmatrix}$; $s \in \mathbb{R}$

Die Gerade durch A und C: $\vec{x} = \begin{pmatrix} -4 \\ 3 \\ 3 \end{pmatrix} + s \cdot \begin{pmatrix} 6 \\ -5 \\ 1 \end{pmatrix}$; $s \in \mathbb{R}$

Die Gerade durch A und D: $\vec{x} = \begin{pmatrix} -4 \\ 3 \\ 3 \end{pmatrix} + s \cdot \begin{pmatrix} 10 \\ 1 \\ 2 \end{pmatrix}$; $s \in \mathbb{R}$

Die Gerade durch B und C: $\vec{x} = \begin{pmatrix} 1 \\ 2 \\ 5 \end{pmatrix} + s \cdot \begin{pmatrix} 1 \\ -4 \\ -1 \end{pmatrix}$; $s \in \mathbb{R}$

Die Gerade durch B und D: $\vec{x} = \begin{pmatrix} 1 \\ 2 \\ 5 \end{pmatrix} + s \cdot \begin{pmatrix} 5 \\ 2 \\ -4 \end{pmatrix}$; $s \in \mathbb{R}$

Die Gerade durch C und D: $\vec{x} = \begin{pmatrix} 2 \\ -2 \\ 4 \end{pmatrix} + s \cdot \begin{pmatrix} 4 \\ 6 \\ -3 \end{pmatrix}$; $s \in \mathbb{R}$

b) Gäbe es eine Gerade, auf der drei der Punkte liegen würden, dann wären zwei der Richtungsvektoren der obigen Geraden kollinear. Dies ist nicht der Fall.

195   c) x_2x_3-Koordinatenebene: Wir setzen die erste Zeile 0. Aus $-4+5s = 0$ folgt $s = \frac{4}{5}$. Setzen wir dies in die Geradengleichung ein, so ergibt sich daraus der Punkt $S_3(0|\frac{11}{5}|\frac{23}{5})$.

x_1x_3-Koordinatenebene: Wir setzen die zweite Zeile 0. Aus $3-s = 0$ folgt $s = 3$. Setzen wir dies in die Geradengleichung ein, so ergibt sich daraus der Punkt $S_2(11|0|9)$.

x_1x_2-Koordinatenebene: Wir setzen die dritte Zeile 0. Aus $3+2s = 0$ folgt $s = -\frac{3}{2}$. Setzen wir dies in die Geradengleichung ein, so ergibt sich daraus der Punkt $S_1(-\frac{23}{2}|\frac{9}{2}|0)$.

2. **a)** Durch Gleichsetzen des Ortsvektors von P mit der Geradengleichung ergibt sich:
$$\begin{pmatrix} a \\ 5 \\ a-7 \end{pmatrix} = \begin{pmatrix} 2 \\ 3 \\ -1 \end{pmatrix} + t \cdot \begin{pmatrix} 4 \\ 1 \\ 2 \end{pmatrix}$$
Aus der 2. Zeile ergibt sich die Gleichung $5 = 3+t$, also $t = 2$. Setzt man dies in die 1. Zeile ein, dann erhält man $a = 2+2\cdot 4 = 10$. Setzt man a und t in die 3. Zeile ein, so lautet diese $10-7 = -1+2\cdot 2 \Leftrightarrow 3 = 3$. Dies ist eine wahre Aussage, also liegt P auf g, wenn $a = 10$ ist.

b) Gleichsetzen ergibt: $\begin{pmatrix} 2 \\ a+4 \\ a \end{pmatrix} = \begin{pmatrix} 2 \\ 3 \\ -1 \end{pmatrix} + t \cdot \begin{pmatrix} 4 \\ 1 \\ 2 \end{pmatrix}$

Aus der ersten Zeile folgt $2 = 2+4t$, also $t = 0$. Damit erhält man aus der 3. Zeile $a = -1$. Setzt man beides in die 2. Zeile ein, so ergibt sich die wahre Aussage $-1+4 = 3$. Somit liegt P für $a = -1$ auf der Geraden g.

c) Gleichsetzen ergibt: $\begin{pmatrix} a \\ 2a \\ 0 \end{pmatrix} = \begin{pmatrix} 2 \\ 3 \\ -1 \end{pmatrix} + t \cdot \begin{pmatrix} 4 \\ 1 \\ 2 \end{pmatrix}$

Aus der dritten Zeile folgt wegen $0 = -1+2t$, dass $t = \frac{1}{2}$ ist. Setzt man dies in die erste Zeile ein, so folgt $a = 2+\frac{1}{2}\cdot 4 = 4$. Beides in die 2. Zeile eingesetzt ergibt $2\cdot 4 = 3+\frac{1}{2}\cdot 1$. Dies ist eine falsche Aussage, also gibt es kein a, sodass P auf g liegt.

d) Gleichsetzen ergibt: $\begin{pmatrix} a \\ a+4 \\ 9 \end{pmatrix} = \begin{pmatrix} 2 \\ 3 \\ -1 \end{pmatrix} + t \cdot \begin{pmatrix} 4 \\ 1 \\ 2 \end{pmatrix}$

Aus der 3. Zeile folgt wegen $9 = -1+2t$, dass $t = 5$ ist. Damit folgt aus der 1. Zeile $a = 2+5\cdot 4 = 22$. Setzt man beides in die 2. Zeile ein, so ergibt sich der Widerspruch $22+4 = 3+5$. Also gibt es kein a, sodass P auf g liegt.

3. Ampelabfrage

   a) Richtig ist Gelb.

   b) Richtig ist Grün.

5.1 Geraden- und Ebenengleichungen

4. a) Durch die Angabe erhält man ein Geradenstück zwischen den Punkten $P(3|0|1)$ und $Q(28|-15|36)$, wobei Q nicht mehr zu dem Geradenstück gehört.

b) Man erhält unendlich viele einzelne Punkte, die alle auf einer Geraden liegen.

c) Man erhält eine Halbgerade mit Endpunkt $P(18|-9|22)$.

d) Man erhält vier Punkte, die alle auf einer Geraden liegen.

e) Man erhält eine Halbgerade mit Endpunkt $P(23|-12|29)$.

f) Man erhält den Punkt $P(3|0|1)$.

g) Man erhält eine Gerade ohne die beiden Punkte $P(3|0|1)$ und $Q(8|-3|8)$.

h) Man erhält eine Gerade, von der alle Punkte zwischen $P(3|0|1)$ und $Q(8|-3|8)$ entfernt wurden.

5. Die Ebene, in der das Dreieck ABC liegt, hat die Gleichung
$$\vec{x} = \begin{pmatrix} 2 \\ 2 \\ 0 \end{pmatrix} + s \cdot \begin{pmatrix} 6 \\ 1 \\ 0 \end{pmatrix} + t \cdot \begin{pmatrix} 3 \\ 6 \\ 0 \end{pmatrix} ; \; s, t \in \mathbb{R}.$$

Die Ebene, in der das Dreieck ACS liegt, hat die Gleichung
$$\vec{x} = \begin{pmatrix} 2 \\ 2 \\ 0 \end{pmatrix} + s \cdot \begin{pmatrix} 3 \\ 6 \\ 0 \end{pmatrix} + t \cdot \begin{pmatrix} 4 \\ 2 \\ 8 \end{pmatrix} ; \; s, t \in \mathbb{R}.$$

Die Ebene, in der das Dreieck BCS liegt, hat die Gleichung
$$\vec{x} = \begin{pmatrix} 8 \\ 3 \\ 0 \end{pmatrix} + s \cdot \begin{pmatrix} -3 \\ 5 \\ 0 \end{pmatrix} + t \cdot \begin{pmatrix} -2 \\ 1 \\ 8 \end{pmatrix} ; \; s, t \in \mathbb{R}.$$

Die Ebene, in der das Dreieck ABS liegt, hat die Gleichung $\vec{x} = \begin{pmatrix} 2 \\ 2 \\ 0 \end{pmatrix} + s \cdot \begin{pmatrix} 6 \\ 1 \\ 0 \end{pmatrix} + t \cdot \begin{pmatrix} 4 \\ 2 \\ 8 \end{pmatrix}$; $s, t \in \mathbb{R}$.

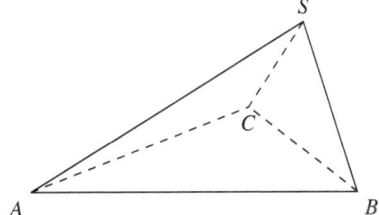

6. Die angegebenen Vektoren beschreiben dann keine Ebene, falls $\vec{u}$ und $\vec{v}$ kollinear sind. Beispielsweise ergibt sich für $\vec{p} = \begin{pmatrix} 0 \\ 0 \\ 0 \end{pmatrix}$, $\vec{u} = \begin{pmatrix} 2 \\ 0 \\ 0 \end{pmatrix}$ und $\vec{v} = \begin{pmatrix} 10 \\ 0 \\ 0 \end{pmatrix}$ durch die angegebene Parametergleichung keine Ebene.

7. a) $\begin{pmatrix} 1 \\ 5 \\ 3 \end{pmatrix} \circ \left(\begin{pmatrix} x_1 \\ x_2 \\ x_3 \end{pmatrix} - \begin{pmatrix} 0 \\ 0 \\ 0 \end{pmatrix} \right) = 0$

d) $\begin{pmatrix} 0 \\ 1 \\ 0 \end{pmatrix} \circ \left(\begin{pmatrix} x_1 \\ x_2 \\ x_3 \end{pmatrix} - \begin{pmatrix} 0 \\ 0 \\ 0 \end{pmatrix} \right) = 0$

b) $\begin{pmatrix} 1 \\ 0 \\ 0 \end{pmatrix} \circ \left(\begin{pmatrix} x_1 \\ x_2 \\ x_3 \end{pmatrix} - \begin{pmatrix} 2 \\ 0 \\ 0 \end{pmatrix} \right) = 0$

e) $\begin{pmatrix} 0 \\ 3 \\ 5 \end{pmatrix} \circ \left(\begin{pmatrix} x_1 \\ x_2 \\ x_3 \end{pmatrix} - \begin{pmatrix} 0 \\ 1 \\ 0 \end{pmatrix} \right) = 0$

c) $\begin{pmatrix} 1 \\ 1 \\ 0 \end{pmatrix} \circ \left(\begin{pmatrix} x_1 \\ x_2 \\ x_3 \end{pmatrix} - \begin{pmatrix} 0 \\ 0 \\ 0 \end{pmatrix} \right) = 0$

f) $\begin{pmatrix} 1 \\ 0 \\ 1 \end{pmatrix} \circ \left(\begin{pmatrix} x_1 \\ x_2 \\ x_3 \end{pmatrix} - \begin{pmatrix} 0 \\ 0 \\ 0 \end{pmatrix} \right) = 0$

195

8. a) Aufstellen Parameterform: Aus drei Punkten mit der Drei-Punkte-Form.
Aufstellen Koordinatenform: Einsetzen von drei Punkten in die Gleichung $ax_1 + bx_2 + cx_3 = d$ und anschließend bestimmen einer Lösung des LGS.
Aufstellen Normalenform: Umweg über z.B. Parameterform.
Umwandeln Parameterform in Koordinatenform: LGS auf Zeilenstufenform bringen, aus der letzten Zeile ablesen.
Umwandeln Koordinatenform in Parameterform:
    I. Drei Punkte der Ebene berechnen, dann wie beim Aufstellen Koordinatenform.
    II. Nach einer Koordinate auflösen, Parameter setzen.
Umwandeln Parameterform in Normalenform: Mit Vektorprodukt der Richtungsvektoren Normalenvektor berechnen.
Umwandeln Normalenform in Parameterform: Umweg über Koordinatenform.
Umwandeln Koordinatenform in Normalenform: Normalenvektor ablesen, Punkt der Ebene bestimmen.
Umwandeln Normalenform in Koordinatenform: Skalarprodukt ausführen, zusammenfassen.

b) <u>Normalenform:</u>
Vorteile: Winkel zwischen der Ebene und anderen geometrischen Objekten leicht zu berechnen; nützlicher Zwischenschritt von Parameterform in Koordinatenform
Nachteile: Punktprobe und Lage von Ebenen eher schwer zu bestimmen in dieser Form
<u>Koordinatenform:</u>
Vorteile: leicht aufzustellen, Punktprobe und Lage von Ebenen leicht zu bestimmen
Nachteile: schwerer möglich, eine Ebene in dieser Form aufzustellen
<u>Parameterform:</u>
Vorteile: leicht aufzustellen
Nachteile: Punktprobe recht umständlich in dieser Form

9. Es gilt $2x_1 + 4x_2 - 3x_3 = 6 \Leftrightarrow \frac{1}{3}x_1 + \frac{2}{3}x_2 - \frac{1}{2}x_3 = 1 \Leftrightarrow \frac{1}{3}x_1 + \frac{1}{1{,}5}x_2 - \frac{1}{2}x_3 = 1$. Damit lauten die Spurpunkte $S_1(3|0|0)$, $S_2(0|1{,}5|0)$ und $S_3(0|0|-2)$.

10. a) Gleichsetzen ergibt: $\begin{pmatrix} 5 \\ 1 \\ 1 \end{pmatrix} = \begin{pmatrix} k \\ 1 \\ 1 \end{pmatrix} + s \cdot \begin{pmatrix} -2 \\ k \\ 4 \end{pmatrix}$

Aus der 3. Zeile folgt wegen $1 = 1 + 4s$, dass $s = 0$ sein muss. Damit erhält man aus der 1. Zeile $5 = k$. Setzt man beides in die 2. Zeile ein, ergibt sich eine wahre Aussage. Also liegt der Punkt P für $k = 5$ auf der Geraden.

b) Gleichsetzen ergibt: $\begin{pmatrix} -7 \\ -5 \\ 9 \end{pmatrix} = \begin{pmatrix} k \\ 1 \\ 1 \end{pmatrix} + s \cdot \begin{pmatrix} -2 \\ k \\ 4 \end{pmatrix}$

Aus der 3. Zeile ergibt sich wegen $9 = 1 + 4s$, dass $s = 2$ sein muss. Damit folgt aus Zeile 2, dass wegen $-5 = 1 + 2k$ nun $k = -3$ sein muss. Setzt man beides in die 1. Zeile ein, dann hat man die wahre Aussage $-7 = -3 + 2 \cdot (-2)$, also liegt der Punkt P für $k = -3$ auf der Geraden.

5.1 Geraden- und Ebenengleichungen

c) Gleichsetzen ergibt: $\begin{pmatrix} 4 \\ -1 \\ -3 \end{pmatrix} = \begin{pmatrix} k \\ 1 \\ 1 \end{pmatrix} + s \cdot \begin{pmatrix} -2 \\ k \\ 4 \end{pmatrix}$

Aus der 3. Zeile ergibt sich wegen $-3 = 1 + 4s$, dass $s = -1$ sein muss. Damit folgt aus Zeile 2, dass wegen $-1 = 1 - k$ nun $k = 2$ sein muss. Setzt man beides in die 1. Zeile ein, dann hat man die wahre Aussage $4 = 2 + (-1) \cdot (-2)$, also liegt der Punkt P für $k = 2$ auf der Geraden.

d) Gleichsetzen ergibt: $\begin{pmatrix} 3 \\ 6 \\ 5 \end{pmatrix} = \begin{pmatrix} k \\ 1 \\ 1 \end{pmatrix} + s \cdot \begin{pmatrix} -2 \\ k \\ 4 \end{pmatrix}$

Aus der 3. Zeile ergibt sich wegen $5 = 1 + 4s$, dass $s = 1$ sein muss. Damit folgt aus Zeile 2, dass wegen $6 = 1 + k$ nun $k = 5$ sein muss. Setzt man beides in die 1. Zeile ein, dann hat man die wahre Aussage $3 = 5 + 1 \cdot (-2)$, also liegt der Punkt P für $k = 5$ auf der Geraden.

e) Gleichsetzen ergibt: $\begin{pmatrix} -1 \\ 1 \\ 3 \end{pmatrix} = \begin{pmatrix} k \\ 1 \\ 1 \end{pmatrix} + s \cdot \begin{pmatrix} -2 \\ k \\ 4 \end{pmatrix}$

Aus der 3. Zeile ergibt sich wegen $3 = 1 + 4s$, dass $s = \frac{1}{2}$ sein muss. Damit folgt aus Zeile 2, dass wegen $1 = 1 + \frac{1}{2}k$ nun $k = 0$ sein muss. Setzt man beides in die 1. Zeile ein, dann hat man die wahre Aussage $-1 = 0 + \frac{1}{2} \cdot (-2)$, also liegt der Punkt P für $k = 0$ auf der Geraden.

f) Gleichsetzen ergibt: $\begin{pmatrix} 8 \\ -5 \\ -11 \end{pmatrix} = \begin{pmatrix} k \\ 1 \\ 1 \end{pmatrix} + s \cdot \begin{pmatrix} -2 \\ k \\ 4 \end{pmatrix}$

Aus der 3. Zeile ergibt sich wegen $-11 = 1 + 4s$, dass $s = -3$ sein muss. Damit folgt aus Zeile 2, dass wegen $-5 = 1 - 3k$ nun $k = 2$ sein muss. Setzt man beides in die 1. Zeile ein, dann hat man die wahre Aussage $8 = 2 - 3 \cdot (-2)$, also liegt der Punkt P für $k = 2$ auf der Geraden.

11. a) Gleichsetzen ergibt: $\begin{pmatrix} 4 \\ m \\ 2m \end{pmatrix} = \begin{pmatrix} 7 \\ 3 \\ 3 \end{pmatrix} + s \cdot \begin{pmatrix} 3 \\ 1 \\ -1 \end{pmatrix}$

Aus der 1. Zeile folgt wegen $4 = 7 + 3s$, dass $s = -1$ sein muss. Setzt man dies in die 2. Zeile ein, so hat man $m = 3 - 1 = 2$. Setzt man beides in die 3. Zeile ein, dann ergibt sich $2 \cdot 2 = 3 + (-1) \cdot (-1)$, also eine wahre Aussage. Der Punkt P_2 liegt auf g.

b) Gleichsetzen ergibt: $\begin{pmatrix} 4 \\ m \\ 2m \end{pmatrix} = \begin{pmatrix} 4 \\ 9 \\ 3 \end{pmatrix} + s \cdot \begin{pmatrix} 0 \\ -1 \\ 3 \end{pmatrix}$

Durch die 1. Zeile erhalten wir keine Informationen über s, denn jedes s löst die Gleichung $4 = 4 + s \cdot 0$. Teilt man die 3. Zeile durch 2, so kann man diese mit der 2. Zeile gleichsetzen. Es folgt $9 - s = 1,5 + 1,5s \Leftrightarrow -2,5s = -7,5 \Leftrightarrow s = 3$. Damit folgt aus der 2. Zeile $m = 9 - 3 = 6$. Somit liegt der Punkt P_6 auf der angegebenen Geraden.

c) Gleichsetzen ergibt: $\begin{pmatrix} 4 \\ m \\ 2m \end{pmatrix} = \begin{pmatrix} -2 \\ 3 \\ -6 \end{pmatrix} + s \cdot \begin{pmatrix} 3 \\ -2 \\ -4 \end{pmatrix}$

Aus der 1. Zeile folgt wegen $4 = -2 + 3s$, dass $s = 2$ ist. Setzt man dies in die 2. Zeile ein, so ergibt sich $m = 3 - 4 = -1$. Die 3. Zeile lautet damit $2 \cdot (-1) = -6 + 2 \cdot (-4)$. Dies ist ein Widerspruch. Kein Punkt P_m liegt auf g.

196

d) Gleichsetzen ergibt: $\begin{pmatrix} 4 \\ m \\ 2m \end{pmatrix} = \begin{pmatrix} 4 \\ -3 \\ 3 \end{pmatrix} + s \cdot \begin{pmatrix} 0 \\ 2 \\ 2 \end{pmatrix}$

Durch die 1. Zeile erhalten wir keine Informationen über s, denn jedes s löst die Gleichung $4 = 4 + s \cdot 0$. Teilt man die 3. Zeile durch 2, so kann man diese mit der 2. Zeile gleichsetzen. Es folgt $-3 + 2s = 1{,}5 + s \Leftrightarrow s = 4{,}5$. Damit ergibt sich aus der 2. Zeile $m = -3 + 9 = 6$. Somit liegt der Punkt P_6 auf g.

12.* In Parameterform lautet die Ebenengleichung: $E: \vec{x} = \begin{pmatrix} 1 \\ -1 \\ 4 \end{pmatrix} + s \cdot \begin{pmatrix} -1 \\ 0 \\ 2 \end{pmatrix} + t \cdot \begin{pmatrix} 3 \\ 1 \\ 0 \end{pmatrix}$; $s, t \in \mathbb{R}$

Formt man in Koordinatenform um, so erhält man $E: 2x_1 - 6x_2 + x_3 = 12$. Setzt man nun den Punkt A ein, so ergibt sich die Gleichung $2 \cdot 6 - 6a + 6 = 12 \Leftrightarrow -6a = -6 \Leftrightarrow a = 1$. Der Punkt $A(6|1|6)$ liegt in der Ebene.

13. a) Es gilt: $E: 3x_1 - 5x_2 + 6x_3 = 8 \Leftrightarrow \frac{3}{8}x_1 - \frac{5}{8}x_2 + \frac{3}{4}x_3 = 1 \Leftrightarrow \frac{1}{\frac{8}{3}}x_1 - \frac{1}{\frac{8}{5}}x_2 + \frac{1}{\frac{4}{3}}x_3 = 1$

Damit hat man die Spurpunkte: $S_1(\frac{8}{3}|0|0)$, $S_2(0|-\frac{8}{5}|0)$ und $S_3(0|0|\frac{4}{3})$.

b) Es gilt: $E: -10x_1 + 5x_2 + 15x_3 = 5 \Leftrightarrow -2x_1 + 1x_2 + 3x_3 = 1 \Leftrightarrow -\frac{1}{\frac{1}{2}}x_1 + \frac{1}{1}x_2 + \frac{1}{\frac{1}{3}}x_3 = 1$

Damit hat man die Spurpunkte: $S_1(-\frac{1}{2}|0|0)$, $S_2(0|1|0)$ und $S_3(0|0|\frac{1}{3})$.

c) Es gilt: $\begin{pmatrix} 2 \\ -6 \\ 7 \end{pmatrix} \times \begin{pmatrix} 1 \\ 4 \\ 1 \end{pmatrix} = \begin{pmatrix} -34 \\ 5 \\ 14 \end{pmatrix}$, also ist E: $\begin{pmatrix} -34 \\ 5 \\ 14 \end{pmatrix} \circ \left(\begin{pmatrix} x_1 \\ x_2 \\ x_3 \end{pmatrix} - \begin{pmatrix} 6 \\ -4 \\ 3 \end{pmatrix} \right) = 0$

$\Leftrightarrow -34x_1 + 5x_2 + 14x_3 = -182 \Leftrightarrow \frac{17}{91}x_1 - \frac{5}{182}x_2 - \frac{7}{91}x_3 = 1 \Leftrightarrow \frac{1}{\frac{91}{17}}x_1 - \frac{1}{\frac{182}{5}}x_2 - \frac{1}{\frac{91}{7}}x_3 = 1$

Damit hat man die Spurpunkte: $S_1(\frac{91}{17}|0|0)$, $S_2(0|-\frac{182}{5}|0)$ und $S_3(0|0|-\frac{91}{7})$.

d) Es gilt: $E: \begin{pmatrix} 4 \\ 1 \\ 3 \end{pmatrix} \circ \left(\begin{pmatrix} x_1 \\ x_2 \\ x_3 \end{pmatrix} - \begin{pmatrix} 2 \\ 8 \\ -4 \end{pmatrix} \right) = 0 \Leftrightarrow 4x_1 + x_2 + 3x_3 = 4 \Leftrightarrow \frac{1}{1}x_1 + \frac{1}{4}x_2 + \frac{1}{\frac{4}{3}}x_3 = 1$

Damit hat man die Spurpunkte: $S_1(1|0|0)$, $S_2(0|4|0)$ und $S_3(0|0|\frac{4}{3})$.

14. Spurpunkte $B(4|0|0)$, $A(0|5|0)$ und $C(0|0|6)$. Somit folgt: $E: \frac{1}{4}x_1 + \frac{1}{5}x_2 + \frac{1}{6}x_3 = 1$

15. a) $E: \frac{1}{4}x_1 + \frac{1}{3}x_2 + \frac{1}{0{,}5}x_3 = 1$

b) $E: 4x_1 + \frac{1}{5}x_2 + \frac{1}{7}x_3 = 1$

16. Die gegebene Ebene in Koordinatenform hat die Gleichung $x_1 = 0$. Folglich ist sie die x_2x_3-Ebene.

a) Keine Änderung der Lage. Der Ursprung war bereits enthalten.

b) Nun ist die Ebene echt parallel zur x_1x_2-Achse.

c) Keine Änderung der Lage. Nach wie vor ist die Ebene die x_2x_3-Ebene.

d) Nach der Änderung lautet die Koordinatenform $x_1 - x_2 = 0$. Also enthält die Ebene nun die x_3-Achse.

5.1 Geraden- und Ebenengleichungen

17. a) Falsch. Die Vektorgleichung $\begin{pmatrix} 2 \\ -3 \\ 4 \end{pmatrix} = \begin{pmatrix} 3 \\ 0 \\ 0 \end{pmatrix} + \lambda \cdot \begin{pmatrix} 7 \\ 3 \\ -1 \end{pmatrix} + \mu \cdot \begin{pmatrix} -2 \\ -8 \\ 3 \end{pmatrix}$ hat keine Lösung, folglich gehört der Punkt nicht zu E.

b) Falsch. In Koordinatenform lautet eine Ebenengleichung $x_1 - 19x_2 - 50x_3 = 3$. Die Ebene hat also keine besondere Lage im Koordinatensystem.

c) Richtig. Wie man die Parameter nennt, ob λ oder μ, ändert nichts an der Punktmenge, die durch die Parametergleichung beschrieben wird.

d) Falsch. Wie man mit der Koordinatenform (siehe b)) nachweisen kann, enthält die Ebene weder den Punkt $P(7|3|-1)$ noch den Punkt $Q(-2|-8|3)$. Durch das Vertauschen ergibt sich somit eine andere Ebene.

e) Richtig. Der neue Stützvektor gehört zu einem Punkt der Ebene ($\lambda = \mu = 1$). Folglich ergibt sich die gleiche Ebene.

18.* a) Die gegebene Gerade lässt sich als Parametergleichung in der Form $g: \begin{pmatrix} x \\ y \end{pmatrix} = \begin{pmatrix} 0 \\ 3 \end{pmatrix} + s \cdot \begin{pmatrix} 1 \\ -2 \end{pmatrix}; s \in \mathbb{R}$ darstellen. Da der Punkt $P(2|-1)$ zur Geraden gehört (man setze $s = 2$ in die Geradengleichung ein), können wir ihn als Stützvektor der Geraden verwenden. Multiplizieren wir weiterhin den Richtungsvektor mit -2, so ergibt sich die Gerade $g: \begin{pmatrix} x \\ y \end{pmatrix} = \begin{pmatrix} 2 \\ -1 \end{pmatrix} + s \cdot \begin{pmatrix} -2 \\ 4 \end{pmatrix}; s \in \mathbb{R}$.

b) Wir setzen $s = 0$ sowie $s = 1$ und erhalten die Punkte $P(2|-1)$ und $Q(0|3)$. Diese setzen wir in den Ansatz $y = m \cdot x + t$ ein. Durch den Punkt Q ergibt sich $3 = m \cdot 0 + t$, also $t = 3$. Setzen wir dies sowie den Punkt P in den Ansatz ein, dann erhalten wir $-1 = m \cdot 2 + 3$, also $m = -2$. Die Geradengleichung lautet also $y = -2x + 3$.

c) In der bekannten Form $y = mx + t$ kann man mit m und t leicht die Steigung sowie den y-Achsenabschnitt ablesen. Senkrechte Geraden lassen sich damit nicht beschreiben. In der Parameterform kann man dafür leicht Punkte einzeichnen. Man kann auch senkrechte Geraden leicht damit beschreiben. Allerdings ist es schwerer aus dieser Darstellung die Steigung und den y-Achsenabschnitt zu bestimmen.

19. a) Alle Punkte liegen auf der x_3-Achse.

$g: \vec{x} = \begin{pmatrix} 0 \\ 0 \\ 0 \end{pmatrix} + s \cdot \begin{pmatrix} 0 \\ 0 \\ 1 \end{pmatrix}; s \in \mathbb{R}$

b) Alle Punkte liegen auf der x_2x_3-Ebene.

$E: \vec{x} = \begin{pmatrix} 0 \\ 0 \\ 0 \end{pmatrix} + r \cdot \begin{pmatrix} 0 \\ 1 \\ 0 \end{pmatrix} + t \cdot \begin{pmatrix} 0 \\ 0 \\ 1 \end{pmatrix}; r, t \in \mathbb{R}$

c) Alle Punkte liegen auf einer Ebene parallel zur x_2x_3-Ebene durch $(5|0|0)$.

$E: \vec{x} = \begin{pmatrix} 5 \\ 0 \\ 0 \end{pmatrix} + r \cdot \begin{pmatrix} 0 \\ 1 \\ 0 \end{pmatrix} + t \cdot \begin{pmatrix} 0 \\ 0 \\ 1 \end{pmatrix}; r, t \in \mathbb{R}$

20.* Setzt man $a = b = c = 0$, so ergibt sich die Gleichung $0 = d$. Ist $d = 0$, so hat diese jeden Punkt zur Lösung, also ist die Punktmenge, die dadurch beschrieben wird, ganz $\mathbb{R}^3$. Ist $d \neq 0$, so hat die Gleichung keine Lösung, die Punktmenge, die dadurch beschrieben wird, besteht aus keinem Punkt.

21. a) $E: 2x_2 + 3x_3 = 2$ **c)** $E: x_1 - 2x_3 = 2$ **e)** $E: 4x_1 - 2x_2 - 9x_3 = 0$
b) $E: x_1 = 0$ **d)** $E: x_2 = 2$ **f)** $E: 4x_1 - 2x_2 = 0$

22.* Ist $a(a+2) = 0$, so ist E parallel zur x_1-Achse.

Für $a = 0$ lautet E: $-x_3 = 4$, also ist E für diesen Wert von a echt parallel zur x_1x_2-Ebene.

Ist $a = -2$, so lautet E: $4x_2 - 3x_3 = 0$. Damit enthält E für diesen Wert von a die x_1-Achse.

Ist $-2a = 0$, so folgt $a = 0$. Dieser Fall wurde bereits betrachtet.

Ist $a - 1 = 0$, so ist E parallel zur x_3-Achse.

Für $a = 1$ lautet E: $3x_1 - 2x_2 = 6$. Die Ebene ist also echt parallel zur x_3-Achse.

Ist $2a + 4 = 0$, so folgt $a = -2$. Auch dieser Fall wurde bereits betrachtet.

23. An der Parameterform lässt sich nicht ohne Rechnung erkennen, ob der Ursprung enthalten ist oder ob die Ebene zu einer Koordinatenachse parallel ist. Jedoch gilt:

- Beide Richtungsvektoren sind bei einer Koordinate 0, der Stützvektor hat bei dieser Koordinate einen Eintrag ungleich 0: Die Ebene ist echt parallel zu der Ebene, die durch die anderen beiden Koordinaten aufgespannt wird.

  Beispiel: Die Ebene E: $\vec{x} = \begin{pmatrix} 0 \\ 7 \\ 0 \end{pmatrix} + s \cdot \begin{pmatrix} 1 \\ 0 \\ -3 \end{pmatrix} + t \cdot \begin{pmatrix} 3 \\ 0 \\ 0 \end{pmatrix}$; $s, t \in \mathbb{R}$ ist echt parallel zur x_1x_3-Ebene.

- Beide Richtungsvektoren und der Stützvektor sind bei einer Koordinate 0: Die Ebene beinhaltet die Ebene, die durch die anderen beiden Koordinaten aufgespannt wird.

  Beispiel: Die Ebene E: $\vec{x} = \begin{pmatrix} 3 \\ 0 \\ 0 \end{pmatrix} + s \cdot \begin{pmatrix} 1 \\ 0 \\ -3 \end{pmatrix} + t \cdot \begin{pmatrix} 3 \\ 0 \\ 0 \end{pmatrix}$; $s, t \in \mathbb{R}$ ist die x_1x_3-Ebene.

24. a) E ist echt parallel zur x_1x_2-Ebene.

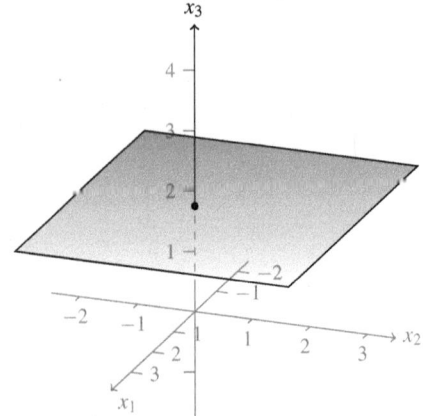

5.1 Geraden- und Ebenengleichungen

b) E enthält die x_3-Achse.

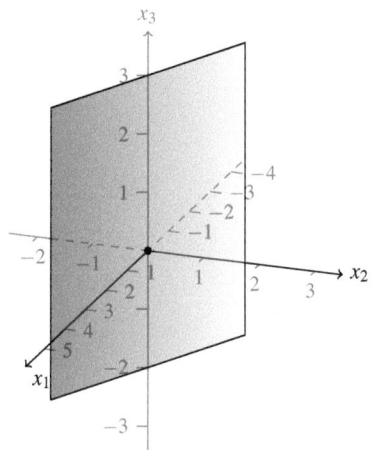

c) E ist echt parallel zur x_2-Achse.

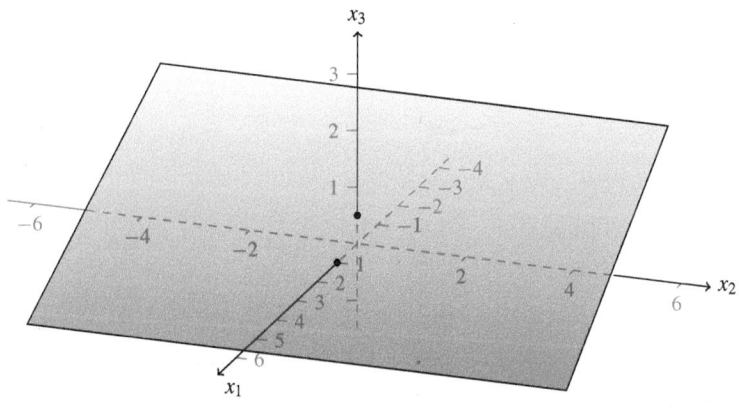

d) E enthält den Ursprung.

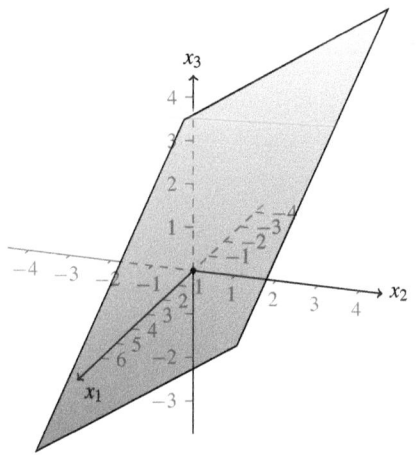

197

e) E hat keine besondere Lage.

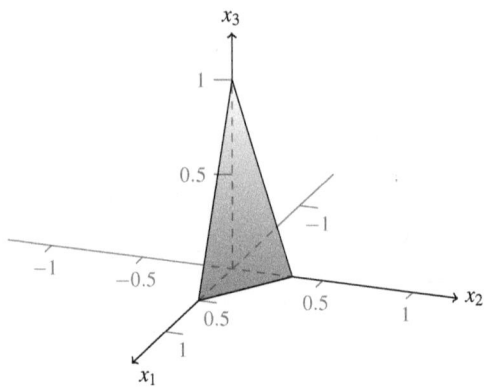

f) E ist die $x_1 x_2$-Ebene.

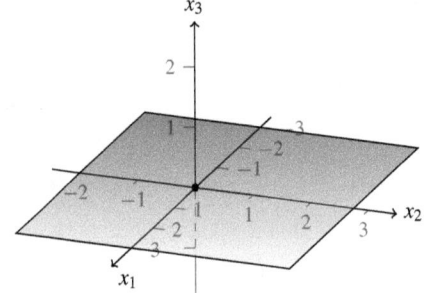

g) E ist echt parallel zur $x_1 x_2$-Ebene.

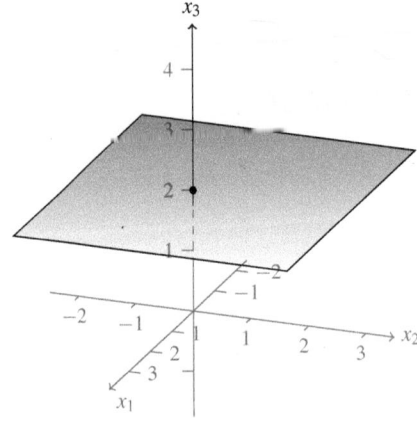

h) E ist echt parallel zur x_2-Achse.

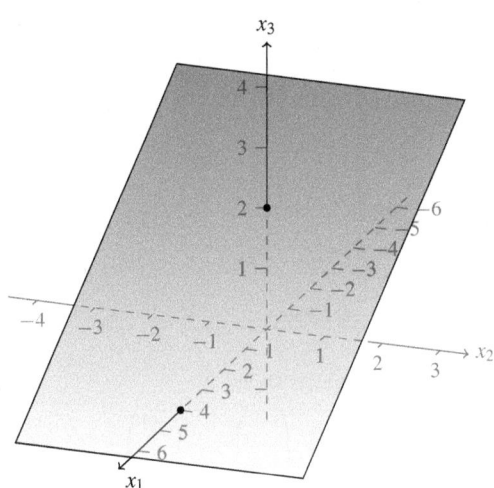

25. a) Eine solche Ebene gibt es: $E: \vec{x} = \begin{pmatrix} 8 \\ -3 \\ 6 \end{pmatrix} + s \cdot \begin{pmatrix} -8 \\ 3 \\ -6 \end{pmatrix} + t \cdot \begin{pmatrix} -5 \\ 6 \\ 7 \end{pmatrix}; s, t \in \mathbb{R}$

b) Da die Gerade g den Ursprung nicht enthält, gibt es eine solche Ebene:

$E: \vec{x} = \begin{pmatrix} 0 \\ 0 \\ 0 \end{pmatrix} + s \cdot \begin{pmatrix} 1 \\ 0 \\ 0 \end{pmatrix} + t \cdot \begin{pmatrix} 2 \\ 2 \\ 0 \end{pmatrix}; s, t \in \mathbb{R}$

c) Eine solche Ebene existiert: $E: \vec{x} = \begin{pmatrix} 1 \\ 0 \\ 0 \end{pmatrix} + s \cdot \begin{pmatrix} 0 \\ 2 \\ 0 \end{pmatrix} + t \cdot \begin{pmatrix} 0 \\ 0 \\ 1 \end{pmatrix}; s, t \in \mathbb{R}$

d) Eine solche Ebene kann nicht existieren. Die angegebene Gerade enthält den Ursprung. Dieser liegt in der x_1x_3-Ebene. Also kann eine Ebene nicht die Gerade enthalten und gleichzeitig echt parallel zur x_1x_3-Ebene sein.

e) Eine solche Ebene kann nicht existieren. Wenn die beiden Punkte P und Q in der Ebene enthalten sind, dann auch die Verbindungsgerade zwischen diesen. Diese lautet:

$h: \vec{x} = \begin{pmatrix} 2 \\ 4 \\ -3 \end{pmatrix} + s \cdot \begin{pmatrix} 1 \\ -2 \\ 8 \end{pmatrix}; s \in \mathbb{R}$

Nun sind g und h windschief zueinander. Folglich kann es keine Ebene geben, die die beiden Geraden enthält.

197 **26. a)** $A(0|0|0)$; $B(8|0|0)$; $C(8|12|0)$; $D(0|12|0)$
$A_d(0|0|3)$; $B_d(8|0|3)$; $C_d(8|12|3)$; $D_d(0|12|3)$; $E(4|9|8)$; $F(4|3|8)$

b) Wir zeigen, dass die Punkte C_d, E und F in der gegebenen Ebene liegen:

$$\begin{pmatrix}8\\12\\3\end{pmatrix} = \begin{pmatrix}8\\0\\3\end{pmatrix} + 0 \cdot \begin{pmatrix}-4\\3\\5\end{pmatrix} + 1 \cdot \begin{pmatrix}0\\12\\0\end{pmatrix} \quad \blacktriangleright C_d \text{ liegt in der Ebene.}$$

$$\begin{pmatrix}4\\9\\8\end{pmatrix} = \begin{pmatrix}8\\0\\3\end{pmatrix} + 1 \cdot \begin{pmatrix}-4\\3\\5\end{pmatrix} + 0{,}5 \cdot \begin{pmatrix}0\\12\\0\end{pmatrix} \quad \blacktriangleright E \text{ liegt in der Ebene.}$$

$$\begin{pmatrix}4\\3\\8\end{pmatrix} = \begin{pmatrix}8\\0\\3\end{pmatrix} + 1 \cdot \begin{pmatrix}-4\\3\\5\end{pmatrix} + 0 \cdot \begin{pmatrix}0\\12\\0\end{pmatrix} \quad \blacktriangleright F \text{ liegt in der Ebene.}$$

Daher beschreibt die Gleichung P die vordere Seitenfläche des Dachs.

c) $E: \vec{x} = \begin{pmatrix}8\\12\\3\end{pmatrix} + r \cdot \begin{pmatrix}0-8\\12-12\\3-3\end{pmatrix} + s \cdot \begin{pmatrix}4-8\\9-12\\8-3\end{pmatrix} = \begin{pmatrix}8\\12\\3\end{pmatrix} + r \cdot \begin{pmatrix}-8\\0\\0\end{pmatrix} + s \cdot \begin{pmatrix}-4\\-3\\5\end{pmatrix}$

198 **27. a)** Laut Angabe gilt $S(0|0|0)$. Die x_3-Koordinate der anderen Punkte ist -15. Dass die Grundfläche quadratisch ist und einen Flächeninhalt von $36\,\text{m}^2$ besitzt, bedeutet, dass sie die Abmessungen $6\,\text{m} \times 6\,\text{m}$ hat. Da S in der Mitte der Grundfläche liegt, gilt: $A(-3|-3|-15)$, $B(3|-3|-15)$, $C(3|3|-15)$ und $D(-3|3|-15)$.

b)

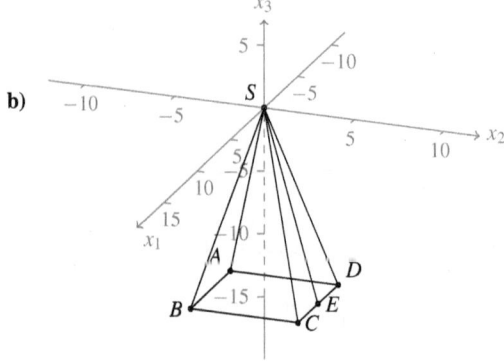

c) Mit der obigen Wahl der Eckpunkte A und B lautet die Drei-Punkte-Form dieser Ebene:

$E_{ABS}: \vec{x} = \begin{pmatrix}0\\0\\0\end{pmatrix} + s \cdot \begin{pmatrix}-3\\-3\\-15\end{pmatrix} + t \cdot \begin{pmatrix}3\\-3\\-15\end{pmatrix}; s, t \in \mathbb{R}$

5.1 Geraden- und Ebenengleichungen

d) Ein Normalenvektor der Ebene, in der die Grundfläche liegt, lautet $\vec{n} = \begin{pmatrix} 0 \\ 0 \\ 1 \end{pmatrix}$. Mit beispielsweise dem Stützvektor $\overrightarrow{OA} = \begin{pmatrix} -3 \\ -3 \\ -15 \end{pmatrix}$ erhält man die Ebenengleichung in Normalenform:

$$E_{ABCD}: \begin{pmatrix} 0 \\ 0 \\ 1 \end{pmatrix} \circ \left(\vec{x} - \begin{pmatrix} -3 \\ -3 \\ -15 \end{pmatrix} \right) = 0$$

e) In der Mitte zwischen den Punkten C und D liegt der Punkt $E(0|3|-15)$. Die Gerade verläuft zwischen diesem Punkt und S. Damit erhalten wir: $g_{ES}: \vec{x} = \begin{pmatrix} 0 \\ 0 \\ 0 \end{pmatrix} + s \cdot \begin{pmatrix} 0 \\ 3 \\ -15 \end{pmatrix}; s \in \mathbb{R}$

28. a) Nach den Angaben liegen die drei Punkte P_1, P_2 und P_3 in der vorderen Dachfläche. Um die Ebene in Normalenform aufzustellen, berechnen wir mit dem Vektorprodukt einen Normalenvektor der gesuchten Ebene. Es gilt $\overrightarrow{P_1P_2} \times \overrightarrow{P_1P_3} = \begin{pmatrix} 10 \\ 0 \\ 0 \end{pmatrix} \times \begin{pmatrix} 0 \\ 2 \\ 1 \end{pmatrix} = \begin{pmatrix} 0 \\ -10 \\ 20 \end{pmatrix}$. In Normalenform lautet die Ebene also $E: \begin{pmatrix} 0 \\ -10 \\ 20 \end{pmatrix} \circ \left(\begin{pmatrix} x_1 \\ x_2 \\ x_3 \end{pmatrix} - \begin{pmatrix} 0 \\ 0 \\ 3 \end{pmatrix} \right) = 0$. Führt man das Skalarprodukt aus, so erhält man die gesuchte Koordinatenform $E: -10x_2 + 20x_3 = 60$.

b) Aus der Koordinatenform kann man erkennen, dass die Ebene echt parallel zur x_1-Achse ist.

29. a) $A(2|0|2);\quad B(4|2|2);\quad E(2|2|0)$

$E_{ABE}: \vec{x} = \begin{pmatrix} 2 \\ 0 \\ 2 \end{pmatrix} + r \cdot \begin{pmatrix} 4-2 \\ 2-0 \\ 2-2 \end{pmatrix} + s \cdot \begin{pmatrix} 2-2 \\ 2-0 \\ 0-2 \end{pmatrix} = \begin{pmatrix} 2 \\ 0 \\ 2 \end{pmatrix} + r \cdot \begin{pmatrix} 2 \\ 2 \\ 0 \end{pmatrix} + s \cdot \begin{pmatrix} 0 \\ 2 \\ -2 \end{pmatrix}; r,s \in \mathbb{R}$

$C(2|4|2);\quad D(0|2|2);\quad F(2|2|4)$

$E_{CDF}: \vec{x} = \begin{pmatrix} 2 \\ 4 \\ 2 \end{pmatrix} + r \cdot \begin{pmatrix} 0-2 \\ 2-4 \\ 2-2 \end{pmatrix} + s \cdot \begin{pmatrix} 2-2 \\ 2-4 \\ 4-2 \end{pmatrix} = \begin{pmatrix} 2 \\ 4 \\ 2 \end{pmatrix} + r \cdot \begin{pmatrix} -2 \\ -2 \\ 0 \end{pmatrix} + s \cdot \begin{pmatrix} 0 \\ -2 \\ 2 \end{pmatrix}; r,s \in \mathbb{R}$

b) $g: \vec{x} = \begin{pmatrix} 4 \\ 0 \\ 0 \end{pmatrix} + t \cdot \begin{pmatrix} 0-4 \\ 4-0 \\ 4-0 \end{pmatrix} = \begin{pmatrix} 4 \\ 0 \\ 0 \end{pmatrix} + t \cdot \begin{pmatrix} -4 \\ 4 \\ 4 \end{pmatrix}; t \in \mathbb{R}$

$\begin{pmatrix} 2 \\ 0 \\ 2 \end{pmatrix} + r \cdot \begin{pmatrix} 2 \\ 2 \\ 0 \end{pmatrix} + s \cdot \begin{pmatrix} 0 \\ 2 \\ -2 \end{pmatrix} = \begin{pmatrix} 4 \\ 0 \\ 0 \end{pmatrix} + t \cdot \begin{pmatrix} -4 \\ 4 \\ 4 \end{pmatrix} \Leftrightarrow \begin{array}{rl} 2r \quad\quad +4t = & 2 \\ 2r + 2s - 4t = & 0 \\ -2s - 4t = & -2 \end{array} \Rightarrow s = t = r = \tfrac{1}{3}$

Schnittpunkt mit dem Oktaeder: $S_1\left(\tfrac{8}{3} \mid \tfrac{4}{3} \mid \tfrac{4}{3}\right)$

$\begin{pmatrix} 2 \\ 4 \\ 2 \end{pmatrix} + r \cdot \begin{pmatrix} -2 \\ -2 \\ 0 \end{pmatrix} + s \cdot \begin{pmatrix} 0 \\ -2 \\ 2 \end{pmatrix} = \begin{pmatrix} 4 \\ 0 \\ 0 \end{pmatrix} + t \cdot \begin{pmatrix} -4 \\ 4 \\ 4 \end{pmatrix} \Leftrightarrow \begin{array}{rl} -2r \quad\quad +4t = & 2 \\ -2r - 2s - 4t = & -4 \\ 2s - 4t = & -2 \end{array} \Rightarrow s = \tfrac{1}{3}; t = \tfrac{2}{3}; r = \tfrac{1}{3}$

Schnittpunkt mit dem Oktaeder: $S_2\left(\tfrac{4}{3} \mid \tfrac{8}{3} \mid \tfrac{8}{3}\right)$

c) $d(S_1; S_2) = \sqrt{(-\frac{4}{3})^2 + (\frac{4}{3})^2 + (\frac{4}{3})^2} = 4\frac{\sqrt{3}}{3}$

30. a) Der Kurs lässt sich durch den Vektor $\vec{PQ} = \begin{pmatrix} 6,5 \\ -13,8 \\ -1 \end{pmatrix}$ beschreiben.

b) Zu testen ist, ob der Punkt $R(2|2|8,5)$ auf der Geraden $g: \vec{x} = \begin{pmatrix} -2,5 \\ 7,3 \\ 9 \end{pmatrix} + s \cdot \begin{pmatrix} 6,5 \\ -13,8 \\ -1 \end{pmatrix}$; $s \in \mathbb{R}$ liegt.

Man muss also die Vektorgleichung $\begin{pmatrix} 2 \\ 2 \\ 8,5 \end{pmatrix} = \begin{pmatrix} -2,5 \\ 7,3 \\ 9 \end{pmatrix} + s \cdot \begin{pmatrix} 6,5 \\ -13,8 \\ -1 \end{pmatrix}$ lösen. Aus der 3. Zeile folgt wegen $8,5 = 9 - s$, dass $s = \frac{1}{2}$ sein muss. Setzt man dies in die 1. Zeile ein, so ergibt sich der Widerspruch $2 = -2,5 + \frac{1}{2} \cdot 6,5 \Leftrightarrow 2 = 0,75$. Folglich liegt der Punkt R nicht auf der Geraden. Es besteht keine Kollisionsgefahr mit diesem Planeten.

c) Gesucht ist die Ebenengleichung, in der die drei angegebenen Punkte liegen. In Parameterform ergibt sich die Gleichung $\vec{x} = \begin{pmatrix} 2 \\ 4 \\ -4 \end{pmatrix} + s \cdot \begin{pmatrix} 2 \\ -7 \\ 9 \end{pmatrix} + t \cdot \begin{pmatrix} 4 \\ -2 \\ 12,4 \end{pmatrix}$; $s, t \in \mathbb{R}$. Wandelt man dies in Koordinatenform um, so ergibt sich als mögliche Ebenengleichung $E: -43x_1 + 7x_2 + 15x_3 = -118$.

31. Die Spurpunkte der angegebenen Ebene sind $S_1(\frac{1}{2}|0|0)$, $S_2(0|\frac{1}{3}|0)$ und $S_3(0|0|-\frac{1}{2})$. Als Schrägbildskizze in dem angegebenen Programm ergibt sich:

Für das Koordinatensystem:
glBegin(GL_LINES);
    glVertex3f(0.0,0.0,0.0);
    glVertex3f(10.0,0.0,0.0);
glEnd();
glBegin(GL_LINES);
    glVertex3f(0.0,0.0,0.0);
    glVertex3f(0.0,10.0,0.0);
glEnd(); glBegin(GL_LINES);
    glVertex3f(0.0,0.0,0.0);
    glVertex3f(0.0,0.0,10.0);
glEnd();

Für die Schrägbildskizze:
glBegin(GL_TRIANGLES);
    glVertex3f(1/2,0.0,0.0);
    glVertex3f(0.0,1/3,0.0);
    glVertex3f(0.0,0.0,1/2);
glEnd();

5.1 Geraden- und Ebenengleichungen

Test A zu 5.1

1. a) In der Zwei-Punkte-Form erhält man $g: \vec{x} = \begin{pmatrix} 6 \\ -2 \\ 3 \end{pmatrix} + s \cdot \begin{pmatrix} -6 \\ 5 \\ 0 \end{pmatrix}$; $s \in \mathbb{R}$.

b) Um dies zu testen, setzen wir gleich.

Mit dem Ortsvektor von P ergibt sich $\begin{pmatrix} 3 \\ 0,5 \\ 3 \end{pmatrix} = \begin{pmatrix} 6 \\ -2 \\ 3 \end{pmatrix} + s \cdot \begin{pmatrix} -6 \\ 5 \\ 0 \end{pmatrix}$. Aus der ersten Zeile erhalten

wir $3 = 6 - 6s$, also $s = 0,5$. Setzen wir dies in die 2. und 3. Zeile ein, so ergeben sich wahre Aussagen, also liegt der Punkt P auf g.

Mit dem Ortsvektor von Q ergibt sich: $\begin{pmatrix} 2 \\ -1 \\ 3 \end{pmatrix} = \begin{pmatrix} 6 \\ -2 \\ 3 \end{pmatrix} + s \cdot \begin{pmatrix} -6 \\ 5 \\ 0 \end{pmatrix}$

Aus der ersten Zeile erhalten wir $2 = 6 - 6s \Leftrightarrow s = \frac{2}{3}$. Setzen wir dies in die 2. Zeile ein, so ergibt sich der Widerspruch $-1 = -2 + \frac{2}{3} \cdot 5$. Also liegt Q nicht auf der Geraden g.

c) In der Drei-Punkte-Form lautet die Ebenengleichung:

$E: \vec{x} = \begin{pmatrix} 0 \\ 3 \\ 3 \end{pmatrix} + s \cdot \begin{pmatrix} 3 \\ -2,5 \\ 0 \end{pmatrix} + t \cdot \begin{pmatrix} 2 \\ -4 \\ 0 \end{pmatrix}$; $s, t \in \mathbb{R}$

d) Zum Umwandeln verwenden wir einen Normalenvektor, den wir aus dem Vektorprodukt der Richtungsvektoren von E berechnen. Es gilt $\begin{pmatrix} 3 \\ -2,5 \\ 0 \end{pmatrix} \times \begin{pmatrix} 2 \\ -4 \\ 0 \end{pmatrix} = \begin{pmatrix} 0 \\ 0 \\ -7 \end{pmatrix}$. Mit diesem und dem Orts-

vektor von B lautet die Normalenform von E: $\begin{pmatrix} 0 \\ 0 \\ -7 \end{pmatrix} \circ \vec{x} = \begin{pmatrix} 0 \\ 0 \\ -7 \end{pmatrix} \circ \begin{pmatrix} 0 \\ 3 \\ 3 \end{pmatrix}$. Wir berechnen hieraus

die Koordinatenform $E: -7x_3 = -21$.

e) An der Koordinatenform erkennen wir, dass die Ebene echt parallel zur x_1x_2-Ebene ist. Aus diesem Grund hat E weder mit der x_1-Achse noch mit der x_2-Achse einen Spurpunkt. Der Spurpunkt mit der x_3-Achse ergibt sich, indem wir $x_1 = x_2 = 0$ setzen und die Gleichung $-7x_3 = -21$ nach x_3 auflösen. Wir teilen durch -7 und erhalten $x_3 = 3$. Dadurch erhalten wir den Spurpunkt $S_3(0|0|3)$.

2. a) Da die Ebene parallel zur x_2x_3-Achse verläuft, können wir als Richtungsvektoren von E die beiden

Vektoren $\begin{pmatrix} 0 \\ 1 \\ 0 \end{pmatrix}$ und $\begin{pmatrix} 0 \\ 0 \\ 1 \end{pmatrix}$ verwenden. Mit dem Aufpunkt P ergibt sich somit:

$E: \vec{x} = \begin{pmatrix} -2 \\ 3 \\ -4 \end{pmatrix} + s \cdot \begin{pmatrix} 0 \\ 1 \\ 0 \end{pmatrix} + t \cdot \begin{pmatrix} 0 \\ 0 \\ 1 \end{pmatrix}$; $s, t \in \mathbb{R}$

b) Es gilt $\begin{pmatrix} 0 \\ 1 \\ 0 \end{pmatrix} \times \begin{pmatrix} 0 \\ 0 \\ 1 \end{pmatrix} = \begin{pmatrix} 1 \\ 0 \\ 0 \end{pmatrix}$. Somit ist ein Normalenvektor von E der Vektor $\begin{pmatrix} 1 \\ 0 \\ 0 \end{pmatrix}$.

Test B zu 5.1

200

a) In der Zwei-Punkte-Form erhält man $g: \vec{x} = \begin{pmatrix} 3 \\ 2 \\ 0,5 \end{pmatrix} + s \cdot \begin{pmatrix} 2,5 \\ 0 \\ 1,2 \end{pmatrix}$; $s \in \mathbb{R}$. Von P nach Q (d. h. mit $s = 1$) braucht die Schnecke eine halbe Stunde. Der Ortsvektor des Punktes, an dem die Schnecke nach 15 Minuten ist, ist also $\begin{pmatrix} 3 \\ 2 \\ 0,5 \end{pmatrix} + 0,5 \cdot \begin{pmatrix} 2,5 \\ 0 \\ 1,2 \end{pmatrix} = \begin{pmatrix} 4,25 \\ 2 \\ 1,1 \end{pmatrix}$. Folglich ist die Schnecke zu dieser Zeit am Punkt $R(4,25|2|1,1)$.

b) Zu testen ist, ob es ein s gibt, sodass $\begin{pmatrix} 8 \\ -4 \\ 2,8 \end{pmatrix} = \begin{pmatrix} 3 \\ 2 \\ 0,5 \end{pmatrix} + s \cdot \begin{pmatrix} 2,5 \\ 0 \\ 1,2 \end{pmatrix}$ ist. An der zweiten Zeile ist zu sehen, dass es ein solches s offensichtlich nicht gibt. Daher kommt die Schnecke nicht zum Feldsalat.

c) Dass der Tropfen senkrecht herunterfällt bedeutet, dass ein möglicher Richtungsvektor des Tropfens $\begin{pmatrix} 0 \\ 0 \\ 1 \end{pmatrix}$ ist. Nach einer halben Stunde befindet sich die Schnecke im Punkt Q. Damit ist eine mögliche Flugbahn: $\vec{x} = \begin{pmatrix} 5,5 \\ 2 \\ 1,7 \end{pmatrix} + s \cdot \begin{pmatrix} 0 \\ 0 \\ 1 \end{pmatrix}$; $s < 0$. Da es sich um eine senkrechte Gerade handelt, lässt sie sich nicht in der Form $y = mx + t$ darstellen. Denn die Steigung m muss einen endlichen Wert haben; dies ist bei senkrechten Geraden nicht der Fall.

d) Dass der Tropfen senkrecht auf die Wiese auftrifft, heißt, dass jeder Richtungsvektor der Flugbahn ein Normalenvektor der Wiese ist. Diese lässt sich durch die Ebene E beschreiben. Mit den Richtungsvektoren von E gilt $\begin{pmatrix} 2 \\ 1 \\ 0,5 \end{pmatrix} \times \begin{pmatrix} 0,5 \\ -1 \\ 0,7 \end{pmatrix} = \begin{pmatrix} 1,2 \\ -1,15 \\ -2,5 \end{pmatrix}$. Da die Richtung eine abnehmende x_3-Koordinate haben muss, hat dieser Normalenvektor die richtige Orientierung (hätten wir einen Normalenvektor mit positiver x_3-Koordinate erhalten, so müssten wir diesen noch mit -1 skalar multiplizieren).

e) Aus d) ist ein Normalenvektor von E bekannt. Mit diesem und dem Stützvektor von E erhalten wir die Normalenform der Ebene E: $\begin{pmatrix} 1,2 \\ -1,15 \\ -2,5 \end{pmatrix} \circ \vec{x} = \begin{pmatrix} 1,2 \\ -1,15 \\ -2,5 \end{pmatrix} \circ \begin{pmatrix} 1 \\ 1 \\ 0 \end{pmatrix}$. Wenn wir die skalare Multiplikation durchführen, erhalten wir eine Koordinatenform der Ebene E: $1,2x_1 - 1,15x_2 - 2,5x_3 = 0,05$.

5.2 Lagebeziehungen, Schnittwinkel und Abstände

5.2.1 Lagebeziehungen zwischen Geraden

1. a) $\begin{pmatrix} 3 \\ 2 \\ 4 \end{pmatrix} + s \cdot \begin{pmatrix} 1 \\ 3 \\ 5 \end{pmatrix} = \begin{pmatrix} 5 \\ 8 \\ 14 \end{pmatrix} + t \cdot \begin{pmatrix} 0 \\ 0 \\ 1 \end{pmatrix} \Leftrightarrow \begin{array}{l} -2 = -s \\ -6 = -3s \\ -10 = t - 5s \end{array} \Rightarrow s = 2; t = 0$

Die Geraden schneiden sich im Punkt $S(5|8|14)$.

b) $\begin{pmatrix} 3 \\ 2 \\ 4 \end{pmatrix} + s \cdot \begin{pmatrix} 1 \\ 3 \\ 5 \end{pmatrix} = \begin{pmatrix} 4 \\ 8 \\ 14 \end{pmatrix} + t \cdot \begin{pmatrix} 0 \\ 0 \\ 1 \end{pmatrix} \Leftrightarrow \begin{array}{l} -1 = -s \quad \Rightarrow s = 1 \\ -6 = -3s \quad \Rightarrow s = 2 \Rightarrow \text{keine Lösung} \\ -10 = t - 5s \end{array}$

Die Geraden sind windschief oder echt parallel.

$\begin{pmatrix} 1 \\ 3 \\ 5 \end{pmatrix} = t \cdot \begin{pmatrix} 0 \\ 0 \\ 1 \end{pmatrix} \Rightarrow \text{nicht kollinear} \Rightarrow \text{windschief}$

c) $\begin{pmatrix} 3 \\ 2 \\ 4 \end{pmatrix} + s \cdot \begin{pmatrix} 1 \\ 3 \\ 5 \end{pmatrix} = \begin{pmatrix} 3 \\ 2 \\ 4 \end{pmatrix} + t \cdot \begin{pmatrix} 1 \\ 3 \\ 5 \end{pmatrix} \Leftrightarrow \begin{array}{l} 0 = t - s \\ 0 = 3t - 3s \\ 0 = 5t - 5s \end{array} \Rightarrow \text{unendlich viele Lösungen}$

Die Geraden sind identisch.

d) $\begin{pmatrix} 3 \\ 2 \\ 4 \end{pmatrix} + s \cdot \begin{pmatrix} 1 \\ 3 \\ 5 \end{pmatrix} = \begin{pmatrix} 4 \\ 8 \\ 14 \end{pmatrix} + t \cdot \begin{pmatrix} 2 \\ 6 \\ 10 \end{pmatrix} \Leftrightarrow \begin{array}{l} -1 = 2t - s \\ -6 = 6t - 3s \\ -10 = 10t - 5s \end{array} \Rightarrow \text{keine Lösung}$

Die Geraden sind windschief oder echt parallel.

$\begin{pmatrix} 1 \\ 3 \\ 5 \end{pmatrix} = t \cdot \begin{pmatrix} 2 \\ 6 \\ 10 \end{pmatrix} \Rightarrow t = 2 \Rightarrow \text{kollinear} \Rightarrow \text{echt parallel}$

2. a) Damit die beiden Geraden parallel sind, müssen die Richtungsvektoren kollinear sein. Dies ist der Fall, wenn für einen bestimmten Wert von k die Gleichung $\begin{pmatrix} -1 \\ 0{,}5 \\ -2 \end{pmatrix} = k \cdot \begin{pmatrix} 3 \\ a \\ 6 \end{pmatrix}$ erfüllt ist. Aus der ersten und dritten Zeile folgt $k = -\frac{1}{3}$, damit ergibt sich aus $-\frac{1}{3} \cdot a = \frac{1}{2}$, dass $a = -1{,}5$ sein muss.

b) Gemeinsame Punkte existieren, falls die Gleichung $\begin{pmatrix} 1 \\ -2 \\ 2 \end{pmatrix} + r \cdot \begin{pmatrix} 3 \\ a \\ 6 \end{pmatrix} = \begin{pmatrix} -2{,}5 \\ 2 \\ 5 \end{pmatrix} + t \cdot \begin{pmatrix} 1 \\ -2 \\ 0 \end{pmatrix}$

Lösungen hat. Aus den Zeilen 1 und 3 folgt $r = \frac{1}{2}$ und $t = 5$. Setzt man dies in die 2. Zeile ein, so lautet diese $-2 + \frac{1}{2}a = -8$. Es folgt $a = -12$. Also gibt es für $a = -12$ gemeinsame Punkte. Die Gleichung hat dann genau eine Lösung. Es gibt also genau einen Schnittpunkt.

206

3. **a)** Kann nicht sein. Da die Richtungsvektoren kollinear sind, sind die beiden Geraden entweder identisch oder echt parallel. D. h., sie haben entweder alle Punkte gemeinsam oder keinen gemeinsamen Punkt.
   c) Kann nicht sein. Wenn die Richtungsvektoren linear abhängig sind, dann sind sie kollinear. D. h., die Geraden sind parallel zueinander.
   e) Kann nicht sein. Wenn die Richtungsvektoren nicht kollinear sind, können die Geraden nicht identisch sein, d. h., sie haben maximal einen gemeinsamen Punkt.

4. **b)** $g: \vec{x} = \begin{pmatrix} 0 \\ -5 \\ 3 \end{pmatrix} + s \cdot \begin{pmatrix} 1 \\ 2 \\ 3 \end{pmatrix}$ und $h: \vec{x} = \begin{pmatrix} 0 \\ -5 \\ 3 \end{pmatrix} + t \cdot \begin{pmatrix} 1 \\ 2 \\ 3 \end{pmatrix}$; $s, t \in \mathbb{R}$

   d) $g: \vec{x} = \begin{pmatrix} 0 \\ 2 \\ -4 \end{pmatrix} + s \cdot \begin{pmatrix} 3 \\ 3 \\ 3 \end{pmatrix}$ und $h: \vec{x} = \begin{pmatrix} 0 \\ 2 \\ -4 \end{pmatrix} + t \cdot \begin{pmatrix} 1 \\ 0 \\ 0 \end{pmatrix}$; $s, t \in \mathbb{R}$

   f) $g: \vec{x} = \begin{pmatrix} 0 \\ 0 \\ 0 \end{pmatrix} + s \cdot \begin{pmatrix} 2 \\ 1 \\ 2 \end{pmatrix}$ und $h: \vec{x} = \begin{pmatrix} 0 \\ 0 \\ 1 \end{pmatrix} + t \cdot \begin{pmatrix} 4 \\ 2 \\ 4 \end{pmatrix}$; $s, t \in \mathbb{R}$

5. Ampelabfrage: Richtig ist Grün.

6. In der Zwei-Punkte-Form ergibt sich durch A und B die Gerade $g: \vec{x} = \begin{pmatrix} 1 \\ 0 \\ -2 \end{pmatrix} + s \cdot \begin{pmatrix} -2 \\ 2 \\ 4 \end{pmatrix}$; $s \in \mathbb{R}$. Für die Gerade h gilt $h: \vec{x} = \overrightarrow{OC_k} = \begin{pmatrix} k \\ -k \\ -2-k \end{pmatrix} = \begin{pmatrix} 0 \\ 0 \\ -2 \end{pmatrix} + k \cdot \begin{pmatrix} 1 \\ -1 \\ -1 \end{pmatrix}$; $k \in \mathbb{R}$. Da die Richtungsvektoren nicht kollinear sind, haben die beiden Geraden entweder einen Schnittpunkt oder sie sind windschief. Gleichsetzen ergibt $\begin{pmatrix} 1 \\ 0 \\ -2 \end{pmatrix} + s \cdot \begin{pmatrix} -2 \\ 2 \\ 4 \end{pmatrix} = \begin{pmatrix} 0 \\ 0 \\ -2 \end{pmatrix} + k \cdot \begin{pmatrix} 1 \\ -1 \\ -1 \end{pmatrix}$. Aus Zeile 2 folgt $2s = -k$, also $k = -2s$. Setzt man dies in die 1. Zeile ein, so lautet die Gleichung $1 - 2s = -2s$. Dies ist ein Widerspruch. Also schneiden sich die beiden Geraden nicht, sie sind windschief.

7.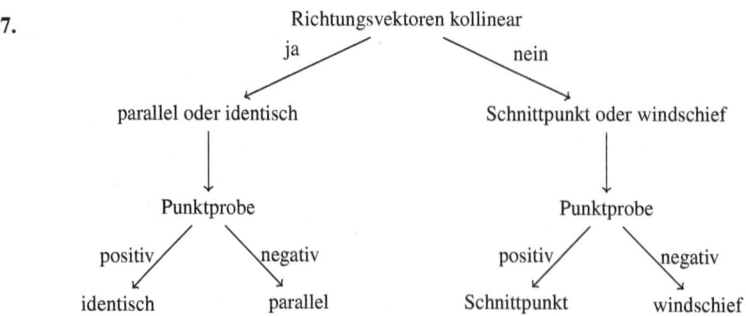

5.2 Lagebeziehungen, Schnittwinkel und Abstände

8. a) Wir setzen beide Geradengleichungen gleich: $\begin{pmatrix} 0 \\ 0 \\ -100 \end{pmatrix} + \lambda \cdot \begin{pmatrix} 12 \\ 12 \\ -1 \end{pmatrix} = \begin{pmatrix} -9 \\ 13 \\ -52 \end{pmatrix} + \mu \cdot \begin{pmatrix} 23 \\ 1 \\ -1 \end{pmatrix}$. Aus den ersten beiden Zeilen ergibt sich $\lambda = \frac{7}{6}$ und $\mu = 1$. Setzt man beides in die dritte Zeile ein, ergibt sich ein Widerspruch, also hat das Gleichungssystem keine Lösung. Die Geraden haben keinen Schnittpunkt. Da die Richtungsvektoren nicht kollinear sind, sind die beiden Stollen windschief zueinander.

   b) Der Punkt A liegt auf dem Stollen s_2 (mit $\mu = 1$), der Punkt B liegt auf dem Stollen s_1 (mit $\lambda = 1$). Folglich verbindet die Strecke $\overline{AB}$ die beiden Stollen miteinander.

5.2.2 Lagebeziehungen zwischen Geraden und Ebenen

1. Man setzt die rechte Seite der Gleichungen für g und E gleich und löst das LGS, das dadurch entsteht.
   a) g durchstößt E in $S(-1|-2|2)$. c) g liegt in E.
   b) g und E sind echt parallel.

2. Man setzt die drei Koordinaten x_1, x_2 und x_3 von g in die Ebenengleichung E ein.
   a) g schneidet E im Punkt $P(2|-4|6)$. c) g ist echt parallel zu E.
   b) g liegt in der Ebene E. d) g schneidet E im Punkt $P(2|-4|6)$.

3. Umformen der Parameterform der Ebene E in die Koordinatenform, z.B. mithilfe des Normalenvektors. Danach die drei Koordinaten x_1, x_2 und x_3 von g in die Ebenengleichung E einsetzen.
   a) $E: x_2 - 1 = 0;$ g liegt in E.
   b) $E: -461x_1 + 46x_2 + 269x_3 + 146 = 0;$ g durchstößt E in $S(1|1|1)$.
   c) $E: 20x_1 - 14x_2 + 5x_3 - 22 = 0;$ g liegt in E.

4. Beispiel 1:
   Gegeben ist die Ebene $E: \begin{pmatrix} 2 \\ 4 \\ 1 \end{pmatrix} \circ \left(\begin{pmatrix} x_1 \\ x_2 \\ x_3 \end{pmatrix} - \begin{pmatrix} 3 \\ 0 \\ 1 \end{pmatrix} \right) = 0$ sowie die Gerade $g: \vec{x} = \begin{pmatrix} 1 \\ 2 \\ 1 \end{pmatrix} + s \cdot \begin{pmatrix} -3 \\ 2 \\ 2 \end{pmatrix}$; $s \in \mathbb{R}$.

   Wir untersuchen die Lagebeziehung, indem wir die Gerade zeilenweise in die Normalenform von E einsetzen und umformen. Es ergibt sich

   $\begin{pmatrix} 2 \\ 4 \\ 1 \end{pmatrix} \circ \left(\begin{pmatrix} 1 \\ 2 \\ 1 \end{pmatrix} + s \cdot \begin{pmatrix} -3 \\ 2 \\ 2 \end{pmatrix} - \begin{pmatrix} 3 \\ 0 \\ 1 \end{pmatrix} \right) = 0 \Leftrightarrow \begin{pmatrix} 2 \\ 4 \\ 1 \end{pmatrix} \circ \left(s \cdot \begin{pmatrix} -3 \\ 2 \\ 2 \end{pmatrix} + \begin{pmatrix} 1-3 \\ 2-0 \\ 1-1 \end{pmatrix} \right) = 0$

   $\Leftrightarrow s \cdot \begin{pmatrix} 2 \\ 4 \\ 1 \end{pmatrix} \circ \begin{pmatrix} -3 \\ 2 \\ 2 \end{pmatrix} + \begin{pmatrix} 2 \\ 4 \\ 1 \end{pmatrix} \circ \begin{pmatrix} -2 \\ 2 \\ 0 \end{pmatrix} = 0$

   $\Leftrightarrow s \cdot (-6+8+2) + (-4+8+0) = 0 \Leftrightarrow 4s = -4 \Leftrightarrow s = -1$.

   Da es für s eine eindeutige Lösung gibt, schneidet die Gerade g die Ebene E. Mit diesem Wert ergibt sich der Ortsvektor des Durchstoßpunkts: $\begin{pmatrix} 1 \\ 2 \\ 1 \end{pmatrix} - 1 \cdot \begin{pmatrix} -3 \\ 2 \\ 2 \end{pmatrix}$. Die Gerade schneidet die Ebene also im Punkt $P(4|0|-1)$.

Beispiel 2:

Gegeben ist die Ebene E: $\begin{pmatrix}-3\\2\\2\end{pmatrix} \circ \left(\begin{pmatrix}x_1\\x_2\\x_3\end{pmatrix} - \begin{pmatrix}0\\3\\3\end{pmatrix}\right) = 0$ sowie

die Gerade g: $\vec{x} = \begin{pmatrix}1\\1\\-2\end{pmatrix} + s \cdot \begin{pmatrix}2\\2\\1\end{pmatrix}$; $s \in \mathbb{R}$. Wir untersuchen die Lagebeziehung wie in Beispiel 1.

Es ergibt sich:

$\begin{pmatrix}-3\\2\\2\end{pmatrix} \circ \left(\begin{pmatrix}1\\1\\-2\end{pmatrix} + s \cdot \begin{pmatrix}2\\2\\1\end{pmatrix} - \begin{pmatrix}0\\0\\3\end{pmatrix}\right) = 0 \Leftrightarrow \begin{pmatrix}-3\\2\\2\end{pmatrix} \circ \left(s \cdot \begin{pmatrix}2\\2\\1\end{pmatrix} + \begin{pmatrix}1-0\\1-0\\-2-3\end{pmatrix}\right) = 0$

$\Leftrightarrow s \cdot \begin{pmatrix}-3\\2\\2\end{pmatrix} \circ \begin{pmatrix}2\\2\\1\end{pmatrix} + \begin{pmatrix}-3\\2\\2\end{pmatrix} \circ \begin{pmatrix}1\\1\\-5\end{pmatrix} = 0$

$\Leftrightarrow s \cdot (-6 + 4 + 2) + (-3 + 2 - 10) = 0 \Leftrightarrow 0 = -11$

Es ergibt sich ein Widerspruch. Also ist die Gerade g echt parallel zur Ebene E.

Beispiel 3:

Gegeben ist die Ebene E: $\begin{pmatrix}1\\1\\4\end{pmatrix} \circ \left(\begin{pmatrix}x_1\\x_2\\x_3\end{pmatrix} - \begin{pmatrix}5\\2\\1\end{pmatrix}\right) = 0$ sowie

die Gerade g: $\vec{x} = \begin{pmatrix}-1\\0\\3\end{pmatrix} + s \cdot \begin{pmatrix}-1\\-3\\1\end{pmatrix}$; $s \in \mathbb{R}$. Wir untersuchen die Lagebeziehung wie in Beispiel 1.

Es ergibt sich:

$\begin{pmatrix}1\\1\\4\end{pmatrix} \circ \left(\begin{pmatrix}-1\\0\\3\end{pmatrix} + s \cdot \begin{pmatrix}-1\\-3\\1\end{pmatrix} - \begin{pmatrix}5\\2\\1\end{pmatrix}\right) = 0 \Leftrightarrow \begin{pmatrix}1\\1\\4\end{pmatrix} \circ \left(s \cdot \begin{pmatrix}-1\\-3\\1\end{pmatrix} + \begin{pmatrix}-1-5\\0-2\\3-1\end{pmatrix}\right) = 0$

$\Leftrightarrow s \cdot \begin{pmatrix}1\\1\\4\end{pmatrix} \circ \begin{pmatrix}-1\\-3\\1\end{pmatrix} + \begin{pmatrix}1\\1\\4\end{pmatrix} \circ \begin{pmatrix}-6\\-2\\2\end{pmatrix} = 0$

$\Leftrightarrow s \cdot (-1 - 3 + 4) + (-6 - 2 + 8) = 0 \Leftrightarrow 0 = 0$

Weil diese Aussage für jedes s wahr ist, liegt die Gerade g in der Ebene E.

5. a) In der x_1x_3-Ebene liegen alle Punkte, deren x_2-Koordinate 0 ist. Setzt man die 2. Zeile 0, so ergibt sich aus $2 + 2r = 0$, dass $r = -1$ ist. Setzt man dies in die Geradengleichung ein, so erhält man den Spurpunkt $S_2(3|0|4)$.

   b) Man berechnet die Spurpunkte von h ganz analog zu a).
   Mit der x_1x_2-Ebene: $0,5 + 2t = 0 \Leftrightarrow t = -\frac{1}{4} \Rightarrow$ Spurpunkt $S_3(\frac{17}{8}|\frac{11}{4}|0)$
   Mit der x_1x_3-Ebene: $3 + t = 0 \Leftrightarrow t = -3 \Rightarrow$ Spurpunkt $S_2(-2|0|-5,5)$
   Mit der x_2x_3-Ebene: $2,5 + 1,5t = 0 \Leftrightarrow t = -\frac{5}{3} \Rightarrow$ Spurpunkt $S_1(0|\frac{4}{3}|-\frac{17}{6})$

5.2 Lagebeziehungen, Schnittwinkel und Abstände

c)

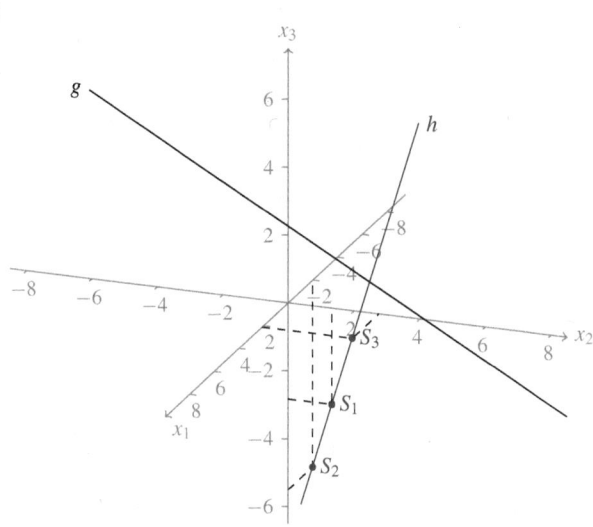

d) Die Gerade durch S_1 und S_2 hat die Parametergleichung $\vec{x} = \begin{pmatrix} 0 \\ -2 \\ 3 \end{pmatrix} + s \cdot \begin{pmatrix} 2 \\ 2 \\ 1 \end{pmatrix}$; $s \in \mathbb{R}$. Auf dieser Geraden liegt der Punkt S_3 (mit der Wahl $s = -3$), also gibt es eine solche Gerade.

6. Wir wählen als Ebene $E: \vec{x} = \begin{pmatrix} -4 \\ 2 \\ 7 \end{pmatrix} + r \cdot \begin{pmatrix} 6 \\ 3 \\ 4 \end{pmatrix} + s \cdot \begin{pmatrix} -2 \\ -1 \\ 3 \end{pmatrix}$; $r, s \in \mathbb{R}$. Dann ist klar, dass die Gerade g komplett in E liegt. (Wählt man $s = 0$, so ergibt sich die Gerade.) Um zu testen, ob h echt parallel zu E ist, setzen wir gleich: $\begin{pmatrix} -4 \\ 2 \\ 7 \end{pmatrix} + r \cdot \begin{pmatrix} 6 \\ 3 \\ 4 \end{pmatrix} + s \cdot \begin{pmatrix} -2 \\ -1 \\ 3 \end{pmatrix} = \begin{pmatrix} 3 \\ -5 \\ 4 \end{pmatrix} + t \cdot \begin{pmatrix} -2 \\ -1 \\ 3 \end{pmatrix}$.

Umformen ergibt $r \cdot \begin{pmatrix} 6 \\ 3 \\ 4 \end{pmatrix} + s \cdot \begin{pmatrix} -2 \\ -1 \\ 3 \end{pmatrix} + t \cdot \begin{pmatrix} 2 \\ 1 \\ -3 \end{pmatrix} = \begin{pmatrix} 7 \\ -7 \\ -3 \end{pmatrix}$. Um das zugehörige LGS auf Zeilenstufen-

form zu bringen, rechnen wir zuerst $2 \cdot$ (II)$-$(I). Dies ergibt: $\begin{array}{rrr|r} 6 & -2 & 2 & 7 \\ 0 & 0 & 0 & -21 \\ 4 & 3 & -3 & -3 \end{array}$.

An Zeile (II) sehen wir nun bereits, dass das LGS keine Lösung haben kann. Dies heißt aber, dass die Gerade h echt parallel zu der Ebene E sein muss.

7. a) Falsch. Die Ebene E und die Gerade g haben genau einen Punkt gemeinsam: $P(1|2|-3)$.

b) Richtig. Der Richtungsvektor $\vec{u} - \vec{v}$ liegt in der Ebene E. Ebenso gehört der Punkt P, der Aufpunkt der Geraden g ist, zur Ebene. Folglich liegt g in E.

c) Richtig. Hat g den Normalenvektor von E als Richtungsvektor, so kann g nicht echt parallel zu E sein und auch nicht in E liegen. Folglich muss es einen gemeinsamen Punkt zwischen beiden geben.

d) Falsch. Die Geraden g und h können auch windschief zueinander sein: Zum Beispiel:

$$E: \vec{x} = \begin{pmatrix} 0 \\ 0 \\ 0 \end{pmatrix} + s \cdot \begin{pmatrix} 1 \\ 0 \\ 0 \end{pmatrix} + t \cdot \begin{pmatrix} 0 \\ 1 \\ 0 \end{pmatrix}; s, t \in \mathbb{R}; \quad g: \vec{x} = \begin{pmatrix} 0 \\ 0 \\ 0 \end{pmatrix} + r \cdot \begin{pmatrix} 1 \\ 0 \\ 0 \end{pmatrix}; r \in \mathbb{R} \text{ und}$$

$$h: \vec{x} = \begin{pmatrix} 0 \\ 0 \\ 1 \end{pmatrix} + r \cdot \begin{pmatrix} 0 \\ 1 \\ 0 \end{pmatrix}; r \in \mathbb{R}$$

e) Falsch. Die Geraden g und h können auch echt parallel zueinander sein: Zum Beispiel:

$$E: \vec{x} = \begin{pmatrix} 0 \\ 0 \\ 0 \end{pmatrix} + s \cdot \begin{pmatrix} 1 \\ 0 \\ 0 \end{pmatrix} + t \cdot \begin{pmatrix} 0 \\ 1 \\ 0 \end{pmatrix}; s, t \in \mathbb{R}; \quad g: \vec{x} = \begin{pmatrix} 0 \\ 0 \\ 0 \end{pmatrix} + r \cdot \begin{pmatrix} 1 \\ 0 \\ 0 \end{pmatrix}; r \in \mathbb{R} \text{ und}$$

$$h: \vec{x} = \begin{pmatrix} 0 \\ 0 \\ 1 \end{pmatrix} + r \cdot \begin{pmatrix} 1 \\ 0 \\ 0 \end{pmatrix}; r \in \mathbb{R}$$

8. a) Durch das Einsetzen von $a = 2$ in die Geradengleichung ergibt sich: $g: \vec{x} = \begin{pmatrix} 2 \\ 4 \\ -3 \end{pmatrix} + s \cdot \begin{pmatrix} 2 \\ 4 \\ 1 \end{pmatrix}; s \in \mathbb{R}$

Setzen wir nun diese Gleichung in E ein, so folgt: $2(2+2s) + 3(4+4s) - 4(-3+s) = 1 \Leftrightarrow s = -\frac{9}{4}$.
Durch Einsetzen dieses Wertes in die Geradengleichung erhalten wir den Schnittpunkt $S(-\frac{5}{2}|-5|-\frac{21}{4})$.

b) Wenn g in E liegt, so ergibt sich durch Einsetzen von g in E eine Gleichung, die äquivalent zu $0 = 0$ ist. Wir setzen also zunächst g in E ein und erhalten $2(2+a \cdot s) + 3(2+a+4s) - 4(-3+s) = 1$ $\Leftrightarrow 22 + 3a + 2a \cdot s + 8s = 1 \Leftrightarrow (2a+8)s = -21 - 3a$. Die rechte Seite wird 0, wenn $a = 7$ ist, dann lautet die linke Seite aber $-6s$. Weil die linke Seite nicht für jeden Wert von s null ergibt, gibt es keinen Wert von a, für den die Gerade in der Ebene E liegt.

c) Da wir ähnlich vorgehen, wie bei b), verwenden wir von dort die Gleichung $(2a+8)s = -21 - 3a$, die sich durch Einsetzen von g in E ergeben hat. Die Gerade g ist echt parallel zu E, falls sich ein Widerspruch aus dieser Gleichung ergibt. Dieser ergibt sich, wenn die linke Seite für jeden Wert von s null ist und die rechte Seite ungleich null. Die linke Seite ist für $2a + 8 = 0 \Leftrightarrow a = -4$ gleich null. Die rechte Seite ist für diesen Wert von a aber ungleich null, also ist die Gerade für $a = -4$ echt parallel zu E.

9. a) Die Ebene E und die Gerade g haben einen gemeinsamen Punkt.

b) E war offensichtlich in Koordinatenform gegeben. Betrachtet man den Teil der Rechnung ohne Klammern, so lautet eine mögliche Ebenengleichung $E: 2x_1 - 4x_2 + 3x_3 = 9$. Um die Geradengleichung zu bestimmen, betrachten wir nun die Klammern genauer. Die Klammer nach der 2 stammt von der x_1-Koordinate der Geraden, entsprechend gehören die beiden weiteren Klammern zu x_2 bzw. x_3.

Dadurch erhält man: $g: \vec{x} = \begin{pmatrix} 4 \\ -2 \\ 3 \end{pmatrix} + r \cdot \begin{pmatrix} 1 \\ 0 \\ 2 \end{pmatrix}; r \in \mathbb{R}$

5.2 Lagebeziehungen, Schnittwinkel und Abstände

c) Um die Lagebeziehung der Geraden g zur Ebene E zu bestimmen, wurde die Geradengleichung zeilenweise in die Koordinatenform von E eingesetzt. Dadurch entsteht eine Gleichung mit der Unbekannten r. Gibt es – so wie hier – eine eindeutige Lösung, dann haben g und E einen gemeinsamen Punkt. Dessen Stützvektor erhält man, indem man die Lösung für r in die Geradengleichung einsetzt.

d) Damit g in E liegt, muss sich die Gleichung, die durch das Einsetzen von g in E entsteht, zu $0 = 0$ umformen lassen. Damit die Zahl verschwindet, braucht man auf der linken Seite 16 weniger. Dies erreicht man, indem man statt -2 die Zahl 2 wählt. Denn dann wird aus $-4 \cdot (-2) = 8$ der Wert $-4 \cdot 2 = -8$. Zudem braucht man auf der linken Seite $8r$ weniger. Also muss man bei der x_2- Koordinate von g noch $2r$ hinzufügen, damit $-4 \cdot 2r = -8r$ ist. Damit lautet die gesuchte Geradengleichung:

$$g: \vec{x} = \begin{pmatrix} 4 \\ 2 \\ 3 \end{pmatrix} + r \cdot \begin{pmatrix} 1 \\ 2 \\ 2 \end{pmatrix}; r \in \mathbb{R}$$

10. a) $E: \vec{x} = \begin{pmatrix} -9 \\ -4 \\ 9 \end{pmatrix} + s \cdot \begin{pmatrix} 0 \\ 0 \\ -4 \end{pmatrix} + t \cdot \begin{pmatrix} 0 \\ -1 \\ 0 \end{pmatrix}; s, t \in \mathbb{R}$ **c)** $E: \vec{x} = \begin{pmatrix} 0 \\ -5 \\ 5 \end{pmatrix} + s \cdot \begin{pmatrix} 9 \\ -1 \\ -4 \end{pmatrix} + t \cdot \begin{pmatrix} 0 \\ 0 \\ 1 \end{pmatrix}; s, t \in \mathbb{R}$

$F: 9x_1 - 1x_2 - 4x_3 = -113$ $F: x_1 + x_2 + 2x_3 = 5$

b) $E: \vec{x} = \begin{pmatrix} 0 \\ 0 \\ 5 \end{pmatrix} + s \cdot \begin{pmatrix} 9 \\ -1 \\ -4 \end{pmatrix} + t \cdot \begin{pmatrix} 0 \\ 0 \\ 1 \end{pmatrix}; s, t \in \mathbb{R}$ **d)** $E: \vec{x} = \begin{pmatrix} 0 \\ -5 \\ 5 \end{pmatrix} + s \cdot \begin{pmatrix} 9 \\ -1 \\ -4 \end{pmatrix} + t \cdot \begin{pmatrix} -9 \\ 6 \\ -1 \end{pmatrix}; s, t \in \mathbb{R}$

$F: x_1 + x_2 + 2x_3 = 0$ $F: 5x_1 + 9x_2 + 9x_3 = 0$

11. a) Parameterform: Wir wählen als Stützvektor den Ortsvektor des Durchstoßpunkts. Damit es keine weiteren gemeinsamen Punkte zwischen Ebene und Gerade g gibt, dürfen die Richtungsvektoren der Ebene nicht kollinear mit dem Richtungsvektor der Geraden sein.
Koordinatenform: Wir wählen als Normalenvektor der Ebene den Richtungsvektor der Geraden. Nun müssen wir die Zahl, die in der Koordinatenform auf der rechten Seite auftaucht, so wählen, dass P auch zur Ebene gehört.
Hier ist die Parameterform einfacher, da wir nichts rechnen müssen.

b) Parameterform: Wir übernehmen als einen Richtungsvektor den der Geraden und wählen den zweiten Richtungsvektor nicht kollinear zu diesem. Dann benötigen wir für den Stützvektor einen Punkt, der nicht zur Geraden gehört.
Koordinatenform: Wenn g zur Ebene echt parallel sein soll, dann muss nach dem Einsetzen von g in die Koordinatenform die Unbekannte s wegfallen. Dies ist der Fall, wenn wir z.B. die linke Seite $x_1 + x_2 + 2x_3$ wählen, denn (nur der Teil mit s wird betrachtet) es ergibt sich dann $9s - 1s + 2 \cdot (-4s) = 0$. Die Zahl auf der rechten Seite der Gleichung müssen wir so wählen, dass sich nach dem Einsetzen ein Widerspruch ergibt, also z.B. 0.
Beide Ebenen sind ungefähr gleich schwer zu finden.

c) Parameterform: Wir ergänzen g durch einen zweiten Richtungsvektor, der nicht kollinear zum Richtungsvektor von g ist.
Koordinatenform: Die linke Seite wählen wir wie bei b). Damit g in E liegt, muss sich die Gleichung zu $0 = 0$ umformen lassen. Dazu berechnen wir das Skalarprodukt des Normalenvektors von E mit dem Stützvektor von g.
Hier ist die Parameterform einfacher, auch hier ist praktisch nichts zu rechnen.

d) Parameterform: Wir ergänzen g so durch einen zweiten Richtungsvektor, dass der Ursprung zur Ebene gehört. Dazu setzen wir $s = t = 1$ und wählen die Einträge des zweiten Richtungsvektors so, dass die Summe jeder Zeile 0 ergibt.

Koordinatenform: Wir wandeln die obige Parameterform in die Koordinatenform um. Offensichtlich ist auch hier die Parameterform einfacher.

12. a)

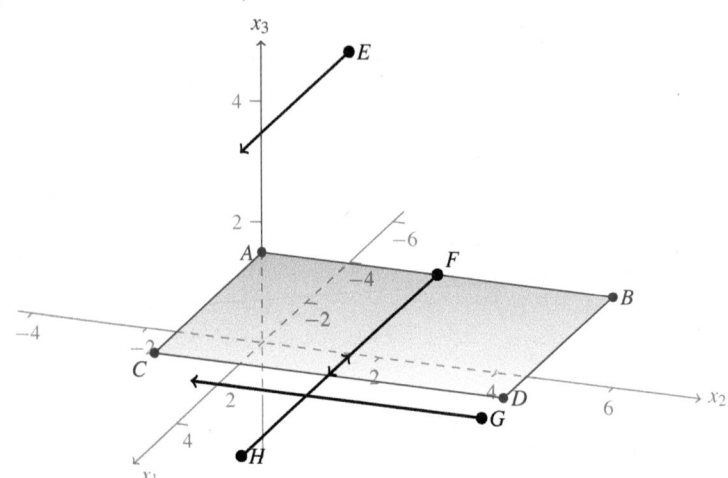

b) I. Weil E nicht die x_3-Koordinate 1,5 besitzt, verläuft der Laserstrahl nicht entlang der Bühne.

II. F ist in der Mitte zwischen den Punkten A und B, der Laserstrahl verläuft entlang der Bühne.

III. G ist außerhalb der Bühne, der Laserstrahl verläuft parallel zur Strecke $\overline{DC}$, also trifft der Laserstrahl die Bühne nicht.

IV. H hat die passende x_3-Koordinate für die Höhe der Bühne, der Strahl geht auf die Bühne zu, verläuft also auch entlang des Bodens der Bühne.

13. Wir setzen g in E_a ein und erhalten die Gleichung:
$(1+a) \cdot (1-\lambda) + a \cdot (\lambda) - (a-2) \cdot (-1+\lambda) - a = 0 \Leftrightarrow (1-a)\lambda = 1-a$
Hieraus erkennt man:
Ist $a = 1$, so lautet die Gleichung $0 = 0$, also liegt die Gerade g in der Ebene E_1. Ist $a \neq 1$, so haben die Gerade g und die Ebenen E_a einen eindeutigen Schnittpunkt. Wir können ihn berechnen, indem wir die letzte Gleichung durch $(1-a)$ teilen und den Wert für λ dann in die Geradengleichung einsetzen.

5.2 Lagebeziehungen, Schnittwinkel und Abstände

14. a) Es gilt: $\overrightarrow{OD_k} = \begin{pmatrix} 11+k \\ 6+k \\ k \end{pmatrix} = \begin{pmatrix} 11 \\ 6 \\ 0 \end{pmatrix} + k \cdot \begin{pmatrix} 1 \\ 1 \\ 1 \end{pmatrix}$. Dies zeigt, dass alle Punkte D_k auf der Geraden

$g: \vec{x} = \begin{pmatrix} 11 \\ 6 \\ 0 \end{pmatrix} + k \cdot \begin{pmatrix} 1 \\ 1 \\ 1 \end{pmatrix}$; $k \in \mathbb{R}$ liegen.

b) In der Drei-Punkte-Form lautet die Ebenengleichung von E:

$E: \vec{x} = \begin{pmatrix} 0 \\ 1 \\ -2 \end{pmatrix} + s \cdot \begin{pmatrix} -1 \\ 1 \\ 1,5 \end{pmatrix} + t \cdot \begin{pmatrix} 2 \\ -1 \\ -2 \end{pmatrix}$; $s, t \in \mathbb{R}$

Weil gilt: $\begin{pmatrix} -1 \\ 1 \\ 1,5 \end{pmatrix} \times \begin{pmatrix} 2 \\ -1 \\ -2 \end{pmatrix} = \begin{pmatrix} -0,5 \\ 1 \\ -1 \end{pmatrix}$, lautet eine Ebenengleichung in Normalenform:

$E: \begin{pmatrix} -0,5 \\ 1 \\ -1 \end{pmatrix} \circ \left(\begin{pmatrix} x_1 \\ x_2 \\ x_3 \end{pmatrix} - \begin{pmatrix} 0 \\ 1 \\ -2 \end{pmatrix} \right) = 0$

c) Wir verwenden hierzu eine Koordinatenform von E. Aus der Normalenform von b) erhalten wir $-0,5x_1 + x_2 - x_3 = 3$. Setzen wir die Koordinaten von D_k ein, so ergibt sich die Gleichung
$-0,5(11+k) + (6+k) - k = 3$
$\Leftrightarrow -5,5 - 0,5k + k - k + 6 = 3$
$\Leftrightarrow -0,5k = 2,5 \Leftrightarrow k = -5$. Also liegt für $k = -5$ der Punkt $D_k(6|1|-5)$ in der Ebene E.

15. Wie ohne Parameter setzen wir g_a in E_a ein und lösen nach μ auf. Es ergibt sich:
$-3a(1+3\mu) + 2(-1+4\mu) + 3(a+2\mu) = -2a \Leftrightarrow (14-9a)\mu = -2a+2$
Für $4-9a \neq 0$ können wir durch diesen Term teilen und erhalten eine eindeutige Lösung für μ, wodurch g_a und E_a einen eindeutigen Schnittpunkt haben.
Ist $14-9a = 0$, also $a = \frac{14}{9}$, dann ist die linke Seite 0 und die rechte Seite ist $-2 \cdot \frac{14}{9} + 2 \neq 0$.
Folglich ist für $a = \frac{14}{9}$ die Gerade g_a echt parallel zu E_a.

16. Ampelabfrage
  a) Richtig ist Gelb.
  b) Richtig ist Gelb.

5.2.3 Lagebeziehungen zwischen Ebenen

225   **1. a)** Einsetzen der Koordinaten von E in F:
$16(4-4t)+20(20+12s)=80 \Leftrightarrow -4t+15s+24=0 \Leftrightarrow t=\frac{15}{4}s+6$
$\Rightarrow$ Die Ebenen schneiden sich in einer Geraden.

Einsetzen von t in E:
$$\vec{x}=\begin{pmatrix}12\\4\\20\end{pmatrix}+s\cdot\begin{pmatrix}-4\\0\\12\end{pmatrix}+(\tfrac{15}{4}s+6)\cdot\begin{pmatrix}8\\-4\\0\end{pmatrix} \Rightarrow g:\vec{x}=\begin{pmatrix}60\\-20\\20\end{pmatrix}+s\cdot\begin{pmatrix}26\\-15\\12\end{pmatrix}; s\in\mathbb{R}$$

b) Einsetzen der Koordinaten von E in F:
$-2(-10+8t)-2(-2t)-2(-2s)=-20 \Leftrightarrow 10-3t+s=0 \Leftrightarrow s=3t-10$
$\Rightarrow$ Die Ebenen schneiden sich in einer Geraden.

Einsetzen von s in E:
$$\vec{x}=\begin{pmatrix}-10\\0\\0\end{pmatrix}+(3t-10)\cdot\begin{pmatrix}0\\0\\-2\end{pmatrix}+t\cdot\begin{pmatrix}8\\-2\\0\end{pmatrix} \Rightarrow g:\vec{x}=\begin{pmatrix}-10\\0\\20\end{pmatrix}+t\cdot\begin{pmatrix}8\\-2\\-6\end{pmatrix}; t\in\mathbb{R}$$

c)
(I) -4 6 -2 $\mid -7$
(II) 2 -3 1 $\mid -5$ $\mid\cdot 2\;\;\hookleftarrow +$

(I) -4 6 -2 $\mid -7$
(III) 0 0 0 $\mid -17$ $\Rightarrow 0=-17$ (f)
$\Rightarrow$ Die Ebenen sind echt parallel.

d)
(I) 1 1 0 $\mid 2$
(II) 1 1 1 $\mid 3$ $\hookleftarrow -$

(I) 1 1 0 $\mid 2$
(III) 0 0 -1 $\mid -1$

$\Rightarrow -x_3=-1 \Leftrightarrow x_3=1$
$x_1+x_2=2 \;\;\blacktriangleright\; x_2=s$
$\Rightarrow x_1=2-s$

Schnittgerade $g:\vec{x}=\begin{pmatrix}2\\0\\1\end{pmatrix}+s\cdot\begin{pmatrix}-1\\1\\0\end{pmatrix}; s\in\mathbb{R}$

5.2 Lagebeziehungen, Schnittwinkel und Abstände

e)
(I) 0 -1 2 3 $\mid -7$
(II) -1 -1 5 5 $\mid -13$
(III) -2 1 4 1 $\mid -5$

(I) 0 -1 2 3 $\mid -7$
(IV) 1 0 -3 -2 $\mid 6$ $\mid \cdot 2$
(V) -2 0 6 4 $\mid -12$

(I) 0 -1 2 3 $\mid -7$ $\Rightarrow -r+2s+3t = -7$
(IV) 1 0 -3 -2 $\mid 6$ $\Rightarrow p-3s-2t = 6$
(VI) 0 0 0 0 $\mid 0$

$\Rightarrow r = 2s+3t+7$
$\Rightarrow p = 3s+2t+6$
$\Rightarrow$ Die beiden Ebenen sind identisch.

2. a) Die Ebenen E und F schneiden sich in der Geraden g_1: $\vec{x} = \begin{pmatrix} -5 \\ 0 \\ -8 \end{pmatrix} + r \cdot \begin{pmatrix} 4 \\ -1 \\ -3 \end{pmatrix}$; $r \in \mathbb{R}$.

Die Ebenen E und G schneiden sich in der Geraden g_2: $\vec{x} = \begin{pmatrix} -5 \\ 0 \\ 15 \end{pmatrix} + r \cdot \begin{pmatrix} 4 \\ -1 \\ -3 \end{pmatrix}$; $r \in \mathbb{R}$.

Die Ebenen F und G schneiden sich in der Geraden g_3: $\vec{x} = \begin{pmatrix} 6{,}5 \\ -5{,}75 \\ 9{,}25 \end{pmatrix} + r \cdot \begin{pmatrix} 4 \\ -1 \\ -3 \end{pmatrix}$; $r \in \mathbb{R}$.

Die Geraden g_1, g_2 und g_3 sind echt parallel. Sie bilden die Kanten eines dreieckigen Prismas.

b) Die 3 Ebenen schneiden sich in einer Geraden:

g: $\vec{x} = \begin{pmatrix} 1 \\ 0 \\ 1 \end{pmatrix} + r \cdot \begin{pmatrix} 1 \\ 1 \\ 0 \end{pmatrix}$; $r \in \mathbb{R}$

c) Die 3 Ebenen schneiden sich in dem Punkt $S(2 \mid -1 \mid -3)$.

225 3. a) Spurgerade in der x_1x_2-Ebene: $g: \vec{x} = \begin{pmatrix} 4,375 \\ 2,5 \\ 0 \end{pmatrix} + t \cdot \begin{pmatrix} -3,125 \\ -1,5 \\ 0 \end{pmatrix}; t \in \mathbb{R}$

Spurgerade in der x_1x_3-Ebene: $g: \vec{x} = \begin{pmatrix} 2,5 \\ 0 \\ -5 \end{pmatrix} + t \cdot \begin{pmatrix} -2 \\ 0 \\ 3 \end{pmatrix}; t \in \mathbb{R}$

Spurgerade in der x_2x_3-Ebene: $g: \vec{x} = \begin{pmatrix} 0 \\ 2 \\ 5 \end{pmatrix} + s \cdot \begin{pmatrix} 0 \\ 4 \\ 12,5 \end{pmatrix}; s \in \mathbb{R}$

b) Spurgerade in der x_1x_2-Ebene: $g: \vec{x} = \begin{pmatrix} \frac{11}{3} \\ -\frac{5}{9} \\ 0 \end{pmatrix} + t \cdot \begin{pmatrix} 7 \\ 4 \\ 0 \end{pmatrix}; t \in \mathbb{R}$

Spurgerade in der x_1x_3-Ebene: $g: \vec{x} = \begin{pmatrix} 2 \\ 0 \\ 5 \end{pmatrix} + t \cdot \begin{pmatrix} 19 \\ 0 \\ -36 \end{pmatrix}; t \in \mathbb{R}$

Spurgerade in der x_2x_3-Ebene: $g: \vec{x} = \begin{pmatrix} 0 \\ -\frac{8}{7} \\ 0 \end{pmatrix} + s \cdot \begin{pmatrix} 0 \\ \frac{19}{7} \\ 9 \end{pmatrix}; s \in \mathbb{R}$

c) Spurgerade in der x_1x_2-Ebene: $g: \vec{x} = \begin{pmatrix} 7 \\ -3 \\ 0 \end{pmatrix} + s \cdot \begin{pmatrix} 5 \\ 0 \\ 0 \end{pmatrix}; s \in \mathbb{R}$

Keine Spurgerade in der x_1x_3-Ebene.

Spurgerade in der x_2x_3-Ebene: $g: \vec{x} = \begin{pmatrix} 0 \\ -3 \\ -14 \end{pmatrix} + s \cdot \begin{pmatrix} 0 \\ 0 \\ -10 \end{pmatrix}; s \in \mathbb{R}$

4. Wir wählen $E: \vec{x} = \begin{pmatrix} 0 \\ 0 \\ 0 \end{pmatrix} + s \cdot \begin{pmatrix} 1 \\ 0 \\ 0 \end{pmatrix} + t \cdot \begin{pmatrix} 0 \\ 1 \\ 1 \end{pmatrix}; s, t \in \mathbb{R}$ und $F: \vec{x} = \begin{pmatrix} 0 \\ 0 \\ 0 \end{pmatrix} + s \cdot \begin{pmatrix} 1 \\ 0 \\ 0 \end{pmatrix} + t \cdot \begin{pmatrix} 0 \\ 0 \\ 1 \end{pmatrix}; s, t \in \mathbb{R}$.

Um die Ebenen aufzustellen, haben wir bei beiden Ebenen die Stützvektoren und die 1. Richtungsvektoren gleich gewählt. Die 2. Richtungsvektoren mussten wir dann so wählen, dass sie nicht zueinander (damit die Ebenen nicht identisch sind) und nicht zum 1. Richtungsvektor (damit es überhaupt Ebenen sind) kollinear sind.

5. a) Zum Umwandeln der Ebenen in Parameterform lösen wir nach einer Koordinate auf und setzen dann Parameter.
$E: 3x_1 - 4x_2 + 7x_3 = 9 \Leftrightarrow x_1 = \frac{4}{3}x_2 - \frac{7}{3}x_3 + 3$. Mit $x_2 = s$ und $x_3 = t$ folgt:
$E: \vec{x} = \begin{pmatrix} 3 \\ 0 \\ 0 \end{pmatrix} + s \cdot \begin{pmatrix} \frac{4}{3} \\ 1 \\ 0 \end{pmatrix} + t \cdot \begin{pmatrix} -\frac{7}{3} \\ 0 \\ 1 \end{pmatrix}; s, t \in \mathbb{R}$. Als Spurgeraden erhalten wir:

Spurgerade in der x_1x_2-Ebene: $g: \vec{x} = \begin{pmatrix} 3 \\ 0 \\ 0 \end{pmatrix} + s \cdot \begin{pmatrix} 4 \\ 3 \\ 0 \end{pmatrix}$; $s \in \mathbb{R}$

Spurgerade in der x_1x_3-Ebene: $g: \vec{x} = \begin{pmatrix} 3 \\ 0 \\ 0 \end{pmatrix} + t \cdot \begin{pmatrix} 7 \\ 0 \\ -3 \end{pmatrix}$; $t \in \mathbb{R}$

Spurgerade in der x_2x_3-Ebene: $g: \vec{x} = \begin{pmatrix} 0 \\ 0 \\ \frac{9}{7} \end{pmatrix} + s \cdot \begin{pmatrix} 0 \\ 7 \\ 4 \end{pmatrix}$; $s \in \mathbb{R}$

$F: -5x_1 + x_2 + 4x_3 = -3 \Leftrightarrow x_2 = 5x_1 - 4x_3 - 3$. Mit $x_1 = s$ und $x_3 = t$ folgt:

$F: \vec{x} = \begin{pmatrix} 0 \\ -3 \\ 0 \end{pmatrix} + s \cdot \begin{pmatrix} 1 \\ 5 \\ 0 \end{pmatrix} + t \cdot \begin{pmatrix} 0 \\ -4 \\ 1 \end{pmatrix}$; $s, t \in \mathbb{R}$. Als Spurgeraden erhalten wir:

Spurgerade in der x_1x_2-Ebene: $g: \vec{x} = \begin{pmatrix} 0 \\ -3 \\ 0 \end{pmatrix} + s \cdot \begin{pmatrix} 1 \\ 5 \\ 0 \end{pmatrix}$; $s \in \mathbb{R}$

Spurgerade in der x_1x_3-Ebene: $g: \vec{x} = \begin{pmatrix} \frac{3}{5} \\ 0 \\ 0 \end{pmatrix} + t \cdot \begin{pmatrix} 4 \\ 0 \\ 5 \end{pmatrix}$; $t \in \mathbb{R}$

Spurgerade in der x_2x_3-Ebene: $g: \vec{x} = \begin{pmatrix} 0 \\ -3 \\ 0 \end{pmatrix} + t \cdot \begin{pmatrix} 0 \\ -4 \\ 1 \end{pmatrix}$; $t \in \mathbb{R}$

$G: 7x_1 + 21x_2 - 7x_3 = 14 \Leftrightarrow x_1 = -3x_2 + x_3 + 2$. Mit $x_2 = s$ und $x_3 = t$ folgt:

$G: \vec{x} = \begin{pmatrix} 2 \\ 0 \\ 0 \end{pmatrix} + s \cdot \begin{pmatrix} -3 \\ 1 \\ 0 \end{pmatrix} + t \cdot \begin{pmatrix} 1 \\ 0 \\ 1 \end{pmatrix}$; $s, t \in \mathbb{R}$. Als Spurgeraden erhalten wir:

Spurgerade in der x_1x_2-Ebene: $g: \vec{x} = \begin{pmatrix} 2 \\ 0 \\ 0 \end{pmatrix} + s \cdot \begin{pmatrix} 3 \\ -1 \\ 0 \end{pmatrix}$; $s \in \mathbb{R}$

Spurgerade in der x_1x_3-Ebene: $g: \vec{x} = \begin{pmatrix} 2 \\ 0 \\ 0 \end{pmatrix} + t \cdot \begin{pmatrix} 1 \\ 0 \\ 1 \end{pmatrix}$; $t \in \mathbb{R}$

Spurgerade in der x_2x_3-Ebene: $g: \vec{x} = \begin{pmatrix} 0 \\ 0 \\ -2 \end{pmatrix} + s \cdot \begin{pmatrix} 0 \\ 1 \\ 3 \end{pmatrix}$; $s \in \mathbb{R}$

b) $E: 3x_1 - 4x_2 + 7x_3 = 9 \Leftrightarrow \frac{1}{3}x_1 - \frac{1}{\frac{9}{4}}x_2 + \frac{1}{\frac{9}{7}}x_3 = 1$. Man liest hieraus die Spurpunkte $S_1(3|0|0)$, $S_2(0|-\frac{9}{4}|0)$ und $S_3(0|0|\frac{9}{7})$ ab. In der Zwei-Punkte-Form lauten die Spurgeraden damit:

225

Spurgerade in der x_1x_2-Ebene: $\quad g: \vec{x} = \begin{pmatrix} 3 \\ 0 \\ 0 \end{pmatrix} + s \cdot \begin{pmatrix} -3 \\ -\frac{9}{4} \\ 0 \end{pmatrix}; s \in \mathbb{R}$

Spurgerade in der x_1x_3-Ebene: $\quad g: \vec{x} = \begin{pmatrix} 3 \\ 0 \\ 0 \end{pmatrix} + s \cdot \begin{pmatrix} -3 \\ 0 \\ \frac{9}{7} \end{pmatrix}; s \in \mathbb{R}$

Spurgerade in der x_2x_3-Ebene: $\quad g: \vec{x} = \begin{pmatrix} 0 \\ -\frac{9}{4} \\ 0 \end{pmatrix} + s \cdot \begin{pmatrix} 0 \\ \frac{9}{4} \\ \frac{9}{7} \end{pmatrix}; s \in \mathbb{R}$

$F: -5x_1 + x_2 + 4x_3 = -3 \Leftrightarrow \frac{1}{\frac{3}{5}}x_1 - \frac{1}{3}x_2 - \frac{1}{\frac{3}{4}}x_3 = 1$. Man liest hieraus die Spurpunkte $S_1(\frac{3}{5}|0|0)$, $S_2(0|-3|0)$ und $S_3(0|0|-\frac{3}{4})$ ab. In der Zwei-Punkte-Form lauten die Spurgeraden damit:

Spurgerade in der x_1x_2-Ebene: $\quad g: \vec{x} = \begin{pmatrix} \frac{3}{5} \\ 0 \\ 0 \end{pmatrix} + s \cdot \begin{pmatrix} -\frac{3}{5} \\ -3 \\ 0 \end{pmatrix}; s \in \mathbb{R}$

Spurgerade in der x_1x_3-Ebene: $\quad g: \vec{x} = \begin{pmatrix} \frac{3}{5} \\ 0 \\ 0 \end{pmatrix} + s \cdot \begin{pmatrix} -\frac{3}{5} \\ 0 \\ -\frac{3}{4} \end{pmatrix}; s \in \mathbb{R}$

Spurgerade in der x_2x_3-Ebene: $\quad g: \vec{x} = \begin{pmatrix} 0 \\ -3 \\ 0 \end{pmatrix} + s \cdot \begin{pmatrix} 0 \\ 3 \\ -\frac{3}{4} \end{pmatrix}; s \in \mathbb{R}$

$G: 7x_1 + 21x_2 - 7x_3 = 14 \Leftrightarrow \frac{1}{2}x_1 + \frac{1}{\frac{2}{3}}x_2 - \frac{1}{2}x_3 = 1$. Man liest hieraus die Spurpunkte $S_1(2|0|0)$, $S_2(0|\frac{2}{3}|0)$ und $S_3(0|0|-2)$ ab. In der Zwei-Punkte-Form lauten die Spurgeraden damit:

Spurgerade in der x_1x_2-Ebene: $\quad g: \vec{x} = \begin{pmatrix} 2 \\ 0 \\ 0 \end{pmatrix} + s \cdot \begin{pmatrix} -2 \\ \frac{2}{3} \\ 0 \end{pmatrix}; s \in \mathbb{R}$

Spurgerade in der x_1x_3-Ebene: $\quad g: \vec{x} = \begin{pmatrix} 2 \\ 0 \\ 0 \end{pmatrix} + s \cdot \begin{pmatrix} -2 \\ 0 \\ -2 \end{pmatrix}; s \in \mathbb{R}$

Spurgerade in der x_2x_3-Ebene: $\quad g: \vec{x} = \begin{pmatrix} 0 \\ \frac{2}{3} \\ 0 \end{pmatrix} + s \cdot \begin{pmatrix} 0 \\ -\frac{2}{3} \\ -2 \end{pmatrix}; s \in \mathbb{R}$.

6. a) Wir setzen die Ebenengleichung von F in diejenige von E ein und erhalten die Gleichung $-5(2-3s) + 3(2t) + 6(2+3s-t) = 9 \Leftrightarrow 33s = 7 \Leftrightarrow s = \frac{7}{33}$. Setzt man dies in F ein, so ergibt sich die Schnittgerade: $g: \vec{x} = \begin{pmatrix} 2 \\ 0 \\ 2 \end{pmatrix} + \frac{7}{33} \cdot \begin{pmatrix} -3 \\ 0 \\ 3 \end{pmatrix} + t \cdot \begin{pmatrix} 0 \\ 2 \\ -1 \end{pmatrix} = \begin{pmatrix} \frac{15}{11} \\ 0 \\ \frac{29}{11} \end{pmatrix} + t \cdot \begin{pmatrix} 0 \\ 2 \\ -1 \end{pmatrix}; t \in \mathbb{R}$

5.2 Lagebeziehungen, Schnittwinkel und Abstände

b₁) Die Ebene $G: \vec{x} = \begin{pmatrix} \frac{15}{11} \\ 0 \\ \frac{29}{11} \end{pmatrix} + t \cdot \begin{pmatrix} 0 \\ 2 \\ -1 \end{pmatrix} + s \cdot \begin{pmatrix} 1 \\ 0 \\ 0 \end{pmatrix}$; $s, t \in \mathbb{R}$ schneidet E und F in der gleichen Geraden.

(G wurde so gewählt, dass die Schnittgerade von E und F enthalten ist.)

b₂) Die Ebene $G: \vec{x} = \begin{pmatrix} \frac{15}{11} \\ 0 \\ \frac{29}{11} \end{pmatrix} + t \cdot \begin{pmatrix} 0 \\ 0 \\ 1 \end{pmatrix} + s \cdot \begin{pmatrix} 1 \\ 0 \\ 0 \end{pmatrix}$; $s, t \in \mathbb{R}$ schneidet E und F in einem Punkt. (G wurde so gewählt, dass der Stützvektor der Schnittgeraden enthalten ist.)

b₃) Drei Schnittgeraden ergeben sich durch die Ebene $G: \vec{x} = \begin{pmatrix} 0 \\ 0 \\ 0 \end{pmatrix} + t \cdot \begin{pmatrix} 0 \\ 2 \\ -1 \end{pmatrix} + s \cdot \begin{pmatrix} 1 \\ 0 \\ 0 \end{pmatrix}$; $s, t \in \mathbb{R}$.

(G wurde so gewählt, dass G echt parallel zur Schnittgeraden ist.)

7. a) Falsch. Die Normalenvektoren lauten $\vec{n}_E = \begin{pmatrix} -4 \\ 5 \\ 5 \end{pmatrix}$ und $\vec{n}_F = \begin{pmatrix} 3 \\ -2 \\ 0 \end{pmatrix}$. Sie sind offensichtlich nicht kollinear.

b) Richtig. Setzt man P in E ein, so ergibt sich $-4 \cdot 1 - 5 \cdot 1 + 5 \cdot 3 \neq 12$. Also liegt P nicht in E. Setzt man P in F ein, so ergibt sich die wahre Aussage $3 \cdot 1 - 2 \cdot (-1) = 5$.

c) Falsch. Die Schnittmenge beider Ebenen ist die Gerade $g: \vec{x} = \begin{pmatrix} 7 \\ 8 \\ 0 \end{pmatrix} + s \cdot \begin{pmatrix} 10 \\ 15 \\ -7 \end{pmatrix}$; $s \in \mathbb{R}$. Der Punkt Q liegt nicht auf dieser Geraden.

d) Richtig. Siehe c)

e) Falsch. Setzt man g in E ein, so ergibt sich $-4(1-3s) + 5(2+2s) = 12 \Leftrightarrow 22s = 6$. Also hat g mit E einen eindeutigen Schnittpunkt. Damit kann g keine Spurgerade der Ebene sein.

8. $F: \vec{x} = \begin{pmatrix} 9 \\ -5 \\ 5 \end{pmatrix} + s \cdot \begin{pmatrix} -9 \\ 4 \\ -6 \end{pmatrix} + t \cdot \begin{pmatrix} 1 \\ 0 \\ 0 \end{pmatrix}$; $s, t \in \mathbb{R}$

9. a) $E: \vec{x} = \begin{pmatrix} 2 \\ 4 \\ 6 \end{pmatrix} + \lambda \cdot \begin{pmatrix} -1 \\ -6 \\ 2 \end{pmatrix} + \mu \cdot \begin{pmatrix} 3 \\ 2 \\ -2 \end{pmatrix}$;

$E: 2x_1 + x_2 + 4x_3 = 32$

b)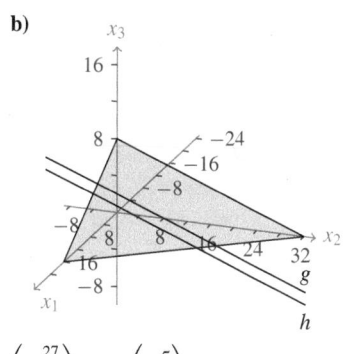

c) $-2{,}2 \cdot \begin{pmatrix} -1 \\ 2 \\ -2 \end{pmatrix} = \begin{pmatrix} 2{,}2 \\ -4{,}4 \\ 4{,}4 \end{pmatrix}$ ⇒ Flugbahnen sind parallel

d) $F: \vec{x} = \begin{pmatrix} 2 \\ 1 \\ 4 \end{pmatrix} + \lambda \cdot \begin{pmatrix} -1 \\ 2 \\ -2 \end{pmatrix} + \mu \cdot \begin{pmatrix} -1 \\ 1 \\ -3 \end{pmatrix}$;

$F: -4x_1 - x_2 + x_3 = -5$

e) Die beiden Flugebenen schneiden sich in der Geraden $i: \vec{x} = \begin{pmatrix} -\frac{27}{2} \\ 59 \\ 0 \end{pmatrix} + s \cdot \begin{pmatrix} -5 \\ 18 \\ 2 \end{pmatrix}$; $s \in \mathbb{R}$.

10. a)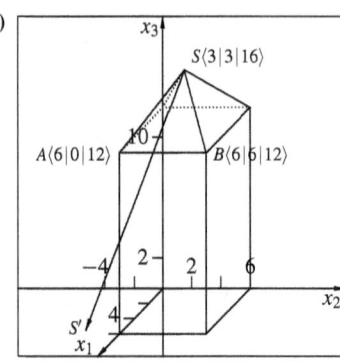

b) E_{ABS}: $\vec{x} = \begin{pmatrix} 6 \\ 0 \\ 12 \end{pmatrix} + \lambda \cdot \begin{pmatrix} 0 \\ 6 \\ 0 \end{pmatrix} + \mu \cdot \begin{pmatrix} -3 \\ 3 \\ 4 \end{pmatrix}$; $\lambda, \mu \in \mathbb{R}$

E_{BCS}: $\vec{x} = \begin{pmatrix} 6 \\ 6 \\ 12 \end{pmatrix} + r \cdot \begin{pmatrix} -6 \\ 0 \\ 0 \end{pmatrix} + t \cdot \begin{pmatrix} -3 \\ -3 \\ 4 \end{pmatrix}$; $r, t \in \mathbb{R}$

$g = E_{ABS} \cap E_{BCS}$: Gleichsetzen der Ebenengleichungen liefert $t = \mu$, $\lambda + \mu = 1$ und $r = 0$. Letzteres eingesetzt in E_{BCS} liefert g_{BS}: $\vec{x} = \begin{pmatrix} 6 \\ 6 \\ 12 \end{pmatrix} + t \cdot \begin{pmatrix} -3 \\ -3 \\ 4 \end{pmatrix}$.

c) Sonnenstrahl g_S: $\vec{x} = \begin{pmatrix} 3 \\ 3 \\ 16 \end{pmatrix} + \lambda \cdot \begin{pmatrix} 1 \\ -2 \\ -6 \end{pmatrix}$; Schatten der Spitze S': $x_3 = 0 \Rightarrow \lambda = \frac{8}{3}$; $S'(5\frac{2}{3} | -2\frac{1}{3} | 0)$

11. Ampelabfrage: Richtig ist Rot.

12. Die 2. Aussage ist falsch, denn der Punkt P ist in der alten und neuen Ebene enthalten. Ändert man
$E: \vec{x} = \begin{pmatrix} 1 \\ 0 \\ 0 \end{pmatrix} \circ \begin{pmatrix} x_1 \\ x_2 \\ x_3 \end{pmatrix} = \begin{pmatrix} 1 \\ 0 \\ 0 \end{pmatrix} \circ \begin{pmatrix} 1 \\ -1 \\ 0 \end{pmatrix}$ in $F: \vec{x} = \begin{pmatrix} 0 \\ 1 \\ 0 \end{pmatrix} \circ \begin{pmatrix} x_1 \\ x_2 \\ x_3 \end{pmatrix} = \begin{pmatrix} 1 \\ 0 \\ 0 \end{pmatrix} \circ \begin{pmatrix} 1 \\ -1 \\ 0 \end{pmatrix}$, so ist nach wie vor der Punkt $P(1|-1|0)$ in beiden Ebenen enthalten.

Die 3. Aussage ist falsch, weil der neue Stützvektor ebenfalls in der Ebene E liegen kann. Ändert man
$E: \vec{x} = \begin{pmatrix} 0 \\ 0 \\ 0 \end{pmatrix} + s \cdot \begin{pmatrix} 1 \\ 0 \\ 0 \end{pmatrix} + t \cdot \begin{pmatrix} 0 \\ 0 \\ 1 \end{pmatrix}$; $s, t \in \mathbb{R}$ in die Ebene $F: \vec{x} = \begin{pmatrix} 1 \\ 0 \\ 0 \end{pmatrix} + s \cdot \begin{pmatrix} 1 \\ 0 \\ 0 \end{pmatrix} + t \cdot \begin{pmatrix} 0 \\ 0 \\ 1 \end{pmatrix}$; $s, t \in \mathbb{R}$, so sind beide Ebenen identisch, also keineswegs echt parallel.

13. a) $\begin{array}{rrr|r} 4 & -2 & 3 & 1 \\ 2 & 2 & -1 & 9 \\ 1 & -3 & -4 & 0 \end{array} \Leftrightarrow \begin{array}{rrr|r} 4 & -2 & 3 & 1 \\ 0 & 6 & -5 & 17 \\ 0 & -10 & -19 & -1 \end{array} \Leftrightarrow \begin{array}{rrr|r} 4 & -2 & 3 & 1 \\ 0 & 6 & 5 & 17 \\ 0 & 0 & -164 & 164 \end{array}$

An der Zeilenstufenform erkennt man, dass das LGS eine eindeutige Lösung besitzt. D. h., die drei Ebenen schneiden sich in einem Punkt.

b) $\begin{array}{rrr|r} 7 & -4 & -3 & 4 \\ 3 & 2 & 5 & 2 \\ -5 & 1 & -1 & 6 \end{array} \Leftrightarrow \begin{array}{rrr|r} 7 & -4 & -3 & 4 \\ 0 & -26 & -44 & -2 \\ 0 & -13 & -22 & 62 \end{array} \Leftrightarrow \begin{array}{rrr|r} 7 & -4 & -3 & 4 \\ 0 & -26 & -44 & -2 \\ 0 & 0 & 0 & 126 \end{array}$

In der letzten Zeile gibt es einen Widerspruch, d. h., dass es keinen Punkt gibt, der in allen drei Ebenen zu finden ist. Wie die genaue Lagebeziehung der drei Ebenen zueinander ist, lässt sich nicht sagen.

c) $\begin{array}{rrr|r} 1 & -2 & 2 & 4 \\ 4 & 4 & 2 & 6 \\ 3 & 0 & 3 & 7 \end{array} \Leftrightarrow \begin{array}{rrr|r} 1 & -2 & 2 & 4 \\ 0 & -12 & 6 & 10 \\ 0 & -6 & 3 & 5 \end{array} \Leftrightarrow \begin{array}{rrr|r} 1 & -2 & 2 & 4 \\ 0 & -12 & 6 & 10 \\ 0 & 0 & 0 & 0 \end{array}$

Durch die Nullzeile in der letzten Zeile (und keinen Widerspruch sonst) wissen wir, dass die Lösungsmenge aus einer unendlichen Menge von Punkten besteht. Also schneiden sich die drei Ebenen in einer Geraden.

5.2 Lagebeziehungen, Schnittwinkel und Abstände

d) $\begin{array}{ccc|c} 2 & 3 & 1 & 2 \\ 1 & -1 & 1 & 5 \\ 4 & 6 & 2 & 4 \end{array} \Leftrightarrow \begin{array}{ccc|c} 2 & 3 & 1 & 2 \\ 0 & -5 & 1 & 8 \\ 0 & 0 & 0 & 0 \end{array}$

Durch die Nullzeile in der letzten Zeile (und keinen Widerspruch sonst) wissen wir, dass die Lösungsmenge aus einer unendlichen Menge von Punkten besteht. Also schneiden sich die drei Ebenen in einer Geraden. Dass die Ebenen E und G identisch sind (es ist $2 \cdot E = G$), können wir an der Zeilenstufenform nicht erkennen.

14.* a) Wenn wir die beiden Ebenengleichungen gleichsetzen, ergibt sich das LGS:
$$\begin{array}{cccc|c} -4 & -6 & -3 & -3 & 0 \\ t & -t & 1 & -3 & -t \\ -t & -1 & -5 & 0 & 3-t \end{array}$$
Durch Zeilenumformungen folgt hieraus:
$$\begin{array}{cccc|c} -4 & -6 & -3 & -3 & 0 \\ 0 & -10t & 4-3t & -12-3t & -4t \\ 0 & 0 & -3t^2+41t+4 & -3t^2+15t-12 & 16t^2-34t \end{array}$$
Die linke Seite der letzten Zeile wird 0, wenn sowohl $-3t^2+41t+4=0$ als auch $-3t^2+15t-12=0$ ist. Da es kein t gibt, sodass beide Gleichungen gleichzeitig erfüllt sind, wird die linke Seite nie 0. Dies bedeutet aber, dass sich die beiden Ebenen für jeden Wert von t in einer Geraden schneiden.

b) Wir setzen die Ebenengleichung von E zeilenweise in die Gleichung von F ein. Hieraus ergibt sich:
$(2+t)(-3+a\cdot t+b(1+t))+(2t-1)(2+a-b)-5(1+4a+b\cdot t)=2t^2+6t-46$
$\Leftrightarrow (t^2+4t-21)a+(t^2-4t+3)b=2t^2+5t-33$
Die Parameter a und b verschwinden, wenn sowohl $t^2+4t-21=0$ als auch $t^2-4t+3=0$ ist. Dies ist nur der Fall für $t=3$. Mit diesem Wert steht auf der rechten Seite der Gleichung $2\cdot 3^2+5\cdot 3-33=0$. Da die Gleichung somit also $0=0$ lautet, sind die beiden Ebenen für $t=3$ identisch. In allen anderen Fällen schneiden sich die Ebenen in einer Geraden, da mindestens einer der Parameter a oder b bestehen bleibt.

c) Wir gehen analog zu b) vor und setzen E in F ein. Dadurch erhalten wir:
$-2t(2+a\cdot t-2b)-t(5+3a)+(2-t)(t+5a-4b)=2t^2-3t-4$
$\Leftrightarrow (-2t^2-8t+10)a+(8t-8)b=3t^2+4t-4$
Hier wird die linke Seite 0, wenn $-2t^2-8t+10=0$ und $8t-8=0$ ist, also für $t=1$. Die rechte Seite lautet dann jedoch $3\cdot 1^2+4\cdot 1-4=3$. Damit lautet die Gleichung $0=3$, wenn $t=1$ ist, ein Widerspruch. Folglich sind die beiden Ebenen für $t=1$ echt parallel. Für alle anderen Werte von t schneiden sie sich in einer Geraden.

15. a) Da die beiden Geraden den Stützvektor gemeinsam haben und die beiden Richtungsvektoren nicht kollinear zueinander sind, spannen sie eine Ebene auf. In Parameterform lautet diese:

$E: \vec{x} = \begin{pmatrix} 2 \\ 2 \\ 0 \end{pmatrix} + s \cdot \begin{pmatrix} 1 \\ -2 \\ 1 \end{pmatrix} + t \cdot \begin{pmatrix} 1 \\ 5 \\ -3 \end{pmatrix}; s,t \in \mathbb{R}$

Eine mögliche Koordinatenform dieser Ebene lautet:
$E: x_1 + 4x_2 + 7x_3 = 10$

b) Man kann die Parametergleichung von E in F einsetzen und erhält: $s: \vec{x} = \begin{pmatrix} -\frac{94}{3} \\ \frac{31}{3} \\ 0 \end{pmatrix} + r \cdot \begin{pmatrix} -1 \\ 2 \\ -1 \end{pmatrix}; r \in \mathbb{R}$

226 c) Eine Ebene H_a wäre zu F parallel, wenn die beiden Normalenvektoren der Ebenen kollinear wären.

Es müsste also die Gleichung $k \cdot \begin{pmatrix} a \\ 6 \\ 9 \end{pmatrix} = \begin{pmatrix} 2 \\ 5 \\ 8 \end{pmatrix}$ eine Lösung haben. Aus der 2. Zeile folgt $k = \frac{5}{6}$, aus der 3. Zeile folgt $k = \frac{8}{9}$. Ein Widerspruch. Folglich ist keine der Ebenen H_a parallel zur Ebene F.

5.2.4 Schnittwinkel

232 1. Zum Berechnen des Schnittpunkts setzen wir die Geradengleichungen gleich. Danach verwenden wir die Richtungsvektoren, um den Schnittwinkel zu berechnen.
  a) Die beiden Geraden schneiden sich im Punkt $S(9|0|8)$.
  Es gilt $\cos(\alpha) = \frac{23}{\sqrt{14} \cdot \sqrt{38}} \approx 0,99718$. Der Schnittwinkel beträgt ca. $4,31°$.
  b) Die beiden Geraden schneiden sich im Punkt $S(9|-3|6)$.
  Es gilt $\cos(\alpha) = 0$. Der Schnittwinkel beträgt $90°$.

2. Man erhält den Schnittwinkel über die Normalenvektoren der beiden Ebenen.
  a) Es gilt $\cos(\alpha) = \frac{9}{\sqrt{14} \cdot \sqrt{14}} = \frac{9}{14}$. Der Schnittwinkel beträgt ca. $49,99°$. Die Schnittgerade lautet:
  $$g: \vec{x} = \begin{pmatrix} -2,4 \\ 3,2 \\ 0 \end{pmatrix} + s \cdot \begin{pmatrix} -3 \\ 9 \\ 5 \end{pmatrix}; s \in \mathbb{R}$$
  b) Es gilt $\cos(\alpha) = 0$. Der Schnittwinkel beträgt $90°$. Die Schnittgerade lautet:
  $$g: \vec{x} = \begin{pmatrix} 1,125 \\ -1,875 \\ 0 \end{pmatrix} + s \cdot \begin{pmatrix} -5 \\ 11 \\ 8 \end{pmatrix}; s \in \mathbb{R}$$

3. Man erhält den Schnittwinkel über den Richtungsvektor der Geraden und den Normalenvektor der Ebene.
  a) Es gilt $\sin(\alpha) = \left| -\frac{2,5}{\sqrt{2,25} \cdot \sqrt{14}} \right| \approx 0,44544$. Der Schnittwinkel beträgt ungefähr $26,450°$.
  b) Es gilt $\sin(\alpha) = \left| -\frac{\frac{4}{3}}{\sqrt{9} \cdot \sqrt{\frac{49}{9}}} \right| = \frac{4}{21}$. Der Schnittwinkel beträgt ungefähr $10,98°$.
  c) Es gilt $\sin(\alpha) = \left| -\frac{58}{\sqrt{116} \cdot \sqrt{29}} \right| = 1$. Der Schnittwinkel beträgt $90°$.

4. **a)** $\overrightarrow{AB} = \begin{pmatrix} 0 \\ 6 \\ 0 \end{pmatrix}$; $\overrightarrow{BC} = \begin{pmatrix} -6 \\ 0 \\ 0 \end{pmatrix}$; $\overrightarrow{AB} \circ \overrightarrow{BC} = 0$
  $\Rightarrow \beta = 90°$

  b) $\overrightarrow{AD} = \overrightarrow{BC} = \begin{pmatrix} -6 \\ 0 \\ 0 \end{pmatrix} \Rightarrow D(-3|-3|0)$

  $\overrightarrow{AM} = \frac{1}{2}(\overrightarrow{AB} + \overrightarrow{BC}) = \begin{pmatrix} -3 \\ 3 \\ 0 \end{pmatrix}$;

  $\overrightarrow{OM} = \overrightarrow{OA} + \overrightarrow{AM} = \begin{pmatrix} 0 \\ 0 \\ 0 \end{pmatrix} \Rightarrow M = O = (0|0|0)$

  c)

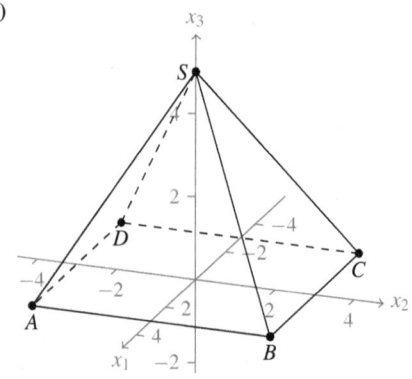

5.2 Lagebeziehungen, Schnittwinkel und Abstände

d) $\vec{SB} = \begin{pmatrix} 3 \\ 3 \\ -5 \end{pmatrix}$; $\vec{SC} = \begin{pmatrix} -3 \\ 3 \\ -5 \end{pmatrix}$; $\cos\alpha = \frac{25}{43} \Rightarrow \alpha \approx 54{,}45°$;

$\gamma = \sphericalangle(\vec{EM};\ \vec{ES})$; $\vec{EM} = \begin{pmatrix} 0 \\ -3 \\ 0 \end{pmatrix}$; $\vec{ES} = \begin{pmatrix} 0 \\ -3 \\ 5 \end{pmatrix}$; $\cos\gamma = \frac{9}{3\cdot\sqrt{34}} \approx 0{,}514 \Rightarrow \gamma \approx 59{,}04°$

5. a) Wählt man bei der Geraden h: $\vec{x} = \begin{pmatrix} -2 \\ 3 \\ 2 \end{pmatrix} + s \cdot \begin{pmatrix} 4 \\ -2 \\ 0 \end{pmatrix}$; $s \in \mathbb{R}$ für s den Wert $s = \frac{13}{11}$ und bei der

Geraden i: $\vec{x} = \begin{pmatrix} 3 \\ -2 \\ 2 \end{pmatrix} + t \cdot \begin{pmatrix} -3 \\ 29 \\ 0 \end{pmatrix}$; $t \in \mathbb{R}$ für t den Wert $t = \frac{1}{11}$, so ergibt sich beides Mal der

angegebene Punkt S.

b) Nach dem Abprallen bewegt sich die weiße Kugel auf der Geraden i. Sie trifft die blaue Kugel also, wenn der Punkt P auf der Geraden i liegt. Dies ist der Fall, denn $\vec{OP} = \begin{pmatrix} 3 \\ -2 \\ 2 \end{pmatrix} - \frac{1}{2} \cdot \begin{pmatrix} -3 \\ 29 \\ 0 \end{pmatrix}$. Die blaue

Kugel geht in die linke untere Tasche, wenn diese auf der Halbgeraden $\vec{x} = \begin{pmatrix} 3 \\ -2 \\ 2 \end{pmatrix} + t \cdot \begin{pmatrix} -3 \\ 29 \\ 0 \end{pmatrix}$;

$t < -\frac{1}{2}$ liegt.

c) Es ist nicht ersichtlich, wozu in der App die x_3-Koordinate verwendet wird. Die Modellierung mit Geraden und Punkten erlaubt nicht ein realistisches Verhalten der Kugeln. Unebenheiten an der Bande und am Tisch können auf diese Art nicht modelliert werden.

6. g: $\vec{x} = \begin{pmatrix} 2 \\ 2 \\ 1{,}7 \end{pmatrix} + \lambda \cdot \begin{pmatrix} 4 \\ 2 \\ -0{,}2 \end{pmatrix}$; $\lambda \in \mathbb{R}$; h: $\vec{x} = \begin{pmatrix} 4 \\ 8 \\ 2{,}5 \end{pmatrix} + \mu \cdot \begin{pmatrix} -1 \\ 2 \\ 0{,}5 \end{pmatrix}$; $\mu \in \mathbb{R}$

$g \nparallel h$; $g \cap h$: $S(6|4|1{,}5)$
$\cos\alpha = \frac{0{,}1}{\sqrt{20{,}04}\cdot\sqrt{5{,}25}} \approx 0{,}01 \Rightarrow \alpha \approx 90°$

7. a) F: $\vec{x} = \begin{pmatrix} 10 \\ 50 \\ 92 \end{pmatrix} + \lambda \cdot \begin{pmatrix} 0 \\ 32 \\ 32 \end{pmatrix} + \mu \cdot \begin{pmatrix} 0 \\ 32 \\ -32 \end{pmatrix} = \begin{pmatrix} 10 \\ 50 \\ 92 \end{pmatrix} + \lambda \cdot \begin{pmatrix} 0 \\ 1 \\ 1 \end{pmatrix} + \mu \cdot \begin{pmatrix} 0 \\ 1 \\ -1 \end{pmatrix}$; $\lambda, \mu \in \mathbb{R}$

b) g: $\vec{x} = \begin{pmatrix} 0 \\ 70 \\ 140 \end{pmatrix} + \lambda \cdot \begin{pmatrix} 0 \\ 1 \\ 1 \end{pmatrix}$; $\lambda \in \mathbb{R}$

$g \parallel F$, da $\vec{v}_g \perp \vec{n}_F$: $\begin{pmatrix} 0 \\ 1 \\ 1 \end{pmatrix} \circ \begin{pmatrix} 1 \\ 0 \\ 0 \end{pmatrix} = 0$; $\lambda \in \mathbb{R}$

$g \notin F$, denn $(0|70|140) \notin F$

232

8. a) $A(10|0|0)$; $B(10|12|0)$; $C(0|10|0)$; $D(10|0|6)$; $E(10|12|6)$; $F(0|10|6)$; $G(0|0|6)$

b) $E_1: \vec{x} = \begin{pmatrix} 10 \\ 0 \\ 6 \end{pmatrix} + \lambda \cdot \begin{pmatrix} 0 \\ 12 \\ 0 \end{pmatrix} + \mu \cdot \begin{pmatrix} 10 \\ 2 \\ 0 \end{pmatrix}$; $\lambda, \mu \in \mathbb{R}$; $\vec{n_1} = \begin{pmatrix} 0 \\ 0 \\ 1 \end{pmatrix}$; $E_1: x_3 = 6$

$E_2: \vec{x} = \begin{pmatrix} 10 \\ 12 \\ 0 \end{pmatrix} + \lambda \cdot \begin{pmatrix} -10 \\ -2 \\ 0 \end{pmatrix} + \mu \cdot \begin{pmatrix} 0 \\ 0 \\ 6 \end{pmatrix}$; $\lambda, \mu \in \mathbb{R}$; $\vec{n_2} = \begin{pmatrix} -1 \\ 5 \\ 0 \end{pmatrix}$; $E_2: -x_1 + 5x_2 = 50$

$E_3: \vec{x} = \begin{pmatrix} 10 \\ 12 \\ 6 \end{pmatrix} + \lambda \cdot \begin{pmatrix} -10 \\ -2 \\ 0 \end{pmatrix} + \mu \cdot \begin{pmatrix} -5 \\ -7 \\ 4 \end{pmatrix}$; $\lambda, \mu \in \mathbb{R}$; $\vec{n_3} = \begin{pmatrix} -2 \\ 10 \\ 15 \end{pmatrix}$; $E_3: -2x_1 + 10x_2 + 15x_3 = 190$

c) $\vec{u} = \overrightarrow{ES} = \begin{pmatrix} -5 \\ -7 \\ 4 \end{pmatrix}$; $\vec{v} = \overrightarrow{FS} = \begin{pmatrix} 5 \\ -5 \\ 4 \end{pmatrix}$; $\cos \alpha = \frac{\vec{u} \circ \vec{v}}{|\vec{u}| \cdot |\vec{v}|} = \frac{26}{\sqrt{90} \cdot \sqrt{66}} \approx 0{,}337$; $\alpha \approx 70{,}28°$

d₁) $\sin \alpha = \left| \frac{\vec{u} \circ \vec{n_2}}{|\vec{u}| \cdot |\vec{n_2}|} \right| = \left| \frac{30}{\sqrt{90} \cdot \sqrt{26}} \right| \approx 0{,}6202$; $\alpha \approx 38{,}33°$

d₂) $\cos \alpha = \frac{\vec{n_2} \circ \vec{n_3}}{|\vec{n_2}| \cdot |\vec{n_3}|} = \frac{52}{\sqrt{26} \cdot \sqrt{329}} \approx 0{,}562$; $\alpha \approx 55{,}79°$

9.* Hat die Gerade h den Richtungsvektor $\vec{v}$ und die Gerade g statt des Richtungsvektors $\vec{u}$ nun den Richtungsvektor $r \cdot \vec{u}$ mit $r \neq 0$, dann gilt für den Schnittwinkel α:

$\cos(\alpha) = \left| \frac{(r\vec{u}) \circ \vec{v}}{|r\vec{u}| \cdot |\vec{v}|} \right| = \left| \frac{r(\vec{u} \circ \vec{v})}{|r| \cdot |\vec{u}| \cdot |\vec{v}|} \right| = \left| \frac{r}{|r|} \right| \left| \frac{\vec{u} \circ \vec{v}}{|\vec{u}| \cdot |\vec{v}|} \right| = 1 \cdot \left| \frac{\vec{u} \circ \vec{v}}{|\vec{u}| \cdot |\vec{v}|} \right| = \left| \frac{\vec{u} \circ \vec{v}}{|\vec{u}| \cdot |\vec{v}|} \right|$

Der letzte Ausdruck führt genau zum ursprünglichen Schnittwinkel α. Also hängt der Schnittwinkel nicht davon ab, welche Darstellung man für die Geraden verwendet.

5.2.5 Abstände

242

1. a) Es gilt $d(P; S) = \sqrt{(6-4)^2 + (0-6)^2 + (2-(-3))^2} = \sqrt{65}$. Genauso erhält man $d(Q; S) = \sqrt{35}$ und $d(R; S) = \sqrt{66}$.

b) Es gilt $d(S; T) = |\overrightarrow{ST}| = \sqrt{(a-6)^2 + (2-0)^2 + (2-2)^2} = \sqrt{a^2 - 12a + 40}$. Dieser Abstand wird an der Stelle minimal, an der die Funktion $d: a \mapsto a^2 - 12a + 40$ ein Minimum besitzt. Dieses bestimmen wir mit der Ableitung von d. Es ergibt sich $d'(a) = 2a - 12 = 0 \Leftrightarrow a = 6$. Weil der Graph von d eine nach oben geöffnete Parabel ist, muss an der berechneten Stelle $a = 6$ ein Tiefpunkt sein. Dies bedeutet, dass der Abstand von S und T für $a = 6$ minimal wird.

2. Wir stellen die Hilfsebene H in Normalenform auf, die senkrecht auf g steht und den Punkt P enthält. Der Lotfußpunkt ist der Schnittpunkt dieser Ebene mit der gegebenen Geraden g.

a) $H: \begin{pmatrix} 4 \\ -3 \\ 5 \end{pmatrix} \circ \left(\begin{pmatrix} x_1 \\ x_2 \\ x_3 \end{pmatrix} - \begin{pmatrix} 2 \\ -3 \\ 1 \end{pmatrix} \right) = 0$; Lotfußpunkt $L(0| -\frac{3}{2} | \frac{7}{2})$

b) $H: \begin{pmatrix} 0 \\ 2 \\ 2 \end{pmatrix} \circ \left(\begin{pmatrix} x_1 \\ x_2 \\ x_3 \end{pmatrix} - \begin{pmatrix} 2 \\ -3 \\ 1 \end{pmatrix} \right) = 0$; Lotfußpunkt $L(6| -\frac{3}{2} | -\frac{1}{2})$

c) $H: \begin{pmatrix} 2 \\ -5 \\ 3 \end{pmatrix} \circ \left(\begin{pmatrix} x_1 \\ x_2 \\ x_3 \end{pmatrix} - \begin{pmatrix} 2 \\ -3 \\ 1 \end{pmatrix} \right) = 0$; Lotfußpunkt $L(6|1|5)$

5.2 Lagebeziehungen, Schnittwinkel und Abstände

3. a) $d(P; g) = d(P; L) = \sqrt{12{,}5}$ c) $d(P; g) = d(P; L) = \sqrt{48}$
   b) $d(P; g) = d(P; L) = \sqrt{20{,}5}$

4. a) Hilfsgerade $h: \vec{x} = \begin{pmatrix} 5 \\ 3 \\ 5 \end{pmatrix} + s \cdot \begin{pmatrix} 2 \\ -2 \\ 2 \end{pmatrix}$; $s \in \mathbb{R}$

   Der Schnittpunkt von h mit E, also der Lotfußpunkt, hat die Koordinaten $L(\frac{7}{2}|\frac{9}{2}|\frac{7}{2})$.

   b) Hilfsgerade $h: \vec{x} = \begin{pmatrix} 5 \\ 3 \\ 5 \end{pmatrix} + s \cdot \begin{pmatrix} 5 \\ 2 \\ 5 \end{pmatrix}$; $s \in \mathbb{R}$

   Der Lotfußpunkt hat die Koordinaten $L(0|1|0)$.

   c) Hilfsgerade $h: \vec{x} = \begin{pmatrix} 5 \\ 3 \\ 5 \end{pmatrix} + s \cdot \begin{pmatrix} 1 \\ -9 \\ 5 \end{pmatrix}$; $s \in \mathbb{R}$

   Der Lotfußpunkt hat die Koordinaten $L(5|3|5)$. Der Punkt Q liegt also in der Ebene.

5. a) $E: 10x_1 + 11x_2 - 24x_3 = 89$; $h: \vec{x} = r \cdot \begin{pmatrix} 10 \\ 11 \\ -24 \end{pmatrix}$; $r \in \mathbb{R}$; $L(\frac{890}{797}|\frac{979}{797}|-\frac{2136}{797})$

   $d(O; L) = \frac{89}{\sqrt{797}} \approx 3{,}15$

   b) $E: -9x_1 + 29x_2 + 17x_3 = 29$; $h: \vec{x} = r \cdot \begin{pmatrix} -9 \\ 29 \\ 17 \end{pmatrix}$; $r \in \mathbb{R}$; $L(-\frac{261}{1211}|\frac{841}{1211}|\frac{493}{1211})$

   $d(O; L) = \frac{29}{\sqrt{1211}} \approx 0{,}83$

   c) $E: -13x_1 + 7x_2 + 4x_3 = 67$; $h: \vec{x} = r \cdot \begin{pmatrix} -13 \\ 7 \\ 4 \end{pmatrix}$; $r \in \mathbb{R}$; $L(-\frac{67}{18}|\frac{469}{234}|\frac{134}{117})$

   $d(O; L) = \frac{67}{3\sqrt{26}} \approx 4{,}38$

6. Der Normalenvektor der Ebene steht senkrecht auf der Ebene. Die Ebene und die Gerade sind also parallel zueinander, wenn der Normalenvektor der Ebene auch senkrecht auf der Geraden steht. Dies lässt sich mit dem Orthogonalitätsprinzip testen. Für den Abstand verwenden wir den Aufpunkt P der Geraden.

   a) Es gilt $\begin{pmatrix} 2 \\ 3 \\ 1 \end{pmatrix} \circ \begin{pmatrix} 1 \\ -1 \\ 1 \end{pmatrix} = 2 - 3 + 1 = 0$, also sind g und E parallel zueinander.

   $h: \vec{x} = \begin{pmatrix} 5 \\ 1 \\ 0 \end{pmatrix} + s \cdot \begin{pmatrix} 1 \\ -1 \\ 1 \end{pmatrix}$; $s \in \mathbb{R}$; $L(\frac{14}{3}|\frac{4}{3}|-\frac{1}{3})$; $d(g; E) = d(P; L) = \sqrt{\frac{1}{3}}$

   b) Es gilt $\begin{pmatrix} 2 \\ 12 \\ 4 \end{pmatrix} \circ \begin{pmatrix} 6 \\ -2 \\ 3 \end{pmatrix} = 12 - 24 + 12 = 0$, also sind g und E parallel zueinander.

   $h: \vec{x} = \begin{pmatrix} 7 \\ -1 \\ 4 \end{pmatrix} + s \cdot \begin{pmatrix} 6 \\ -2 \\ 3 \end{pmatrix}$; $s \in \mathbb{R}$; $L(1|1|1)$; $d(g; E) = d(P; L) = 7$

242

7. Die Ebenen sind parallel, wenn ihre Normalenvektoren kollinear sind.

a) Es ist $\vec{n_E} = \begin{pmatrix} 2 \\ 1 \\ -3 \end{pmatrix}$ und $\vec{n_F} = \begin{pmatrix} -4 \\ -2 \\ 6 \end{pmatrix}$. Wegen $-2 \cdot \vec{n_E} = \vec{n_F}$ sind die beiden Ebenen parallel. Ein Punkt der Ebene E ist $P(2|0|0)$. Mit diesem ergibt sich $h: \vec{x} = \begin{pmatrix} 2 \\ 0 \\ 0 \end{pmatrix} + s \cdot \begin{pmatrix} -4 \\ -2 \\ 6 \end{pmatrix}$; $s \in \mathbb{R}$. Es ist $L(\frac{15}{14}|-\frac{13}{28}|\frac{39}{28})$ und damit $d(E; F) = d(P; L) = \sqrt{\frac{169}{56}}$.

b) Es ist $\vec{n_E} = \begin{pmatrix} 3 \\ -5 \\ 1 \end{pmatrix}$ und $\vec{n_F} = \begin{pmatrix} 1 \\ 1 \\ 2 \end{pmatrix} \times \begin{pmatrix} 2 \\ 1 \\ -1 \end{pmatrix} = \begin{pmatrix} -3 \\ 5 \\ -1 \end{pmatrix}$. Wegen $-\vec{n_E} = \vec{n_F}$ sind die beiden Ebenen parallel. Ein Punkt der Ebene E ist $P(0|0|1)$. Mit diesem ergibt sich $h: \vec{x} = \begin{pmatrix} 0 \\ 0 \\ 1 \end{pmatrix} + s \cdot \begin{pmatrix} -3 \\ 5 \\ -1 \end{pmatrix}$; $s \in \mathbb{R}$.

Normalenform von F: $\begin{pmatrix} -3 \\ 5 \\ -1 \end{pmatrix} \circ \left(\begin{pmatrix} x_1 \\ x_2 \\ x_3 \end{pmatrix} - \begin{pmatrix} 1 \\ -1 \\ 4 \end{pmatrix} \right) = 0$ ergibt die Koordinatenform

$F: -3x_1 + 5x_2 - x_3 = -12$. Es ist $L(\frac{33}{35}|-\frac{11}{7}|\frac{46}{35})$ und damit $d(E; F) = d(P; L) = \sqrt{\frac{121}{35}}$.

8. a) Die beiden Richtungsvektoren sind nicht kollinear, also sind die beiden Geraden nicht parallel. Mit der Formel für windschiefe Geraden erhält man $d(g; h) = \sqrt{\frac{1600}{29}}$.

   b) Die beiden Richtungsvektoren sind nicht kollinear, also sind die beiden Geraden nicht parallel. Mit der Formel für windschiefe Geraden erhält man $d(g; h) = \sqrt{\frac{238}{29}}$.

   c) Die beiden Richtungsvektoren sind kollinear, also sind die beiden Geraden parallel. Mit dem Aufpunkt von g ergibt sich $L(\frac{80}{21}|-\frac{58}{21}|\frac{97}{21})$ und damit $d(g; h) = d(P; L) = \sqrt{\frac{110}{21}}$.

9. a) Richtig. Die Richtungsvektoren sind kollinear, der Abstand der Geraden ist 1.

   b) Falsch. Es sind unendlich viele.

   c) Richtig. P liegt auf g, Q liegt auf h und der Abstand der Punkte ist 3.

   d) Richtig. Die beiden Geraden sind zueinander echt parallel, sie liegen also in einer Ebene H. Zu dieser Ebene H gibt es genau zwei Ebenen, die parallel zu H sind und die von H den Abstand 4 haben. Da g und h in H liegen, haben die beiden Ebenen auch von g und h den Abstand 4.

   e) Falsch. Der Abstand ist nicht 5 LE.

10. Für den Abstand von P und Q gilt $d(P; Q) = \sqrt{(-3-3)^2 + (t-4)^2 + (2-(-3))^2} = \sqrt{t^2 - 8t + 77}$. Dieser Abstand ist gleich 5, wenn $t^2 - 8t + 77 = 25$ ist. Diese Gleichung hat keine Lösung in $\mathbb{R}$, also gibt es kein t, sodass der Abstand 5 ist.

11.* Gleichsetzen ergibt $\begin{pmatrix} 3 \\ -1 \\ 4 \end{pmatrix} + s \cdot \begin{pmatrix} 4 \\ 2 \\ -2 \end{pmatrix} = \begin{pmatrix} 2 \\ -2 \\ -t \end{pmatrix}$. Aus der ersten Zeile folgt $s = -\frac{1}{4}$, aus der zweiten Zeile ergibt sich $s = -\frac{1}{2}$. Folglich liegt P nicht auf g. Für den Abstand von P zu g stellen wir die Hilfsebene H auf:

$H: \begin{pmatrix} 4 \\ 2 \\ -2 \end{pmatrix} \circ \begin{pmatrix} x_1 \\ x_2 \\ x_3 \end{pmatrix} = \begin{pmatrix} 4 \\ 2 \\ -2 \end{pmatrix} \circ \begin{pmatrix} 2 \\ -2 \\ -t \end{pmatrix} \Leftrightarrow 4x_1 + 2x_2 - 2x_3 = 4 + 2t$

Als Lotfußpunkt ergibt sich durch Einsetzen von g in H:
$4(3+4s)+2(-1+2s)-2(4-2s)=4+2t \Leftrightarrow 24s=2+2t \Leftrightarrow s=\frac{1}{12}+\frac{1}{12}t$

$\Rightarrow \overrightarrow{OL} = \begin{pmatrix} 3 \\ -1 \\ 4 \end{pmatrix} + (\frac{1}{12}+\frac{1}{12}t) \cdot \begin{pmatrix} 4 \\ 2 \\ -2 \end{pmatrix} = \begin{pmatrix} \frac{10}{3}+\frac{1}{3}t \\ -\frac{5}{6}+\frac{1}{6}t \\ \frac{23}{6}-\frac{1}{6}t \end{pmatrix} \Rightarrow L(\frac{10}{3}+\frac{1}{3}t|-\frac{5}{6}+\frac{1}{6}t|\frac{23}{6}-\frac{1}{6}t).$

Somit gilt:
$d(P;g) = d(P;L) = \sqrt{(\frac{10}{3}+\frac{1}{3}t-2)^2+(-\frac{5}{6}+\frac{1}{6}t+2)^2+(\frac{23}{6}-\frac{1}{6}t+t)^2} = \sqrt{\frac{1}{6}(5t^2+46t+107)}$

Der Abstand wird minimal, wenn $(5t^2+46t+107)$ möglichst klein ist. Gesucht ist also ein Minimum der Funktion f mit $f(t) = 5t^2+46t+107$. Die Ableitung ist die Funktion $f'(t) = 10t+46$. Es gilt $10t+46 = 0 \Leftrightarrow t = -4,6$. Da der Graph von $f(t) = 5t^2+46t+107$ eine nach oben geöffnete Parabel ist, ist dies tatsächlich der minimale Wert. Also ist für $t = -4,6$ der Abstand von P zu g am kleinsten.

Übungen zu 5.2

1. a) $h: \vec{x} = \begin{pmatrix} 0 \\ 0 \\ 0 \end{pmatrix} + s \cdot \begin{pmatrix} 1 \\ -1 \\ 4 \end{pmatrix}; s \in \mathbb{R}$

b) $h: \vec{x} = \begin{pmatrix} 0 \\ 0 \\ 0 \end{pmatrix} + s \cdot \begin{pmatrix} 1 \\ 0 \\ 0 \end{pmatrix}; s \in \mathbb{R}$

2. a) $E: \frac{1}{2}x_1 + \frac{1}{2}x_2 + \frac{1}{3}x_3 = 1$

b) $h: \vec{x} = \begin{pmatrix} 0 \\ -2 \\ 0 \end{pmatrix} + s \cdot \begin{pmatrix} \frac{1}{2} \\ \frac{1}{2} \\ \frac{1}{3} \end{pmatrix}; s \in \mathbb{R}; L(\frac{18}{11}|-\frac{4}{11}|\frac{12}{11}); d(E;D) = d(L;D) = \sqrt{\frac{72}{11}} \approx 2,56$

c) Für den Schnittwinkel α gilt $\cos(\alpha) = \left|\frac{\overrightarrow{SA} \circ \overrightarrow{SB}}{|\overrightarrow{SA}| \cdot |\overrightarrow{SB}|}\right| = \frac{9}{13}$. Damit folgt $\alpha \approx 46,19°$.

d) Ist L der Lotfußpunkt von S auf der Geraden durch A und B, dann ist die Höhe gleich $d(S;L)$. Man berechnet $L(1|0|0)$ und daraus folgt $d(S;L) = \sqrt{11} \approx 3,32$.

3. a) g liegt in E: Für den Stützvektor gilt: $\begin{pmatrix} 6 \\ -5 \\ 5 \end{pmatrix} = \begin{pmatrix} 1 \\ -2 \\ 2 \end{pmatrix} + 1 \cdot \begin{pmatrix} 5 \\ -3 \\ 3 \end{pmatrix} + 0 \cdot \begin{pmatrix} 1 \\ -2 \\ 4 \end{pmatrix}$

Der Richtungsvektor von g lässt sich linear kombinieren aus den Richtungsvektoren der Ebene
$E: \begin{pmatrix} 3 \\ 1 \\ -5 \end{pmatrix} = 1 \cdot \begin{pmatrix} 5 \\ -3 \\ 3 \end{pmatrix} - 2 \cdot \begin{pmatrix} 1 \\ -2 \\ 4 \end{pmatrix}$

b) Die Gerade g ist echt parallel zu E: g und E haben keinen Schnittpunkt, für die Richtungsvektoren gilt $\begin{pmatrix} -6 \\ -2 \\ 10 \end{pmatrix} = -2 \cdot \begin{pmatrix} 5 \\ -3 \\ 3 \end{pmatrix} + 4 \cdot \begin{pmatrix} 1 \\ -2 \\ 4 \end{pmatrix}$. Ist P der Aufpunkt der Geraden, so gilt $d(g;E) = d(P;E)$.

Es ergibt sich $L\left(\frac{925}{187}\bigl|-\frac{31}{11}\bigr|\frac{113}{187}\right)$ und damit $d(g;E) = d(P;E) = d(P;L) = \sqrt{\frac{8192}{187}} \approx 6,62$.

c) Die Gerade g schneidet die Ebene E im Punkt $S(2|-4|6)$. Die Ebene E und die Gerade g schneiden sich in einem Winkel von ca. $18,13°$.

243

4. Es gilt $\vec{n_E} = \begin{pmatrix} 4 \\ 0 \\ 3 \end{pmatrix} \times \begin{pmatrix} -2 \\ 3 \\ 6 \end{pmatrix} = \begin{pmatrix} -9 \\ -30 \\ 12 \end{pmatrix}$. Damit sind wegen $\vec{n_E} = -3 \cdot \vec{n_F}$ die beiden Ebenen parallel.

Um den Abstand zu berechnen, wählen wir den Punkt $P(0|0|2)$ auf F. Es gilt $d(E;F) = d(E;P)$.
$\Rightarrow L(-\frac{12}{125}|-\frac{8}{25}|\frac{266}{125}) \Rightarrow d(E;F) = d(E;P) = d(P;L) = \sqrt{\frac{16}{125}} \approx 0{,}36$

5. Zunächst berechnen wir den Schnittpunkt der Geraden und der Ebene (Parameterform: Gleichsetzen, Koordinatenform: Einsetzen, Normalenform: Umwandeln in Koordinatenform). Für den Schnittwinkel benötigen wir einen Normalenvektor der Ebene und den Richtungsvektor der Geraden.

   a) Schnittpunkt $S(7|-6|-1)$; Schnittwinkel ca. $28{,}81°$
   b) Schnittpunkt $S(13|-12|-\frac{17}{2})$; Schnittwinkel ca. $11{,}03°$
   c) Schnittpunkt $S(\frac{11}{5}|-\frac{6}{5}|5)$; Schnittwinkel ca. $8{,}74°$
   d) Schnittpunkt $S(1|0|\frac{13}{2})$; Schnittwinkel ca. $58{,}78°$
   e) Schnittpunkt $S(-3|4|\frac{23}{2})$; Schnittwinkel ca. $20{,}68°$
   f) Schnittpunkt $S(-1|2|9)$; Schnittwinkel ca. $33{,}31°$

6. **a)** $P(6|0|0)$; $Q(6|6|0)$; $R(0|6|0)$; $S(0|0|6)$; $T(6|0|6)$; $U(6|6|6)$; $V(0|6|6)$

   b) $E: \vec{x} = \begin{pmatrix} 6 \\ 0 \\ 0 \end{pmatrix} + r \cdot \begin{pmatrix} -6 \\ 6 \\ 0 \end{pmatrix} + s \cdot \begin{pmatrix} -6 \\ 0 \\ 6 \end{pmatrix}$; $r,s \in \mathbb{R}$ $\qquad F: \vec{x} = \begin{pmatrix} 6 \\ 6 \\ 6 \end{pmatrix} + r \cdot \begin{pmatrix} 0 \\ -6 \\ -2 \end{pmatrix} + s \cdot \begin{pmatrix} -6 \\ 0 \\ 0 \end{pmatrix}$; $r,s \in \mathbb{R}$

   $E: x_1 + x_2 + x_3 = 6 \qquad\qquad\qquad\qquad F: x_2 - 3x_3 = -12$

   $E: \begin{pmatrix} 1 \\ 1 \\ 1 \end{pmatrix} \circ \left(\vec{x} - \begin{pmatrix} 6 \\ 0 \\ 0 \end{pmatrix} \right) = 0 \qquad\qquad F: \begin{pmatrix} 0 \\ 1 \\ -3 \end{pmatrix} \circ \left(\vec{x} - \begin{pmatrix} 0 \\ 6 \\ 6 \end{pmatrix} \right) = 0$

   c) Längen: je $6\sqrt{2}$;   Innenwinkel: je $60°$
   d) $d(U;E) = 4\sqrt{3}$
   e) $\alpha \approx 68{,}58°$
   f) z.B. $g: \vec{x} = \begin{pmatrix} 3 \\ 0 \\ 0 \end{pmatrix} + r \cdot \begin{pmatrix} 1 \\ 0 \\ 0 \end{pmatrix}$; $r \in \mathbb{R}$
   g) $d(g;F) = \frac{6}{5}\sqrt{10}$
   h) $g: \vec{x} = \begin{pmatrix} 0 \\ -12 \\ 0 \end{pmatrix} + r \cdot \begin{pmatrix} 1 \\ 0 \\ 0 \end{pmatrix}$; $r \in \mathbb{R}$

244

7.* **a)** $a = -1$ (mit $p = 1{,}5$; $r = 0{,}75$) und $a = 1$ (mit $p = 0$; $r = 1{,}5$)

   b) $a = 2$ und $c = 8$: $g_1 = g_2$; $a = 2$ und $c \neq 8$: $g_1 \parallel g_2$
   $a = -2$ und $c = 4 \Rightarrow S$ (siehe c)); $a = -2$ und $c \neq 4$: g_1 und g_2 windschief
   $a \neq -2$ und $a \neq 2$: g_1 und g_2 windschief

5.2 Lagebeziehungen, Schnittwinkel und Abstände

c) $S(3|-4|-1) \Rightarrow E_4: \vec{x} = \begin{pmatrix} 3 \\ -4 \\ -1 \end{pmatrix} + m \cdot \begin{pmatrix} -2 \\ 3 \\ 2 \end{pmatrix} + n \cdot \begin{pmatrix} -3 \\ -4,5 \\ 3 \end{pmatrix}$; $m, n \in \mathbb{R}$

d) (I)   2 $a+2$ 2 | 4   (I)   2 $a+2$ 2 | 4
   (II) -3 1 $a-1$ | -2 $\Rightarrow$ (IV) 0 $3a+8$ $2a+4$ | 8
   (III) a -1 -2 | 2   (V)   0 $(a+2)\cdot(a-3)$ 0 | $4\cdot(a-3)$

$a = 3$: g_1 liegt in E_1; $a = -2$: $g_1 \parallel E_1$; $a \neq -2$ und $a \neq 3$: g_1 durchstößt E_1 in einem Punkt.

e) $S(-3|5|5)$; $\alpha \approx 38,17°$

f) $3 \cdot (-3 + 5p + 2r) - 4 \cdot (1 + p + 2r) + 5 \cdot (3 - p - 2r) = 14 \Leftrightarrow p = 2r + 2$

$\Rightarrow g_s: \vec{x} = \begin{pmatrix} 7 \\ 3 \\ 1 \end{pmatrix} + s \cdot \begin{pmatrix} 3 \\ 1 \\ -1 \end{pmatrix}$; $s \in \mathbb{R}$; $\alpha \approx 17,34°$

g) Additionsverfahren: $(4a-1) \cdot 4x_2 = -14 \cdot (4a-1) \Rightarrow a = 0,25$

h) $d(P; Q) = \sqrt{(1,5a)^2 + (-4,5)^2 + 3^2} = \sqrt{2,25a^2 + 29,25}$; $a \in \mathbb{R}$

8. Wir wählen zwei Punkte A und B aus E und berechnen den Vektor $\vec{AB}$. Der Normalenvektor $\vec{n_E}$ von E hat zu diesem einen 90°-Winkel. Der Vektor $\vec{AB} + \vec{n_E}$ schneidet die Ebene dann in einem 45°-Winkel, wenn die beiden Vektoren gleich lang sind. Damit beide gleich lang sind, multiplizieren wir $\vec{n_E}$ mit einer Zahl r, sodass $r \cdot |\vec{AB}| = |\vec{n_E}|$ ist. Als Richtungsvektor der Geraden verwenden wir dann $\vec{AB} + r \cdot \vec{n_E}$. Als Stützvektor können wir $\vec{OA}$ oder auch $\vec{OB}$ verwenden.

In der Ebene E liegen die Punkte $A(-1|0|0)$ und $B(-1|1|-2)$. Man erhält also $\vec{AB} = \begin{pmatrix} 0 \\ 1 \\ -2 \end{pmatrix}$. Damit gilt

$|\vec{AB}| = \sqrt{5}$ und $|\vec{n_E}| = \sqrt{70}$. Wegen $\sqrt{14} \cdot \sqrt{5} = \sqrt{70}$ nehmen wir als Richtungsvektor der Geraden den

Vektor $\sqrt{14} \cdot \vec{AB} + \vec{n_E} = \begin{pmatrix} 0 \\ \sqrt{14} \cdot 1 \\ \sqrt{14} \cdot (-2) \end{pmatrix} + \begin{pmatrix} -5 \\ 6 \\ 3 \end{pmatrix} = \begin{pmatrix} -5 \\ 6 + \sqrt{14} \\ 3 - 2\sqrt{14} \end{pmatrix}$. Als Gerade, die die Ebene in einem

45°-Winkel schneidet, ergibt sich $g: \vec{x} = \begin{pmatrix} -1 \\ 0 \\ 0 \end{pmatrix} + s \cdot \begin{pmatrix} -5 \\ 6 + \sqrt{14} \\ 3 - 2\sqrt{14} \end{pmatrix}$; $s \in \mathbb{R}$.

9. a) In der Drei-Punkte-Form ergibt sich $E: \vec{x} = \begin{pmatrix} 3 \\ -3 \\ 9 \end{pmatrix} + s \cdot \begin{pmatrix} 3 \\ 5 \\ -7 \end{pmatrix} + t \cdot \begin{pmatrix} 2 \\ 2 \\ -4 \end{pmatrix}$; $s, t \in \mathbb{R}$. Umwandeln in die Koordinatenform ergibt $E: 3x_1 + x_2 + 2x_3 = 24$.

b) Die Gerade durch C und D_k und die Ebene E haben den Punkt C gemeinsam. Die Gerade liegt also genau dann in der Ebene E, wenn der Punkt D_k in der Ebene E liegt. Einsetzen von D_k in die obige Koordinatenform ergibt $3(k+4) + 2k - 2 + 2 \cdot 3 = 24$. Als Lösung folgt $k = \frac{8}{5}$. Für diesen Wert von k liegt die Gerade in der Ebene E.

c) Zum Bestimmen der Geraden h verwenden wir die Spurpunkte von E. Dazu wandeln wir E in die Achsenabschnittsform um. Wir erhalten $E: 3x_1 + x_2 + 2x_3 = 24 \Leftrightarrow \frac{1}{8}x_1 + \frac{1}{24}x_2 + \frac{1}{12}x_3 = 1$, also lautet der Spurpunkt mit der x_2-Achse $S_2(0|24|0)$, der mit der x_3-Achse $S_3(0|0|12)$. Somit ergibt sich

$h: \vec{x} = \begin{pmatrix} 0 \\ 24 \\ 0 \end{pmatrix} + s \cdot \begin{pmatrix} 0 \\ -24 \\ 12 \end{pmatrix}$; $s \in \mathbb{R}$. Die Richtungsvektoren der Geraden g und h sind offensichtlich nicht kollinear, also sind die Geraden windschief oder sie haben einen Schnittpunkt.

Gleichsetzen ergibt $\begin{pmatrix} 0 \\ 24 \\ 0 \end{pmatrix} + s \cdot \begin{pmatrix} 0 \\ -24 \\ 12 \end{pmatrix} = \begin{pmatrix} 5 \\ 2 \\ 1 \end{pmatrix} + r \cdot \begin{pmatrix} 3 \\ 4 \\ -2 \end{pmatrix}$. Aus der 1. Zeile folgt $r = -\frac{5}{3}$. Damit folgt aus der 2. Zeile $s = \frac{43}{36}$. Setzt man beides in die 3. Zeile ein, ergibt sich ein Widerspruch, also haben g und h keinen Schnittpunkt. Die beiden Geraden sind windschief zueinander.

10.* a) Der Schnittpunkt ist $S(0|0|0)$.

b) Die beiden Geraden schneiden sich in einem 90°-Winkel. Damit gibt es auch einen 270°-Winkel zwischen geeigneten Richtungsvektoren der Geraden.

Die Winkelhalbierenden sind $w_1: \vec{x} = \begin{pmatrix} 0 \\ 0 \\ 0 \end{pmatrix} + r \cdot \begin{pmatrix} 1 \\ -1 \\ 0 \end{pmatrix}$; $r \in \mathbb{R}$ und $w_2: \vec{x} = \begin{pmatrix} 0 \\ 0 \\ 0 \end{pmatrix} + s \cdot \begin{pmatrix} -1 \\ -1 \\ 0 \end{pmatrix}$; $s \in \mathbb{R}$.

c) Die Geraden w_1 und w_2 schneiden sich im Ursprung. Es gilt $\begin{pmatrix} 1 \\ -1 \\ 0 \end{pmatrix} \circ \begin{pmatrix} -1 \\ -1 \\ 0 \end{pmatrix} = -1 + 1 + 0 = 0$, also sind die beiden Geraden nach dem Orthogonalitätsprinzip orthogonal zueinander.

d)

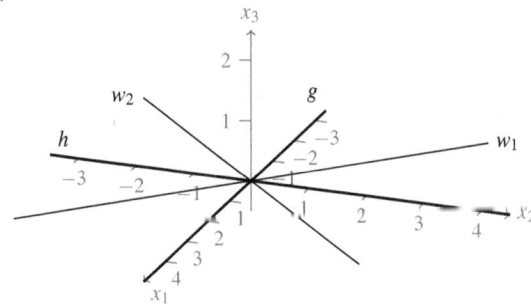

11. Der erste Fehler ist, dass nicht getestet wurde, ob sich die Geraden schneiden. Sie sind windschief zueinander. Für windschiefe Geraden wurde der Schnittwinkel nicht definiert. Würden sie sich schneiden, wären auch noch Fehler in der Rechnung:

- Das Skalarprodukt im Zähler muss aus den beiden Richtungsvektoren gebildet werden.
- Die Wurzeln im Nenner müssen multipliziert, nicht addiert werden.
- Die Summe in der zweiten Wurzel wurde falsch berechnet.
- Schon bei der Berechnung der Wurzeln sollte das Rundungs- statt des Gleichheitszeichens verwendet werden.

$$\cos\alpha = \frac{\left|\begin{pmatrix}4\\1\\-2\end{pmatrix}\circ\begin{pmatrix}1\\3\\-5\end{pmatrix}\right|}{\sqrt{4^2+1+2^2}\bullet\sqrt{1^2+3^2+5^2}} \Rightarrow \cos\alpha = \frac{|4+3+10|}{\sqrt{21\cdot 35}} \approx \frac{17}{32{,}404} \approx 0{,}525 \Rightarrow \alpha \approx 66{,}06°$$

12. a) Ein Richtungsvektor der Ebene ist der Verbindungsvektor zwischen den Stützpunkten, also $\begin{pmatrix}2\\3\\-1\end{pmatrix} - \begin{pmatrix}-1\\-1\\3\end{pmatrix} = \begin{pmatrix}3\\4\\-4\end{pmatrix}$. Damit ergibt sich eine mögliche Ebenengleichung in Parameterform

zu $E: \vec{x} = \begin{pmatrix}2\\3\\-1\end{pmatrix} + s\cdot\begin{pmatrix}1\\-1\\0\end{pmatrix} + t\cdot\begin{pmatrix}3\\4\\-4\end{pmatrix}$; $s,t\in\mathbb{R}$. Wegen $\begin{pmatrix}1\\-1\\0\end{pmatrix}\times\begin{pmatrix}3\\4\\-4\end{pmatrix} = \begin{pmatrix}4\\4\\7\end{pmatrix}$ lautet die

Normalform der Ebene E: $\begin{pmatrix}4\\4\\7\end{pmatrix}\circ\left(\begin{pmatrix}x_1\\x_2\\x_3\end{pmatrix} - \begin{pmatrix}2\\3\\-1\end{pmatrix}\right) = 0$.

b) Es gilt $E: 4x_1 + 4x_2 + 7x_3 - 13 = 0 \Leftrightarrow \frac{1}{\frac{13}{4}}x_1 + \frac{1}{\frac{13}{4}}x_2 - \frac{1}{\frac{13}{7}}x_3 = 1$. Damit ergeben sich die Spurpunkte $S_1(\frac{13}{4}|0|0)$ mit der x_1-Achse und $S_3(0|0|-\frac{13}{7})$ mit der x_3-Achse.

Somit folgt: $s: \vec{x} = \begin{pmatrix}\frac{13}{4}\\0\\0\end{pmatrix} + r\cdot\begin{pmatrix}-\frac{13}{4}\\0\\-\frac{13}{7}\end{pmatrix}$; $r\in\mathbb{R}$.

c) $h: \vec{x} = \begin{pmatrix}8\\5\\6\end{pmatrix} + r\cdot\begin{pmatrix}4\\4\\7\end{pmatrix}$; $r\in\mathbb{R}$; $L(4|1|-1)$; $d(A;E) = d(A;L) = 9$

13. a) Eine Kugel um P mit dem Radius 2 LE.

b) Ein Schlauch mit kreisförmigem Querschnitt um die Gerade g mit Radius 5 LE.

c) Zwei Ebenen „oberhalb" bzw. „unterhalb" von E, die beide den Abstand 4 LE von E haben.

d) Ist $d(E;F) = 0$, dann ergeben sich analog zu c) zwei Ebenen, die den Abstand 1 von E und damit auch von F haben. Ist $d(E;F) = 2$, dann ist A eine Ebene, die genau zwischen E und F liegt. Ist $d(E;F) \neq 0$ und $d(E;F) \neq 2$, so gibt es keine Punkte, die sowohl von E als auch von F den Abstand 1 besitzen.

245

14. a) Das Verfahren funktioniert nicht. Wenn sich g und E schneiden und Rebecca Pech hat, dann erwischt sie zwei Punkte, die beide den gleichen Abstand von E haben. Zum Beispiel: Ebene $E: x_1 = 0$ (die x_2x_3-Ebene), Gerade $g: \vec{x} = \begin{pmatrix} 0 \\ 0 \\ 0 \end{pmatrix} + r \cdot \begin{pmatrix} 1 \\ 0 \\ 0 \end{pmatrix}$; $r \in \mathbb{R}$. Wählt Rebecca $P(1|0|0)$ und $Q(-1|0|0)$, dann liegen beide Punkte auf g, und es gilt $d(P; E) = d(Q; E) = 1$. Aber g und E schneiden sich im Ursprung.

Wenn Rebecca stattdessen drei verschiedene Punkte von g wählt, dann funktioniert ihr Verfahren. Entweder alle drei Punkte haben den gleichen Abstand von E, dann ist die Gerade parallel zu E, oder der Abstand ist unterschiedlich, dann schneidet g die Ebene E.

b) Wählt man drei zueinander echt parallele Geraden, die in einer Ebene liegen, und berechnet den Abstand zur anderen Ebene, so gilt: Ist der berechnete Abstand gleich, so sind die beiden Ebenen parallel (beim Abstand 0 sind die Ebenen identisch, sonst echt parallel); ist der Abstand ungleich, so schneiden sich die beiden Ebenen.

15. Ampelabfrage

a) Richtig ist Gelb.

b) Richtig ist Grün.

16. a) Alle LE sind in Metern angegeben. Startpunkt $A(0|0|0)$, Straße in Richtung Osten, man läuft senkrecht darauf zu. D. h., man läuft genau in Richtung Norden, also in x_2-Richtung. Man erreicht die Straße im Punkt $B(0|300|0)$. Bis zum Fuß des Berges geht man einen Kilometer nach Osten, d. h., man erreicht den Berg im Punkt $C(1000|300|0)$. Statt nach oben, parallel zur Straße und wieder nach unten zu gehen, kann man gleich entgegengesetzt zum Straßenverlauf laufen. Dieser Weg geht in gleichen Teilen nach Süden (entgegengesetzt x_2) und Osten (in x_1-Richtung). Auch hier ist der Weg einen km lang, also muss für den Punkt D, der dadurch erreicht wird, gelten, dass $d(C; D) = 1000$ ist, wobei D die Form $D(1000 + a|300 - a|0)$ hat. Man berechnet hieraus $a = 2\sqrt{500}$. Man kommt also zum Punkt $D(1707,1|-407,1|0)$. Nun geht man einen Kilometer in Richtung Westen. Dies führt zum Punkt $E(707,1|-407,1|0)$. Da man einen Meter tief graben muss, hat der Schatz also die Koordinaten $S(707,1|-407,1|-1)$.

b) Die oben beschriebenen Wege liegen auf den Geraden:

$g_{AB}: \vec{x} = \begin{pmatrix} 0 \\ 0 \\ 0 \end{pmatrix} + r \cdot \begin{pmatrix} 0 \\ 300 \\ 0 \end{pmatrix}$; $r \in \mathbb{R}$; $g_{BC}: \vec{x} = \begin{pmatrix} 0 \\ 300 \\ 0 \end{pmatrix} + r \cdot \begin{pmatrix} 1 \\ 0 \\ 0 \end{pmatrix}$; $r \in \mathbb{R}$

$g_{CD}: \vec{x} = \begin{pmatrix} 1000 \\ 300 \\ 0 \end{pmatrix} + r \cdot \begin{pmatrix} 1 \\ -1 \\ 0 \end{pmatrix}$; $r \in \mathbb{R}$; $g_{DE}: \vec{x} = \begin{pmatrix} 1707,1 \\ -407,1 \\ 0 \end{pmatrix} + r \cdot \begin{pmatrix} -1 \\ 0 \\ 0 \end{pmatrix}$; $r \in \mathbb{R}$

Ebenengleichungen: Die Wiese liegt in der x_1x_2-Ebene, also lautet eine mögliche Gleichung für diese Ebene $E: x_3 = 0$. Zur Berghütte kommt man vom Punkt C aus, indem man senkrecht zur Straße 100 m weit nach oben und 500 m weit geht. Wir benötigen noch die Koordinaten des Punktes H, in dem die Hütte steht. Um die x_3-Koordinate b der Hütte zu berechnen, verwenden wir den Satz des Pythagoras: Es muss gelten $b^2 + 100^2 = 500^2$. Es folgt $b = 200\sqrt{6}$. Man geht die 500 m genau in Richtung Nordost, also zu gleichen Teilen in x_1- und x_2-Richtung. Der Punkt H hat somit die Form $H(1000 + a|300 + a|200\sqrt{6})$. Weil gelten muss $d(C; H) = 500$, berechnet man $a = 50\sqrt{2}$, also hat H die Koordinaten $H(1000 + 50\sqrt{2}|300 + 50\sqrt{2}|200\sqrt{2})$.

5.2 Lagebeziehungen, Schnittwinkel und Abstände

In der Ebenen F des Berges liegen der Vektor $\overrightarrow{CH}$ sowie die Straße in Richtung Südost. Damit ergibt sich:

$$F: \vec{x} = \begin{pmatrix} 1000 \\ 300 \\ 0 \end{pmatrix} + s \cdot \begin{pmatrix} 50\sqrt{2} \\ 50\sqrt{2} \\ 200\sqrt{6} \end{pmatrix} + t \cdot \begin{pmatrix} 1 \\ -1 \\ 0 \end{pmatrix}; s, t \in \mathbb{R}$$

Lagebeziehungen: Die Ebenen E und F schneiden sich. Die Geraden g_{BC} und g_{DE} sind echt parallel zueinander, alle anderen oben in Parameterform beschriebenen Geraden schneiden sich. Alle Geraden liegen in der Ebene E. Die Gerade g_{CD} liegt auch in der Ebene F, alle anderen Geraden schneiden die Ebene F.

17. Der Schatz ist im geheimen Turm in der Ebene versteckt. Um diesen zu finden und allen Gefahren zu entgehen, gehst du von dem Startpunkt 5 km in Richtung Süden, dann 3 km in Richtung Osten. Wenn du 2 m tief gräbst, stößt du auf einen geheimen Tunnel, der in Richtung Süden führt. Folge ihm einen Kilometer und du bist am Eingang des Turms. Steige bis ganz nach oben, 20 m von wo du bist, und du hast die Schatzkammer erreicht.

Lösung:
Wahl des Koordinatensystems:

- x_1-Richtung: Süden;
- x_2-Richtung: Osten;
- x_3-Richtung: nach oben.

Als Ursprung wählen wir den Startpunkt, Einheiten in Kilometer in x_1- und x_2-Richtung, x_3-Richtung in Meter.
Nach und nach kommen wir zu den folgenden Punkten $A(5|0|0)$, $B(5|3|0)$, $C(5|3|-2)$, $D(6|3|-2)$, $S(6|3|18)$ (unter der Annahme, dass der Turm gerade ist). Der Schatz ist in S zu finden.

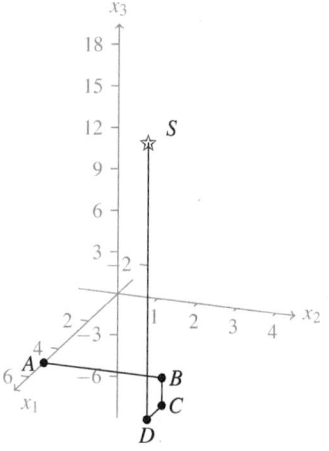

18. a) Der Mittelpunkt des Schattens S ist der Schnittpunkt der Geraden g, die durch P und Q verläuft, mit der Ebene E. Es gilt $g: \vec{x} = \begin{pmatrix} 1 \\ 1 \\ 5{,}8 \end{pmatrix} + t \cdot \begin{pmatrix} 0{,}5 \\ 0{,}5 \\ -0{,}5 \end{pmatrix}; t \in \mathbb{R}$. Durch Einsetzen in E erhält man

$2 \cdot 5{,}8 - t = 6 \Leftrightarrow t = 5{,}6$ und somit $S(3{,}8 | 3{,}8 | 3)$.

b) Die Bedingung ist dann erfüllt, wenn die Discokugel genau unterhalb der Lampe hängt. Damit muss sie auf dem Geradenstück $i: \vec{x} = \begin{pmatrix} 1 \\ 1 \\ 5{,}8 \end{pmatrix} + t \cdot \begin{pmatrix} 0 \\ 0 \\ -1 \end{pmatrix}$ mit $0 \leq t \leq 2{,}8$ liegen (die Ausdehnungen der Lampe und der Discokugel wurden hierbei vernachlässigt).

245 19. a) $\overrightarrow{OC} = \overrightarrow{OM} + \frac{1}{2}\overrightarrow{AB} = \begin{pmatrix} -15 \\ 15 \\ 100 \end{pmatrix}$; $\quad C(-15|15|100)$

$\overrightarrow{OD} = \overrightarrow{OM} - \frac{1}{2}\overrightarrow{AB} = \begin{pmatrix} 15 \\ -15 \\ 100 \end{pmatrix}$; $\quad D(15|-15|100)$

b) Parameterform: $E: \vec{x} = \overrightarrow{OA} + r \cdot \overrightarrow{AB} + s \cdot \overrightarrow{AD}$

$= \begin{pmatrix} 30 \\ 0 \\ 0 \end{pmatrix} + r \cdot \begin{pmatrix} -30 \\ 30 \\ 0 \end{pmatrix} + s \cdot \begin{pmatrix} -15 \\ -15 \\ 100 \end{pmatrix}$; $r, s \in \mathbb{R}$

Normalenform: $E: \vec{n} \circ (\vec{x} - \vec{a}) = 0$ mit $\overrightarrow{AB} \times \overrightarrow{AD} = \begin{pmatrix} 3000 \\ 3000 \\ 900 \end{pmatrix} = 300 \cdot \begin{pmatrix} 10 \\ 10 \\ 3 \end{pmatrix} = 300 \cdot \vec{n}$

$E: \begin{pmatrix} 10 \\ 10 \\ 3 \end{pmatrix} \circ \left(\begin{pmatrix} x_1 \\ x_2 \\ x_3 \end{pmatrix} - \begin{pmatrix} 30 \\ 0 \\ 0 \end{pmatrix} \right) = 0 \Leftrightarrow E: 10x_1 + 10x_2 + 3x_3 - 300 = 0$

c) Ursprungsgerade senkrecht zu E: $l: \vec{x} = t \cdot \begin{pmatrix} 10 \\ 10 \\ 3 \end{pmatrix}$; $t \in \mathbb{R}$

$S = l \cap E$: $\quad l$ in E: $10 \cdot 10t + 10 \cdot 10t + 3 \cdot 3t - 300 = 0 \Leftrightarrow t = \frac{300}{209}$ einsetzen in l:

$\overrightarrow{OS} = \frac{300}{209} \cdot \begin{pmatrix} 10 \\ 10 \\ 3 \end{pmatrix}$; $\quad S(\frac{3000}{209}|\frac{3000}{209}|\frac{900}{209})$

Länge: $\overline{OS} = |\overrightarrow{OS}| = \frac{300}{209} \cdot \sqrt{10^2 + 10^2 + 3^2} \approx 20,75$ (dm)

Die Halterung ist ca. 2,08 Meter lang.

d) Alle Punkte, die auf einer Geraden h liegen, die senkrecht zur Fläche der Reklametafel durch deren Mittelpunkt verläuft, haben den gleichen Abstand zu den Eckpunkten.

Mittelpunkt: $\overrightarrow{OM} = \frac{1}{2}(\overrightarrow{OA} + \overrightarrow{OC}) = \begin{pmatrix} 7,5 \\ 7,5 \\ 50 \end{pmatrix}$

$h: \vec{x} = \begin{pmatrix} 7,5 \\ 7,5 \\ 50 \end{pmatrix} + w \cdot \begin{pmatrix} 10 \\ 10 \\ 3 \end{pmatrix}$; $w \in \mathbb{R}$

$g \cap h$: $\begin{pmatrix} 120 \\ -30 \\ -200 \end{pmatrix} + \lambda \cdot \begin{pmatrix} 195 \\ -105 \\ -509 \end{pmatrix} = \begin{pmatrix} 7,5 \\ 7,5 \\ 50 \end{pmatrix} + w \cdot \begin{pmatrix} 10 \\ 10 \\ 3 \end{pmatrix}$; $\quad w = \frac{3}{2}; \lambda = -\frac{1}{2}$

$\overrightarrow{OL} = \begin{pmatrix} 7,5 \\ 7,5 \\ 50 \end{pmatrix} + \frac{3}{2} \cdot \begin{pmatrix} 10 \\ 10 \\ 3 \end{pmatrix} = \begin{pmatrix} 22,5 \\ 22,5 \\ 54,5 \end{pmatrix}$; $\quad L(22,5|22,5|54,5)$

Abstand: $|\overrightarrow{AL}| = \frac{1}{2}\sqrt{14131} \approx 59,44$

5.2 Lagebeziehungen, Schnittwinkel und Abstände

20. a) Weil gilt $\vec{AB} = \begin{pmatrix} 8 \\ 0 \\ 0,4 \end{pmatrix} = \vec{DC}$, handelt es sich bei dem Viereck um ein Parallelogramm. Wegen

$\vec{AB} \circ \vec{AD} = 0,16 \neq 0$ hat dieses keinen rechten Winkel. Es ist also kein Rechteck. Für den Flächeninhalt A erhält man $A = |\vec{AB} \times \vec{AD}| = \sqrt{4116,48}$. Das Volumen V, das abgetragen werden muss, ist die Hälfte eines Quaders. Damit gilt $V = \frac{1}{2} \cdot 8 \cdot 8 \cdot 0,8 = 25,6$ VE.

b) Die Ebene E ist echt parallel zur x_2-Achse. Zwei Punkte, die darin liegen sind $P(-5|0|\frac{1}{4})$ und

$Q(0|0|4)$. Es folgt: $E: \vec{x} = \begin{pmatrix} -5 \\ 0 \\ \frac{1}{4} \end{pmatrix} + s \cdot \begin{pmatrix} 5 \\ 0 \\ \frac{15}{4} \end{pmatrix} + t \cdot \begin{pmatrix} 0 \\ 1 \\ 0 \end{pmatrix}$; $s, t \in \mathbb{R}$

Die Ebene F in Parameterform lautet: $F: \vec{x} = \begin{pmatrix} 6 \\ 1 \\ 5,5 \end{pmatrix} + s \cdot \begin{pmatrix} -2 \\ 3 \\ 1,5 \end{pmatrix} + t \cdot \begin{pmatrix} 2 \\ 5 \\ -1,5 \end{pmatrix}$; $s, t \in \mathbb{R}$

In Koordinatenform ergibt sich: $F: 3x_1 + 4x_3 = 40$

c) Die x_1x_2-Ebene hat die Ebenengleichung $x_3 = 0$. Neigungswinkel E mit x_1x_2-Ebene: ca. 36,9°, Neigungswinkel F mit x_1x_2-Ebene: ca. 36,9°, Neigungswinkel der Dachflächen: ca. 106,2°.

d) Um die Koordinaten der Punkte R_1 und R_2 zu bestimmen, berechnen wir zuerst eine Geradengleichung, in der der Dachfirst liegt. Diese ist Schnittgerade von E mit F; man erhält:

$g: \vec{x} = \begin{pmatrix} 4 \\ 0 \\ 7 \end{pmatrix} + s \cdot \begin{pmatrix} 0 \\ 1 \\ 0 \end{pmatrix}$; $s \in \mathbb{R}$

Der Punkt R_1 ist Schnittpunkt von dieser Geraden mit der x_1x_3-Achse. Dadurch berechnet man $R_1(4|0|7)$. Der Punkt R_2 ist von R_1 genau 8 Meter und genau in x_2-Richtung entfernt. Also folgt $R_2(4|8|7)$.

21. a) Das U-Boot bewegt sich auf der Geraden $g: \vec{x} = \begin{pmatrix} 40 - 2k \\ -20 \\ 0 \end{pmatrix} = \begin{pmatrix} 40 \\ -20 \\ 0 \end{pmatrix} + k \cdot \begin{pmatrix} -2 \\ 0 \\ 0 \end{pmatrix}$; $k \in \mathbb{R}$, also

geradlinig. Weil die x_3-Koordinate 0 ist, bewegt es sich auf der Wasseroberfläche.
Der minimale Abstand der Geraden g zum Punkt F berechnet sich mit der Hilfsebene:

$H: \begin{pmatrix} -2 \\ 0 \\ 0 \end{pmatrix} \circ \left(\begin{pmatrix} x_1 \\ x_2 \\ x_3 \end{pmatrix} - \begin{pmatrix} 6000 \\ 1000 \\ 0 \end{pmatrix} \right) = 0$

Man erhält $L(6000|-20|0)$ und damit $d(g; F) = d(L; F) = 1020$.

b) Es ist $U_{10}(20|-20|0)$. Die Drei-Punkte-Form der Ebene E lautet:

$E: \vec{x} = \begin{pmatrix} 20 \\ -20 \\ 0 \end{pmatrix} + s \cdot \begin{pmatrix} 180 \\ 5020 \\ 50 \end{pmatrix} + t \cdot \begin{pmatrix} 5980 \\ 1020 \\ 0 \end{pmatrix}$; $s, t \in \mathbb{R}$

Wandelt man diese Form in Koordinatenform um, so erhält man $E: 51x_1 - 299x_2 + 29\,836x_3 = 7000$.

c) Gesucht ist die Schnittgerade h der Ebene E mit der x_1x_2-Ebene. Man erhält:

$h: \vec{x} = \begin{pmatrix} \frac{7000}{51} \\ 0 \\ 0 \end{pmatrix} + s \cdot \begin{pmatrix} 299 \\ 51 \\ 0 \end{pmatrix}$; $s \in \mathbb{R}$

246

d) Beim Tauchgang bewegt sich das U-Boot auf der Geraden i: $\vec{x} = \begin{pmatrix} 20 \\ -20 \\ 0 \end{pmatrix} + s \cdot \begin{pmatrix} 200 \\ 300 \\ -100 \end{pmatrix}$; $s \in \mathbb{R}$.

Gesucht ist der Schnittwinkel der Geraden i mit der $x_1 x_2$-Ebene, die den Normalenvektor $\vec{x} = \begin{pmatrix} 0 \\ 0 \\ 1 \end{pmatrix}$ hat. Für diesen Schnittwinkel α berechnet man $\alpha \approx 17{,}22°$. Das U-Boot taucht also zu steil nach unten.

22. a) Da der Flächeninhalt bei Scherung eines Rechtecks gleich bleibt, haben die beiden grün markierten Vierecke den gleichen Flächeninhalt A.
Für den Flächeninhalt des links dargestellten Rechtecks gilt: $A = d \cdot |\vec{u}|$
Für den Flächeninhalt des rechts dargestellten Parallelogramms gilt:
$A = |\overrightarrow{AP} \times \vec{u}| \Rightarrow d \cdot |\vec{u}| = |\overrightarrow{AP} \times \vec{u}| \Leftrightarrow d = \frac{|\overrightarrow{AP} \times \vec{u}|}{|\vec{u}|}$
b) $d(P; g) = 7$

Test A zu 5.2

248

1. a) In der Drei-Punkte-Form hat die Ebene E die Form: $E: \vec{x} = \begin{pmatrix} 5 \\ -4 \\ 4 \end{pmatrix} + s \cdot \begin{pmatrix} -2 \\ 10 \\ 4 \end{pmatrix} + t \cdot \begin{pmatrix} -4 \\ 8 \\ -4 \end{pmatrix}$; $s, t \in \mathbb{R}$

b) Offensichtlich gibt es keine Zahl, mit der man die linke Seite der Koordinatenform von F multiplizieren kann, sodass man die linke Seite von G erhält. Folglich schneiden sich F und G in einer Geraden. Um die Schnittgerade zu bestimmen, berechnen wir $-2 \cdot F + G$ und erhalten $-x_1 - 4x_3 = -11$. Setzen wir nun $x_3 = s$, so ergibt sich aus der letzten Gleichung $x_1 = 11 - 4s$. Setzen wir beides in die Ebenengleichung von F ein, so ergibt sich $3 \cdot (11 - 4s) + x_2 - s = 7$, also $x_2 = -26 + 13s$. Schreibt man die drei Koordinaten in Parameterform, so lautet die Gleichung der Schnittgeraden:
$g: \vec{x} = \begin{pmatrix} 11 \\ -26 \\ 0 \end{pmatrix} + s \cdot \begin{pmatrix} -4 \\ 13 \\ 1 \end{pmatrix}$; $s \in \mathbb{R}$

Als Nächstes testen wir, welche Lagebeziehung diese Gerade mit der Ebene E besitzt. Dazu wandeln wir F in Koordinatenform um. Wir erhalten $3x_1 + x_2 - x_3 = 7$. Setzen wir in die Ebenengleichung die Schnittgerade s ein, so ergibt sich $0 = 0$, also eine wahre Aussage für jedes s. Folglich liegt die Gerade in der Ebene E. Dies bedeutet, dass sich alle drei Ebenen in der Geraden s schneiden.

c) Zum Berechnen des Schnittpunkts von E und g verwenden wir die Koordinatenform von E aus b). Wir setzen g ein und erhalten $3(4 - 2s) + 3s - 3s = 7 \Leftrightarrow -6s = -5 \Leftrightarrow s = \frac{5}{6}$. Setzen wir diesen Wert in g ein, so erhalten wir den Schnittpunkt $S(\frac{7}{3}|2{,}5|2{,}5)$. Um den Schnittwinkel von g und E zu berechnen, verwenden wir den Normalenvektor $\begin{pmatrix} 3 \\ 1 \\ -1 \end{pmatrix}$ von E und den Richtungsvektor von g. Es gilt $\sin(\alpha) = \left| -\frac{6}{\sqrt{22} \cdot \sqrt{11}} \right| \approx 0{,}38569$. Wir erhalten damit einen Schnittwinkel von ca. $22{,}69°$.

2. a) $E_{ABH}: \vec{x} = \begin{pmatrix} 0 \\ 0 \\ 0 \end{pmatrix} + r \cdot \begin{pmatrix} 0 \\ 25 \\ 0 \end{pmatrix} + s \cdot \begin{pmatrix} -50 \\ 0 \\ 50 \end{pmatrix}$; $r, s \in \mathbb{R}$

5.2 Lagebeziehungen, Schnittwinkel und Abstände   201

b) $g\colon \vec{x} = \begin{pmatrix} -5 \\ 5 \\ 5 \end{pmatrix} + r \cdot \begin{pmatrix} -40 \\ 0 \\ 40 \end{pmatrix}$; $|\overrightarrow{DE}| = 40\sqrt{2}$

c) $h\colon \vec{x} = \begin{pmatrix} -45 \\ 25 \\ 45 \end{pmatrix} + r \cdot \begin{pmatrix} -15 \\ 0 \\ 0 \end{pmatrix}$; $|\overrightarrow{FM}| = 15$

d) Wir berechnen zunächst einen Normalenvektor von E und erhalten $\begin{pmatrix} 0 \\ 25 \\ 0 \end{pmatrix} \times \begin{pmatrix} -50 \\ 0 \\ 50 \end{pmatrix} = \begin{pmatrix} 1250 \\ 0 \\ 1250 \end{pmatrix}$.

Mit diesem Normalenvektor und dem Richtungsvektor der Geraden durch F und M (siehe c)) berechnen wir den Schnittwinkel $45°$.

Test B zu 5.2

1. a) $g\colon \vec{x} = \begin{pmatrix} 3 \\ 2 \\ 1 \end{pmatrix} + r \cdot \begin{pmatrix} 0-3 \\ 4-2 \\ 1-1 \end{pmatrix} = \begin{pmatrix} 3 \\ 2 \\ 1 \end{pmatrix} + r \cdot \begin{pmatrix} -3 \\ 2 \\ 0 \end{pmatrix}$; $r \in \mathbb{R}$

b) $E\colon \vec{x} = \begin{pmatrix} 3 \\ 2 \\ 1 \end{pmatrix} + s \cdot \begin{pmatrix} 0-3 \\ 4-2 \\ 1-1 \end{pmatrix} + t \cdot \begin{pmatrix} 2-3 \\ 3-2 \\ 0-1 \end{pmatrix} = \begin{pmatrix} 3 \\ 2 \\ 1 \end{pmatrix} + s \cdot \begin{pmatrix} -3 \\ 2 \\ 0 \end{pmatrix} + t \cdot \begin{pmatrix} -1 \\ 1 \\ -1 \end{pmatrix}$; $s, t \in \mathbb{R}$

c) $\begin{pmatrix} 10{,}5 \\ -3 \\ 0 \end{pmatrix} = \begin{pmatrix} 3 \\ 2 \\ 1 \end{pmatrix} + r \cdot \begin{pmatrix} -3 \\ 2 \\ 0 \end{pmatrix} \quad\Leftrightarrow\quad \begin{array}{l} 10{,}5 = 3 - 3r \\ -3 = 2 + 2r \\ 0 = 1 \end{array} \quad \Rightarrow \text{ keine Lösung}$

Der Punkt P liegt nicht auf g.

d) $\begin{pmatrix} 0 \\ 5 \\ -2 \end{pmatrix} = \begin{pmatrix} 3 \\ 2 \\ 1 \end{pmatrix} + s \cdot \begin{pmatrix} -3 \\ 2 \\ 0 \end{pmatrix} + t \cdot \begin{pmatrix} -1 \\ 1 \\ -1 \end{pmatrix} \quad\Leftrightarrow\quad \begin{array}{l} 0 = 3 - 3s - t \\ 5 = 2 + 2s + t \\ -2 = \quad - t \end{array} \Rightarrow s = 0;\, t = 3$

Der Punkt Q liegt in E.

e) $\begin{pmatrix} s_x \\ 0 \\ 0 \end{pmatrix} = \begin{pmatrix} 3 \\ 2 \\ 1 \end{pmatrix} + s \cdot \begin{pmatrix} -3 \\ 2 \\ 0 \end{pmatrix} + t \cdot \begin{pmatrix} -1 \\ 1 \\ -1 \end{pmatrix} \quad\Leftrightarrow\quad \begin{array}{l} s_x = 3 - 3s - t \\ 0 = 2 + 2s + t \\ 0 = 1 \quad - t \end{array} \Rightarrow s = -1{,}5;\, t = 1$

Der Schnittpunkt mit der x_1-Achse ist $S_1(6{,}5\,|\,0\,|\,0)$.

$\begin{pmatrix} 0 \\ s_y \\ 0 \end{pmatrix} = \begin{pmatrix} 3 \\ 2 \\ 1 \end{pmatrix} + s \cdot \begin{pmatrix} -3 \\ 2 \\ 0 \end{pmatrix} + t \cdot \begin{pmatrix} -1 \\ 1 \\ -1 \end{pmatrix} \quad\Leftrightarrow\quad \begin{array}{l} 0 = 3 - 3s - t \\ s_y = 2 + 2s + t \\ 0 = 1 \quad - t \end{array} \Rightarrow s = \tfrac{2}{3};\, t = 1$

Der Schnittpunkt mit der x_2-Achse ist $S_2(0\,|\,\tfrac{13}{3}\,|\,0)$.

$\begin{pmatrix} 0 \\ 0 \\ s_z \end{pmatrix} = \begin{pmatrix} 3 \\ 2 \\ 1 \end{pmatrix} + s \cdot \begin{pmatrix} -3 \\ 2 \\ 0 \end{pmatrix} + t \cdot \begin{pmatrix} -1 \\ 1 \\ -1 \end{pmatrix} \quad\Leftrightarrow\quad \begin{array}{l} 0 = 3 - 3s - t \\ 0 = 2 + 2s + t \\ s_z = 1 \quad - t \end{array} \Rightarrow s = 5;\, t = -12$

Der Schnittpunkt mit der x_3-Achse ist $S_3(0\,|\,0\,|\,13)$.

2. $\begin{pmatrix} 1 \\ 3 \\ 1 \end{pmatrix} + s \cdot \begin{pmatrix} 0 \\ 1 \\ 4 \end{pmatrix} = \begin{pmatrix} -7 \\ 6 \\ -5 \end{pmatrix} + t \cdot \begin{pmatrix} 4 \\ -2 \\ 1 \end{pmatrix} \quad\Leftrightarrow\quad \begin{array}{l} 8 = 4t \\ -3 = -2t - s \\ 6 = t - 4s \end{array} \Rightarrow s = -1;\, t = 2$

Die Geraden schneiden sich im Punkt $S(1\,|\,2\,|\,-3)$.

248

3. a) $A(3|2|3)$; $B(3|3|1)$; $C(0|3|2)$

b) $E: \vec{x} = \begin{pmatrix} 3 \\ 2 \\ 3 \end{pmatrix} + s \cdot \begin{pmatrix} 3-3 \\ 3-2 \\ 1-3 \end{pmatrix} + t \cdot \begin{pmatrix} 0-3 \\ 3-2 \\ 2-3 \end{pmatrix} = \begin{pmatrix} 3 \\ 2 \\ 3 \end{pmatrix} + s \cdot \begin{pmatrix} 0 \\ 1 \\ -2 \end{pmatrix} + t \cdot \begin{pmatrix} -3 \\ 1 \\ -1 \end{pmatrix}$; $s, t \in \mathbb{R}$

Normalenvektor von E: $\vec{n} = \begin{pmatrix} 0 \\ 1 \\ -2 \end{pmatrix} \times \begin{pmatrix} -3 \\ 1 \\ -1 \end{pmatrix} = \begin{pmatrix} 1 \\ 6 \\ 3 \end{pmatrix}$

$\Rightarrow$ Normalenform von E: $\begin{pmatrix} 1 \\ 6 \\ 3 \end{pmatrix} \circ \vec{x} = \begin{pmatrix} 1 \\ 6 \\ 3 \end{pmatrix} \circ \begin{pmatrix} 3 \\ 2 \\ 1 \end{pmatrix}$

$\Rightarrow$ Koordinatenform von E: $x_1 + 6x_2 + 3x_3 = 18$ ▶ alternativ direkt aus der Parameterform bestimmen

$\Rightarrow$ Achsenabschnittesform von E: $\frac{1}{18}x_1 + \frac{1}{\frac{18}{6}}x_2 + \frac{1}{\frac{18}{3}} = 1$

$\Leftrightarrow \frac{1}{18}x_1 + \frac{1}{3}x_2 + \frac{1}{6}x_3 = 1$

c) $g: \vec{x} = \begin{pmatrix} 0 \\ 0 \\ 3 \end{pmatrix} + r \cdot \begin{pmatrix} 0 \\ 1 \\ 0 \end{pmatrix}$; $r \in \mathbb{R}$

$\begin{pmatrix} 0 \\ 0 \\ 3 \end{pmatrix} + r \cdot \begin{pmatrix} 0 \\ 1 \\ 0 \end{pmatrix} = \begin{pmatrix} 3 \\ 2 \\ 3 \end{pmatrix} + s \cdot \begin{pmatrix} 0 \\ 1 \\ -2 \end{pmatrix} + t \cdot \begin{pmatrix} -3 \\ 1 \\ -1 \end{pmatrix} \Leftrightarrow \begin{pmatrix} -3 \\ -2 \\ 0 \end{pmatrix} = r \cdot \begin{pmatrix} 0 \\ -1 \\ 0 \end{pmatrix} + s \cdot \begin{pmatrix} 0 \\ 1 \\ -2 \end{pmatrix} + t \cdot \begin{pmatrix} -3 \\ 1 \\ -1 \end{pmatrix}$

$\begin{aligned} -3 &= -3t \\ \Leftrightarrow -2 &= -r + s + t \\ 0 &= -2s - t \end{aligned} \Rightarrow s = -0{,}5; t = 1; r = 2{,}5$

Der Punkt D hat die Koordinaten $D(0|2{,}5|3)$.

d) $\overrightarrow{AD} = \begin{pmatrix} 0-3 \\ 2{,}5-2 \\ 3-3 \end{pmatrix} = \begin{pmatrix} -3 \\ 0{,}5 \\ 0 \end{pmatrix}$; $\overrightarrow{AB} = \begin{pmatrix} 3-3 \\ 3-2 \\ 1-3 \end{pmatrix} = \begin{pmatrix} 0 \\ 1 \\ -2 \end{pmatrix}$

$\cos(\alpha) = \frac{0{,}5}{\sqrt{9{,}25} \cdot \sqrt{5}} \approx 0{,}074 \Rightarrow \alpha \approx 85{,}78°$

e) $\overrightarrow{AC} = \begin{pmatrix} 0 \\ 3-2 \\ 2-3 \end{pmatrix} = \begin{pmatrix} -3 \\ 1 \\ -1 \end{pmatrix}$; $|\overrightarrow{AC}| = \sqrt{11}$; $\overrightarrow{BD} = \begin{pmatrix} 0-3 \\ 2{,}5-3 \\ 3-1 \end{pmatrix} = \begin{pmatrix} -3 \\ -0{,}5 \\ 2 \end{pmatrix}$; $|\overrightarrow{BD}| = \sqrt{13{,}25}$

$\overrightarrow{AC} \circ \overrightarrow{BD} = 6{,}5 \neq 0$

Die beiden Diagonalen des Vierecks sind weder gleich lang noch orthogonal zueinander.

f) $\overrightarrow{BC} = \begin{pmatrix} 0-3 \\ 3-3 \\ 2-1 \end{pmatrix} = \begin{pmatrix} -3 \\ 0 \\ 1 \end{pmatrix}$; $\overrightarrow{AD} = \begin{pmatrix} 0-3 \\ 2{,}5-2 \\ 3-3 \end{pmatrix} = \begin{pmatrix} -3 \\ 0{,}5 \\ 0 \end{pmatrix}$; $k \cdot \begin{pmatrix} -3 \\ 0 \\ 1 \end{pmatrix} = \begin{pmatrix} -3 \\ 0{,}5 \\ 0 \end{pmatrix} \Rightarrow$ keine Lösung

Die Viereckseiten $\overline{BC}$ und $\overline{AD}$ sind nicht parallel.